Samuel C. Avemaria Utulu

Implementação de Sistemas de Informação em Contextos de Países em Desenvolvimento

Samuel C. Avemaria Utulu

Implementação de Sistemas de Informação em Contextos de Países em Desenvolvimento

Historicidade e Contextos

ScienciaScripts

Imprint

Cover image: www.ingimage.com

This book is a translation from the original published under ISBN 978-3-659-77637-3.

Publisher:
Sciencia Scripts
is a trademark of
Dodo Books Indian Ocean Ltd. and OmniScriptum S.R.L publishing group

120 High Road, East Finchley, London, N2 9ED, United Kingdom
Str. Armeneasca 28/1, office 1, Chisinau MD-2012, Republic of Moldova, Europe
Managing Directors: Ieva Konstantinova, Victoria Ursu
info@omniscriptum.com

Printed at: see last page
ISBN: 978-620-8-37296-5

Agradecimentos

Esta jornada de doutoramento começou em 2011, quando adiei a minha admissão no Programa de Estudos de Pós-Graduação em Sistemas de Informação da Universidade da Cidade do Cabo [UCT] até 2012. Em março de 2012, quando cheguei à UCT, vindo da Nigéria, o curso de Filosofia da Ciência do Prof. Ojelanki Ngwenyama já tinha começado no mês anterior, fevereiro de 2012. Tinha perdido dois meses de aulas, aulas necessárias, para preparar os meus estudos de doutoramento. Por isso, esperei até fevereiro de 2013 para participar no referido curso.

Em fevereiro de 2013, eu estava a trabalhar com o Professor Associado Kosheek Sewchurran do Departamento de Sistemas de Informação da UCT. Mais tarde nesse período, o Prof. Sewchurran mudou-se do departamento de SI para a Escola de Negócios da UCT. Isto significava que tinha de encontrar um novo supervisor. Por fim, Deus deu-me um novo supervisor, o Prof. Ojelanki Ngwenyama, sem grande esforço. No contexto social da minha socialização, chamamos Deus ao Poder Natural que organiza os acontecimentos "misteriosamente". Em dezembro de 2013, o meu visto de estudo expirou; a minha mulher foi operada; e, no processo, perdemos um bebé.

Em março de 2014, foi-me negada a renovação do meu visto de estudante. Em abril de 2014, foi-me negado um visto para a Grã-Bretanha [Reino Unido] para participar num fórum de doutoramento organizado pela Digital Library Conference. Em setembro de 2014, perdi o meu emprego na Nigéria. Durante dezoito meses estive desempregado. Em março de 2016, encontrei um novo emprego e consegui aumentar os fundos recebidos da UCT durante a última parte dos meus estudos na universidade. Em fevereiro de 2017, o meu irmão, que vive com a minha família, foi operado. No mês seguinte, março de 2017, o meu pai, que também vivia com a minha família, adoeceu e morreu, com 85 anos, a 27 de abril de 2017. A 7 de julho de 2017, foi enterrado na aldeia, como manda a tradição. Em setembro de 2017, demiti-me do meu emprego para concluir os meus estudos de doutoramento.

Como é que eu consegui lidar com todos estes desafios da vida? Reconheço a ajuda do Poder Natural a que chamo Deus devido à minha socialização. Ojelanki Ngwenyama, que milagrosamente me motivou a acreditar que eu poderia concluir os meus estudos de doutoramento. Ojelanki Ngwenyama, que milagrosamente me motivou a acreditar que podia concluir os meus estudos de doutoramento. Agradeço ao corpo docente do Departamento de Sistemas de Informação da UCT - Professores Brown, Wallace, Khobe,

KJ, Lisa, et al.

Agradeço à minha mulher, Stella Ozuluonye Nwakaego Charles-Utulu, e aos meus filhos: Ungido Chukwunonso Adejare Charles-Utulu e Jesse Ezeoliseh Kabiosioluwa Charles-Utulu. Agradeço aos meus irmãos: Tonny, Emmanual, Buchi, Jonathan, Joshua e Josiah. Agradeço aos meus amigos - começando por Mayaki, que me deu o portátil da sua mulher; Sunny; Peter Ndubisi Eze, et al. Agradeço aos meus anteriores professores na Universidade de Ibadan, Nigéria: Profs. -Mabawonku, Olatokun, Nwalo e Atinmo, e ao meu chefe, Dr. Adebayo, e ao Apóstolo Muyiwa Oyetade. Agradeço aos meus colegas: Bayo, Aramide, Janey, Daramola, Tomiwa, Judah, Ola, Ikeola e outros. Agradeço às minhas boas amigas Nike Ajoke Adelakun e Bimbo Ayankoya. Estou grato a todas as pessoas que me ajudaram de várias formas.

Dedicação

O verdadeiro homem sorri nos problemas, ganha força na angústia e torna-se corajoso pela reflexão - Thomas Paine

Dedico esta tese a estes homens. São espelhos através dos quais me vejo a mim próprio e à vida.

Para:

Deus, o Homem e o Pai

O meu pai, Charles Okolocha Utulu (1 de agosto de 1932 - 27 de abril de 2017)

O meu irmão, Paul Azuka Utulu (25 de março de 1969 - 13 de fevereiro de 2004)

Os meus mentores

Rev. Pe. Calvin Poulin SJ (1930 - 2012) (Apóstolo da Justiça Social)

Rev. P. Linus Awuhe OP (Apóstolo da Palavra e do Fogo)

Rev. Pe. Anthony Alaba Akinwale OP (Apóstolo da Compreensão e Sabedoria)

Professor Ojelanki Ngwenyama (Apóstolo da Palavra e da Paz)

Os meus filhos

Anónimo, e

Jesse

Estes homens fizeram mudanças significativas na minha vida enquanto homem. Fizeram de mim um homem melhor, uma versão melhor de mim próprio.

Resultados de investigação revistos por pares

1. Utulu, S. & Ngwenyama, O. (2017). Modelo para Construção de Quadro Institucional para Sistemas de Gestão do Conhecimento Científico: Caso de Inovação de Repositório Institucional Nigeriano Aplicável a Países em Desenvolvimento. Em Kaur Harleen, Ewa Lechman & Adam Marszk (eds.) *Catalyzing Development through ICTAdoption* pp. 149-174, Springer.
2. Utulu, S., & O. Ngwenyama (2017). "Repensando os Pressupostos Teóricos dos Discursos da Disciplina de Inovação do Repositório Institucional". Conferência Africana sobre Sistemas e Tecnologias de Informação (ACIST), Cidade do Cabo, África do Sul, 10-11 de julho de 2017.
3. Utulu, S. (2014). Telemóvel e desenvolvimento: Síntese sobre a nova perspetiva de uso indevido. Em ICTs and the Millennium Development Goals, H. Kaur e S. Tso (Eds.), pp.: 101-125, Nova Iorque: Springer.
4. Utulu, S. & Sewchurran, K. (2014). Designing E-government Platform from the Perspectives of Systems Thinking and Performance Measurement Frameworks: How Good Thinking and Good Questions Aid Information Systems Design. In: Technology Development and Platforms Enhancement for Successful Global E-Government Design, Bwalya, J. (Ed.), pp.: 97-117, Hershey: IGI.
5. Solanke, O. Utulu, S. & Adebayo, E. (2014). Towards a User Based Perspective to the Transformation of Museums (Rumo a uma perspetiva baseada no utilizador para a transformação dos museus). Actas da Conferência Internacional sobre Ciências Sociais e Humanas, Istambul, Turquia, 8-10 de setembro.
6. Utulu, S. & Sewchurran, K. (2013) Systematic and Grounded Theory Literature Reviews of Software Development Improvement Phenomena: Implications for IS Research and Practice. Comunicação apresentada na Conferência Incite na Universidade Fernando Pessoa, Porto, Portugal, 30 de junho - 6 de julho, 2013.
7. Utulu S. (2013). Uma interrogação empírica das normas e padrões institucionais na pesquisa de graduação. Actas da 1ª Conferência Internacional Interdisciplinar Anual, Açores, Portugal, 24 a 26 de abril.
8. Adriaanse, Z., Utulu S. & Sewchurran, K. (2012) An Appraisal of Social Network Media Use for Online Group-Buying in South Africa. Actas da Conferência Internacional da Academia Mundial de Ciências, Engenharia e Tecnologia sobre Sistemas e Tecnologias de Informação na Internet, n.º 68, 22-23 de agosto, Paris, França, pp.: 1698-1710.

Resumo

A observação empírica mostra persistentemente que a inovação dos sistemas de informação (SI) é sempre dificultada por diferentes desafios. O número de fracassos e de inovações incompletas dos SI registados em todo o mundo, especialmente nos países em desenvolvimento, justifica este facto. Utilizando o exemplo do repositório institucional (RI), um SI utilizado para promover o acesso aberto ao conhecimento científico produzido pelas universidades, este estudo propõe soluções acionáveis para os desafios da inovação dos SI nas universidades dos países em desenvolvimento. Este estudo centra-se no RI porque pouco existe nas universidades dos países em desenvolvimento, apesar de ser uma forma rentável de as universidades distribuírem o conhecimento científico. A RI também não tem sido um dos principais focos dos investigadores de SI, apesar da sua importância no panorama académico global contemporâneo. Por conseguinte, o estudo tem como objetivo desenvolver explicações e soluções para os obstáculos à inovação em RI nas universidades dos países em desenvolvimento. A filosofia de investigação qualitativa interpretativa foi adoptada juntamente com o método de investigação de estudo de caso para realizar três estudos empíricos. Foram também adoptadas uma abordagem de investigação indutiva e técnicas de recolha de dados qualitativos não estruturados. O Estudo 1 foi realizado para avaliar os factores de barreira à inovação das RI a nível institucional. Este estudo revela como as tendências de globalização, a transformação das universidades e as condições das bibliotecas universitárias constituem factores de inovação das RI a nível institucional. O estudo 2 foi realizado para avaliar os factores de barreira à inovação em RI a nível organizacional. Revela como as lógicas institucionais, a adesão das universidades às orientações tradicionais de gestão universitária e os factores de barreira paradoxais constituem factores de inovação das RI a nível organizacional. O Estudo 3 identifica os factores que influenciam a gestão eficaz do conhecimento tácito a nível individual. Os factores são, nomeadamente, a informação e as experiências privilegiadas, a reflexão mental, as interações e os diálogos planeados e a implementação sustentada em tempo real da inovação em RI. Os três estudos fornecem um conjunto de conhecimentos teóricos e práticos que contribuem para a disciplina dos SI, para os SI nos países em desenvolvimento e para a inovação das RI. Os contributos mostram como os factores institucionais, organizacionais e individuais influenciam a inovação das RI. O estudo atinge o seu objetivo de fornecer compreensão e resolução para as barreiras à inovação em SI nas universidades dos países em desenvolvimento e em contextos com caraterísticas sociotécnicas semelhantes.

Acrónimos

ABU	Ahmadu Bello University
BOAI	Budapest Open Access Initiative
CHREN	Commission for the Review of Higher Education in Nigeria
EU	European Union
FGN	Federal Government of Nigeria
HOD	Head of Department
ICT	Information and Communication Technology
IR	Institutional Repository
IS	Information Systems
ISDC	Information Systems in Developing Countries
IT	Information Technology
LIS	Library and Information Science
NUC	National Universities Commission
OAI	Open Access Initiative
OAJ	Open Access Journal
OAU	Obafemic Awolowo University
TET Fund	Tertiary Education Trust Fund
UCI	University College, Ibadan
UI	University of Ibadan
UNILAG	Universit of Lagos
UNN	University of Nigeria

Índice

Capítulo 1: Introdução geral

1.1 Introdução e motivação

O repositório institucional (RI) é uma tecnologia digital concebida para facilitar a autogestão do conhecimento científico pelas universidades e outras instituições de investigação (Shearer, 2013; Harnad, 2001). As plataformas de RI fornecem ferramentas de meios digitais que permitem às universidades gerir diretamente as suas patentes, os resultados da investigação académica e outras propriedades intelectuais (Harnad, 2001). Embora a abordagem de RI partilhe caraterísticas comuns com o conceito de revista de acesso aberto (OAJ), difere do OAJ na medida em que os autores não pagam taxas pelos serviços. O objetivo das RI é tornar a produção intelectual de uma universidade disponível ao público sem taxas ou encargos de acesso (Lynch, 2003; Crow, 2002). Os promotores da RI argumentam que esta aumentaria a visibilidade global das universidades e dos autores e permitiria um acesso equitativo e livre ao conhecimento científico (Holley, 2013; Foster & Gibbons, 2005). Harnad (2001) argumenta que a adoção generalizada das RI poderia transformar o modelo comercial prevalecente de acesso ao conhecimento académico. Previu que as ferramentas de RI económicas poderiam pôr fim ao domínio das editoras comerciais. Os investigadores das Ciências da Informação e das Bibliotecas (LIS) subscrevem este ponto de vista e argumentam também que as RI podem aumentar as oportunidades de aprendizagem e investigação e a visibilidade global das universidades com menos recursos nas regiões em desenvolvimento do mundo (Lynch, 2003; Anunobi & Okoye, 2008).

Estes potenciais benefícios motivaram uma série de estudos sobre a implementação, a sensibilização e a aceitação das RI entre os académicos (Westell, 2006; Shearer, 2003). Recentemente, alguns estudos começaram a investigar o potencial das RI para promover a divulgação da investigação nos países em desenvolvimento (Ezema, 2013; Chan & Costa, 2005). Alguns estudos têm-se centrado na forma como as RI podem facilitar a investigação e estimular os objectivos de desenvolvimento social e económico dos países em desenvolvimento (Nwagwu, 2013; Wyk & Mostert, 2011). Apesar dos benefícios percebidos das RI, o número de universidades nos países em desenvolvimento que adoptam esta tecnologia continua a ser baixo. Alguns estudos sugerem que são necessárias novas políticas institucionais para facilitar a adoção da RI nos países em desenvolvimento (Shearer, 2013). Outros estudos apontam a sensibilização, a aceitação, as questões de direitos de autor e a adesão à cultura de publicação tradicional como principais factores de barreira (Okoroma & Abioye, 2017; Pinfield, *et al.,* 2014). Os estudos sobre as barreiras à inovação em RI nos países em desenvolvimento são escassos e os resultados são contraditórios (Utulu & Akadri, 2014; Ghosh & Das, 2007; Chan & Costa, 2005). Este projeto de investigação de doutoramento visa preencher esta lacuna de conhecimento através do desenvolvimento de uma compreensão das barreiras à inovação em RI em universidades de países em desenvolvimento. A questão geral de investigação é: Que condições contribuem para uma inovação lenta das RI nas universidades nigerianas? No contexto deste estudo, entende-se por inovação "lenta" em RI a inovação em RI que excede o tempo estipulado para a sua conclusão. O projeto de investigação adopta uma abordagem de estudo múltiplo, utilizando uma metodologia qualitativa que inclui um estudo de caso interpretativo, raciocínio indutivo e métodos participativos. Desenvolvi um conjunto de subquestões específicas que me permitiram responder à questão geral. São elas:

> *Estudo 1:* Quais são as barreiras à inovação em RI nas universidades nigerianas e como é que essas barreiras evoluíram?
>
> Estudo 2: Como é que as actividades de indivíduos e organizações fora do contexto universitário constituem barreiras à inovação em RI nas universidades nigerianas?
>
> Estudo 3: Como é que o conhecimento tácito dos intervenientes relevantes deve ser gerido para ter um impacto positivo na inovação em RI nas universidades nigerianas?

São realizados três estudos empíricos que visam diferentes níveis do contexto empírico da adoção do RI: global/institucional, organizacional e de projeto. Os três estudos foram realizados utilizando o método de investigação de estudo de caso e a abordagem de investigação indutiva. O resto do capítulo está organizado da seguinte forma: A secção 1.2 apresenta uma revisão da literatura sobre a disciplina da inovação em RI; a secção 1.3 apresenta o programa de investigação; a secção 1.4 descreve a filosofia e a abordagem de investigação utilizadas no estudo; a secção 1.5 apresenta o método de investigação; a secção 1.6 apresenta a panorâmica histórica do sistema universitário nigeriano e, por último, a secção 1.7 apresenta o mapa da tese.

1.2 Repositórios institucionais: Promessas e desafios

O surgimento dos Repositórios Institucionais (RI) remonta ao final da década de 1990, quando os investigadores começaram a promover a ideia de que as universidades deveriam adotar as novas tecnologias dos meios digitais para facilitar o acesso aberto ao conhecimento científico (Harnad, 2001; Crow, 2002; Ferreira, et. al., 2008). A Budapest Open Access Initiative (BOAI), de fevereiro de 2002, e a Declaração de Berlim sobre o acesso aberto ao conhecimento nas ciências e humanidades, de 22 de outubro de 2003, são momentos históricos importantes no desenvolvimento de um novo paradigma de gestão do conhecimento científico, a Open Archives/Access Initiative (OAI), na qual se baseia o conceito de Repositório Institucional (Yiotis, 2005). A este respeito, a iniciativa OAJ da década de 1980, pode ser vista como a precursora da RI e da OAI.A OAI também deve ser vista como parte do movimento mais amplo do Software Livre de Código Aberto, cuja motivação básica foi a remoção de barreiras económicas às tecnologias digitais, a fim de estimular a investigação e o desenvolvimento em regiões ricas e pobres do mundo (Effah & Abbeyquaye, 2013). No entanto, embora focado em ferramentas digitais para autogestão da propriedade intelectual de universidades e instituições públicas de pesquisa, o escopo da RI é muito mais amplo. s (Crow, 2002; Wyk & Mostert, 2011). Os inovadores da OAI e os promotores da RI declararam explicitamente os seus objectivos da seguinte forma

"Uma velha tradição e uma nova tecnologia convergiram para tornar possível um bem público sem precedentes. A velha tradição é a vontade dos cientistas e académicos de publicarem os frutos da sua investigação em revistas académicas sem pagamento, em nome da investigação e do conhecimento. A nova tecnologia é a Internet. O bem público que tornam possível é a distribuição eletrónica a nível mundial da literatura das revistas científicas avaliadas pelos pares e o acesso totalmente livre e sem restrições a essa literatura por parte de todos os cientistas, académicos, professores, estudantes e outras mentes curiosas. A eliminação das barreiras de acesso a esta literatura acelerará a investigação, enriquecerá o ensino, partilhará a aprendizagem dos ricos com os pobres e dos pobres com os ricos, tornará esta literatura tão útil quanto possível e lançará as bases para unir a humanidade num diálogo intelectual comum e na busca do conhecimento. "(Chan, et. al., 2002).

O OAI é visto como altamente benéfico para as universidades dos países em desenvolvimento. O argumento central é que a RI reduzirá o elevado custo de acesso ao conhecimento científico, libertando simultaneamente recursos para iniciativas de investigação e aprendizagem (Wyk & Mostert, 2011; Harnad & Broody, 2004). Além disso, a RI, enquanto veículo principal do OAI, permitirá às universidades partilhar conhecimentos, oferecendo aos membros da comunidade universitária global um acesso livre e equitativo ao conhecimento científico, onde quer que este se encontre (Holley, 2013; Foster & Gibbons, 2005). Ao longo dos anos, os investigadores de RI têm, portanto, tentado normalizar protocolos e práticas para facilitar esta partilha benéfica de conhecimentos (Crow, 2002). Alguns estudos forneceram insights sobre os requisitos de design de infraestrutura de RI necessários para a implementação em universidades (Westell, 2006; Lynch, 2003). Outros sugeriram políticas e quadros institucionais e de facilitação para a adoção e implementação das RI (Foster & Gibbons, 2005).

Alguns investigadores argumentam que a falta de capacidades de gestão da implementação em toda a organização está a dificultar a adoção das RI (Utulu & Akadri, 2014; Cragin, et. al., 2010). Um estudo inicial de Damian (2007) deixou claro que os interesses de diversas partes interessadas são um desafio fundamental para a implementação das RI. A gestão dos interesses concorrentes das diferentes partes interessadas da universidade na adoção de um RI ultrapassa frequentemente as capacidades dos gestores de implementação do RI, que tendem a ser tecnicamente orientados (Holley, 2013; Covey, 2011; Cragin, e. al., 2010). As partes interessadas internas das RI, incluindo os académicos, a direção da universidade e os especialistas (programadores informáticos, peritos em redes, analistas, bibliotecários, etc.) têm interesses diferentes na adoção das RI. As partes interessadas externas, incluindo os organizadores de conferências e workshops, os editores e os corretores de informação, também têm interesses diferentes (Westell, 2006; Shearer, 2003). Cragin, et. el. (2010) referem que a implementação das RI desafia profundamente a cultura existente das partes interessadas. As tensões em torno dos sistemas de estabilidade e de recompensa académica também têm impacto na adoção e implementação das RI (Kim, 2011; Davis & Connolly, 2007; Seonghee & Boryung, 2008; Kim 2007; Bjork, 2004). Alguns estudos argumentam que as políticas de publicação das universidades e os sistemas de titularidade são, eles próprios, obstáculos à adoção da RI, uma vez que as publicações de "revistas revistas pelos pares" impressas são mais valorizadas do que as publicações OAJ ou OAI (Kim 2011; Cullen & Chawner 2011; Salo, 2008; Kim, 2007). As tecnologias de RI e os OAI proporcionam um modelo de partilha de conhecimentos académicos que é bastante diferente dos modelos tradicionais nas universidades (Kim, 2007; Foster & Gibbons, 2005; Ware, 2004). Infelizmente, a investigação sobre os fenómenos das RI não teve em conta o impacto da cultura académica tradicional na implantação sustentável das RI. Os compromissos profissionais e as diferenças de cultura entre os membros da comunidade universitária podem criar tensões que afectam a implantação das RI. Por exemplo, enquanto o objetivo de um bibliotecário universitário para a adoção das RI pode ser a melhoria do serviço de informação, o objetivo de um administrador universitário pode ser a melhoria da visibilidade dos académicos e da instituição, a fim de obter subsídios (Utulu & Akadri, 2014). Para um académico, o objetivo pode ser obter acesso a investigação de qualidade e alcançar visibilidade pessoal (Pinfield, 2015).

Recentemente, os investigadores começaram a reconhecer as diferenças contextuais organizacionais como influências importantes na adoção do RI (Palmer *et al.*

2008; Walters, 2007).

A literatura sobre RI ainda carece de estudos que se centrem nas questões do contexto organizacional que têm impacto na adoção e inovação das RI. A maioria dos estudos de investigação sobre a adoção das RI considera que as universidades, faculdades e departamentos têm requisitos de RI semelhantes (Palmer, *et al.*, 2008). Alguns estudos tentaram compreender as diferenças entre os contextos disciplinares e institucionais no nível de consciencialização, aceitação e utilização das RI (Jantz & Wilson, 2008; Lercher, 2008; Rieh, Markey, St. Jean, Yakel & Kim, 2007; Xia & Sun, 2007; Markey, *et al.*, 2007). A literatura estabelece que todas as tentativas de inovação dos SI têm de lidar com diferentes contextos caracterizados por indivíduos, grupos, organizações, indústrias e sociedades (ver, por exemplo, Sahay & Mukherjee, 2015; Raymond, 1990). No contexto deste estudo, os contextos de RI indicam locais físicos (que também incluem contextos electrónicos) onde operam diferentes categorias de partes interessadas em RI (Markey, Reih, St. Jean, Kim &Yake, 2007; Zhao, 2004). Consequentemente, para além das diferenças contextuais inerentes às diferentes universidades, como as identificadas por Palmer *et al.* (2008), existem também diferenças contextuais intra-universitárias que podem ser melhor descritas como diferenças ontológicas (Nonaka & Takeuchi, 1995). A diferença ontológica é utilizada nesta tese para descrever diferentes contextos de operações dentro das universidades. Por exemplo, os contextos académicos são definidos por áreas académicas (Escolas, Institutos, Faculdades, Faculdades e Departamentos). Os contextos administrativos são definidos por divisões, departamentos, unidades, poderes e responsabilidades. Na realidade, cada grupo envolvido na inovação das RI tem um estatuto e responsabilidades estatutárias diversas que são determinadas pelos espaços ontológicos onde opera (Khoo & Hall, 2013; Nonaka & Senno, 1996; Nonaka, 1994).

1.3 Programa de investigação

Este estudo de doutoramento situa-se na corrente de investigação sobre a implementação de SI, com ênfase específica na corrente de investigação sobre sistemas de informação em países em desenvolvimento (ISDC), e centra-se na inovação das RI em contextos de países em desenvolvimento. De acordo com Avgerou (2010), a inovação representa acções planeadas implementadas por colectivos para construir realidades tecnológicas e sociais que facilitem a implementação bem sucedida e a utilização sustentável dos SI. A investigação centra-se no desenvolvimento de uma melhor compreensão dos factores sociotécnicos que influenciam a inovação das RI em contextos de países em desenvolvimento. Os objectivos são identificar barreiras e factores facilitadores e desenvolver um quadro que permita aos profissionais e investigadores de RI gerir melhor os projectos de inovação em RI, a fim de melhorar os resultados nos contextos dos países em desenvolvimento. Um objetivo importante é gerar conhecimentos acionáveis que forneçam ideias práticas sobre a forma de resolver os obstáculos à inovação em RI que foram identificados durante o estudo.

O estudo de doutoramento é orientado pela questão geral de investigação: Que condições contribuem para a inovação lenta em RI nas universidades nigerianas? Neste estudo, a inovação lenta em RI indica inovação estagnada ou inovação que se arrasta muito mais do que o tempo previsto para a sua conclusão. O projeto de investigação investiga as questões utilizando uma abordagem multimétodo e três estudos que investigam três níveis distintos da situação empírica. O objetivo do Estudo 1 é desenvolver uma compreensão do modo como as estruturas institucionais nos países em desenvolvimento influenciam a inovação das RI nas universidades. O Estudo 2 centra-se na compreensão do modo como as políticas e condições organizacionais a nível universitário influenciam a inovação em RI. E o Estudo 3 centra-se no nível individual para desenvolver uma compreensão dos factores de conhecimento e experiência que influenciam a inovação e a adoção bem sucedida das RI pelas bibliotecas universitárias. No contexto deste estudo, os factores a nível institucional incluem factores (eventos) que ocorrem fora das universidades e que são desencadeados pela conetividade das actividades globais. Os factores a nível organizacional são factores (acontecimentos) que ocorrem dentro das universidades e que são desencadeados pela conetividade das actividades globais. Os factores a nível individual são factores (acontecimentos) que ocorrem entre indivíduos e que são desencadeados pela conetividade das actividades globais e organizacionais. A figura abaixo ilustra os focos e a lógica de interligação dos estudos empíricos do projeto de investigação de doutoramento (ver Figura 1.1). Nas secções seguintes deste capítulo, apresento uma breve descrição da filosofia e dos métodos de investigação utilizados. Os pormenores da aplicação dos métodos de investigação específicos estão documentados em cada estudo relatado em capítulos separados (2-4).

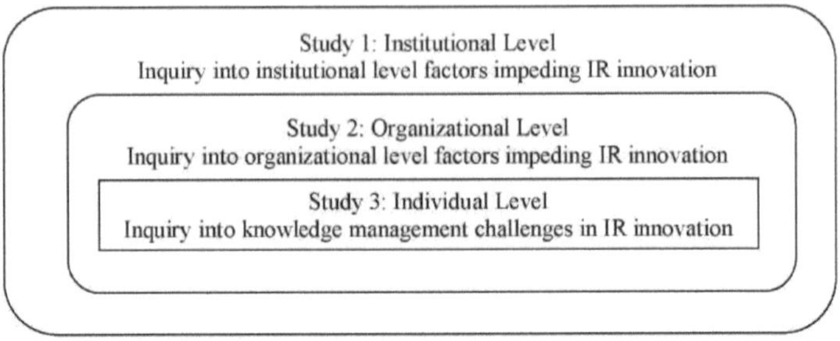

Study 1: Institutional Level
Inquiry into institutional level factors impeding IR innovation

Study 2: Organizational Level
Inquiry into organizational level factors impeding IR innovation

Study 3: Individual Level
Inquiry into knowledge management challenges in IR innovation

1.4 Filosofia e abordagem da investigação

A orientação filosófica deste estudo de doutoramento insere-se no paradigma interpretativista da investigação em sistemas de informação. Walsham (1995), Myers (1997), Klein & Myers (1999) defendem que a investigação interpretativa dos SI se preocupa em compreender os significados socialmente construídos do ponto de vista dos actores que os criam. No seu trabalho seminal, Schutz e Luckmann (1989) explicaram que a realidade social é construída conjuntamente por um fluxo de actores sociais, predecessores, associados, contemporâneos e sucessores. Os predecessores são actores sociais do passado, seguidos pelos sucessores que existirão no futuro; os associados partilham realidades quotidianas em tempo real, enquanto os contemporâneos são actores sociais que não partilham realidades quotidianas em tempo real (Schutz, 1967; Schutz & Luckmann, 1989; Berger & Luckmann, 1966). A inovação em RI e muitas situações de investigação em SI, especialmente projectos de implementação de SI, enquadram-se nesta descrição. Consequentemente, Walsham (1995) refere a importância das questões sociais para a investigação em SI e a necessidade de adotar abordagens empíricas que se centrem particularmente nas interpretações e significados humanos. Checkland & Holwell (1998) também observam que "Com o 'significado' no centro do campo dos SI, o trabalho nesse campo tem de ser feito fora de qualquer crença de que existe a possibilidade de um mundo social estático 'lá fora'... (p. 238)." A filosofia interpretativa é adequada para investigar os fenómenos dos SI quando os investigadores estão interessados nas interpretações dos actores sociais dos seus papéis sociais quotidianos e nos significados que atribuem a esses papéis nos contextos organizacionais da sua atividade profissional. O presente estudo de doutoramento debruça-se sobre os papéis sociais dos actores envolvidos na inovação das RI no contexto universitário, que têm significados específicos para eles. Consequentemente, a adoção da filosofia interpretativa permitiu-me concentrar uma atenção específica no contexto social e histórico mais vasto e interrogar a experiência vivida dos actores envolvidos nas inovações das RI (Blackler, 1993).

A inovação em RI, tal como outras formas de SI, consiste numa variedade de funções que podem ir, entre outras, da gestão, da técnica, da configuração de software, da administração, da realização de investigação e dos processos de divulgação da investigação através da reposição em RI (Avgerou, 2008; Foster & Gibbons, 2005). Pela sua natureza, envolve diferentes partes interessadas que desempenham diferentes funções nas universidades, por exemplo, académicos, bibliotecários, administradores, juristas, trabalhadores de TI e estudantes. Também envolve partes interessadas que operam fora das comunidades universitárias. Consequentemente, nenhuma teoria única é capaz de captar a variedade de fenómenos que existem na inovação das RI. A adoção de uma abordagem a vários níveis permite a identificação dos factores micro e macro da inovação das RI. Além disso, o envolvimento de diferentes classes de intervenientes nas RI (individuais, grupais, intergrupais, organizacionais e societais) permite a emergência de diferentes perspectivas do problema da inovação nas RI. Esta abordagem de avaliação a vários níveis é uma abordagem nova na disciplina, uma vez que nenhum estudo anterior de RI a implementou. Este facto exige a utilização de uma abordagem de investigação indutiva. De acordo com Gioia, *et al.*, (2013) e Thomas (2006), a distinção entre as abordagens de investigação indutiva e dedutiva pode ser vista no momento em que as teorias existentes são adoptadas num estudo de investigação e se o investigador procura descobrir suposições válidas ou testar hipóteses levantadas em torno de algumas questões teoricamente derivadas. Nos estudos que adoptaram a abordagem de investigação indutiva, as teorias são utilizadas para interpretar os dados da investigação após a conclusão da recolha de dados. Por outro lado, os estudos baseados no raciocínio dedutivo são informados por teorias existentes e centram-se no teste de afirmações de factos derivados de teorias. Por outras palavras, testam as teorias existentes.

1.5 Metodologia de investigação

A língua é um dom, mas ouvir é uma responsabilidade - Nikki Giovanni

A investigação adoptou a metodologia de investigação de estudo de caso. Collins e Hussey (2003) afirmam que a abordagem indutiva permite que a recolha de dados em profundidade sirva de base para o desenvolvimento de novas teorias e ideias sobre as questões de investigação identificadas. Utilizando uma metodologia de estudo de caso, o projeto de investigação de doutoramento foi realizado em três universidades localizadas na Nigéria.

As três podem ser classificadas como pequenas universidades porque têm uma população estudantil de cerca de 4.000 pessoas e um corpo docente de cerca de 200 pessoas cada. Duas das universidades são privadas e a outra é uma universidade pública federal. Uma das universidades implementou o seu RI e foi incluída no diretório de repositórios de acesso livre (Diretory of Open Access Repository-OpenDOAR e Registry of Open Access Repository-ROAR). As outras duas universidades estão atualmente a implementar os seus projectos de RI, mas encontram-se em fases diferentes de inovação em matéria de RI. As três situações de investigação proporcionaram oportunidades para abordar questões contextuais que determinam a inovação em RI em diferentes fases (planeamento, implementação e sustentação) da inovação em RI.

O método de investigação de estudo de caso é um método aceitável para a realização de investigação na disciplina de SI (Klein & Myers, 1999; Walsham, 1995). Embora alguns académicos tenham argumentado contra a sua validade como método de investigação apropriado, continuaram a ser levantados argumentos a seu favor (Klein & Myers, 1999; Walsham, 1995). Uma das afirmações feitas sobre o método de investigação do estudo de caso é o seu poder de falsificar uma teoria existente (Lee, 1989). Isto significa, portanto, que o método de investigação de estudo de caso é um método válido para construir novas teorias e alargar as existentes (Berg, 2007). A abordagem indutiva da investigação, tal como indicado por Collins e Hussey (2003), permitiu o desenvolvimento de novos conhecimentos teóricos para compreender a inovação das RI nas universidades dos países em desenvolvimento. Estes conhecimentos dizem respeito à forma como as tendências de globalização, a transformação das universidades e a adesão às orientações tradicionais de gestão universitária influenciam a inovação das RI nas universidades em contextos de países em desenvolvimento. Consequentemente, em vez de testar as teorias existentes, a abordagem indutiva da investigação permitiu-me tirar conclusões com base nos resultados do estudo, relacionando os dados do estudo com as teorias existentes (Gioia, Corley & Hamilton, 2013).

Ao utilizar a abordagem de investigação de estudo de caso, consegui falsificar as afirmações de que os factores de inovação das RI se limitam aos inerentes às universidades. Mostro como os factores a nível mundial, em combinação com os factores dentro das fronteiras nacionais e das universidades do caso, determinam a inovação em RI.

1.5.1 Método de recolha de dados

Os dados foram recolhidos através dos seguintes métodos: entrevistas, observação participante e análise de dados secundários. A observação etnográfica das situações de investigação e dos participantes foi efectuada durante cerca de 13 meses. Os dados secundários recolhidos para o estudo incluíram manuais do pessoal, uma dissertação e sítios Web oficiais de organizações-chave. No total, foram realizadas 112 entrevistas com diferentes categorias de participantes na investigação, ou seja, administradores (reitores, chefes de departamento, diretores de planeamento académico), académicos, especialistas em TI, bibliotecários, trabalhadores paraprofissionais da biblioteca e estudantes. Foi utilizada a técnica de amostragem em bola de neve para permitir a expansão da amostra de entrevistados com base nos requisitos da investigação e na relevância do tema de investigação para os objectivos da investigação. Por outras palavras, embora a recolha de dados do estudo tenha começado, por exemplo, com membros do pessoal da biblioteca universitária na primeira universidade do estudo de caso, através da técnica de amostragem em bola de neve, outros membros relevantes do pessoal universitário foram incluídos na amostra com base na sua relevância para os objectivos da investigação. O Quadro 1.1 abaixo mostra as categorias de participantes que foram entrevistados e o número de entrevistas realizadas em cada categoria que foram registadas nos três estudos que constituem esta tese.

Tabela 1.1: Número de entrevistas efectuadas durante o estudo

Categories of Participants	Sub-Categories Participants	No. of Interviews
Administrators	Deans	6
	Director of Academic Planning	3
	Heads of Department	12
Staff	Academics	30
	IT Experts	8
	Librarians	25
	Para-professional Librarians	10
Students	Students	20
Total Number of Interviews		**114**

1.5.2 Técnica de amostragem

As três universidades do caso foram selecionadas utilizando a técnica de amostragem por conveniência. A técnica de amostragem por conveniência tem a vantagem adicional de permitir aos investigadores selecionar amostras que são diretamente relevantes para o seu estudo e que podem ser convenientemente acedidas (Etikan, *et al.*, 2016; Marshall, 1996). A técnica de amostragem em bola de neve foi utilizada para permitir a seleção de entrevistados com base na sua relevância para os objectivos da investigação (Noy, 2008; Atkinson & Flint, 2001; Biemacki & Waldorf, 1981). Por exemplo, embora a recolha de dados do estudo na Universidade I tenha começado com o bibliotecário chefe da Universidade I, o bibliotecário responsável pela inovação das RI foi selecionado através da técnica de amostragem em bola de neve. Isto deve-se ao facto de as declarações e afirmações feitas pelo bibliotecário chefe apontarem consistentemente para o papel fundamental do bibliotecário responsável pela inovação em RI. Isto continuou até que outros membros relevantes do pessoal da universidade foram incluídos na amostra com base na sua relevância para os objectivos da investigação, tal como foi referido durante a entrevista com outros sujeitos de investigação. As circunstâncias em cada uma das universidades determinaram o sujeito de investigação que foi escolhido como primeiro entrevistado. Na Universidade II, o primeiro entrevistado é um membro do pessoal académico. Na Universidade III, o primeiro entrevistado é um informático. Em todos os casos, o primeiro entrevistado determinou o entrevistado seguinte com base nas informações que forneceu durante a entrevista. A decisão de entrevistar o próximo sujeito de investigação baseou-se geralmente na sua presumível importância para os objectivos da investigação.

1.5.2 Dados secundários

Nos estudos qualitativos que procuram obter validade dos dados, a triangulação de vários instrumentos de recolha de dados é considerada útil (Chen & Hirschheim, 2004; Myers, 1997; Benbasat, *et al.,* 1987). Foram recolhidos dados secundários, tais como cartas oficiais, memorandos internos, notas de campo, políticas, manuais e diretórios. Os memorandos que foram escritos para comunicar as ambições de inovação em RI das universidades do caso foram partilhados pelo pessoal administrativo e pelos bibliotecários que a eles têm acesso oficial. As fontes de dados secundários permitem a documentação de eventos relevantes para a descoberta de factores históricos que influenciam a inovação em RI nas universidades dos casos. Combinei arquivos, fontes-memórias, manuais do pessoal e sítios Web oficiais das universidades em causa com entrevistas aprofundadas e observação participativa. Foi obtida uma rica coleção de dados de investigação comparando as afirmações feitas durante as entrevistas aprofundadas com as revelações das observações participativas e as informações contidas nas fontes de arquivo. Os arquivos permitiram obter informações históricas e também serviram para confirmar as afirmações feitas pelos sujeitos da investigação (Benbasat, *et al.,* 1987).

1.5.3 Considerações éticas

S ampla população era constituída por membros do pessoal das universidades em causa. Foram tidas em conta considerações éticas relativas à livre participação, à utilização de dados pessoais e à apresentação de informações sensíveis fornecidas pelos sujeitos da investigação no domínio público. Havia uma pequena possibilidade de solicitar informações "sensíveis" no estudo. No entanto, as questões relativas às informações sensíveis fornecidas pelos sujeitos de investigação foram exaustivamente discutidas com cada participante. Isto permitiu-lhes compreender em que medida os dados necessários para o estudo podem exigir o fornecimento de informações sobre as suas universidades que considerem privadas ou sensíveis. O sigilo, a propriedade dos dados e a consideração dos dados que podem ser apresentados ao público como resultados da investigação foram definidos e foram celebrados acordos entre as universidades participantes e eu próprio. Os acordos também se estenderam aos sujeitos de investigação. Para validar ainda mais os meus objectivos/afirmações éticas, um professor de Ciência da Informação da Nigéria b ased avaliou a minha metodologia e as minhas afirmações éticas e certificou que a minha metodologia não coloca quaisquer problemas éticos, tendo em conta o tipo de estudo de investigação que planeei realizar.

1.5.4 Observação Participante

A observação participante ocorre quando os investigadores se imergem nas experiências da vida quotidiana dos sujeitos de investigação. Acredita-se que as questões culturais são melhor estudadas desta forma devido aos significados e interpretações contextuais que lhes estão associados (Berker & Geer, 1957). De acordo com Spradley (2016), a observação participativa tem a ver com a participação em actividades locais, ou seja, actividades da vida real das pessoas em estudo, fazendo perguntas, observando os acontecimentos à medida que se desenrolam, tomando notas de campo, rastreando a genealogia e entrevistando informadores. Becker & Geer (1957) defendem que a observação participativa permite a recolha da forma mais completa de dados para estudos sociológicos. Ao adotar este método, participei nas experiências da vida quotidiana dos sujeitos de investigação nas três universidades. Passei um total de seis meses nas universidades em causa durante o Estudo 1, cinco meses durante o Estudo 2 e quatro meses durante o Estudo 3, o que me permitiu fazer observações, realizar entrevistas de investigação aprofundadas, assistir a conferências universitárias e visitar informadores-chave. Registei as minhas observações através de notas de campo. Passei mais sete meses em comunicação com as universidades dos casos para permitir que os sujeitos de investigação analisassem e comentassem as suas respostas e as notas que tomei durante a observação participativa.

1.6 Contextos de investigação: Panorama histórico do sistema universitário nigeriano

As três universidades selecionadas para este estudo estão localizadas na Nigéria. No contexto do presente estudo, são identificadas como Universidade I, Universidade II e Universidade III. As três universidades do caso são consideradas universidades emergentes, uma vez que foram criadas entre 2005 e 2012 num país onde a primeira universidade foi fundada em 1948. A Universidade I é uma instituição privada detida por um único proprietário e foi criada em 2005. A Universidade II é também uma universidade privada pertencente a uma entidade religiosa e foi criada em 2006. A Universidade III é uma universidade pública que foi criada em 2011. É propriedade do Governo Federal da Nigéria (FGN). As três universidades do caso fazem parte da história evolutiva do ensino universitário na Nigéria, que começou com a criação da University College Ibadan (UCI) em 1948 como filial da Universidade de Londres. A UCI foi criada durante o domínio colonial britânico na Nigéria, em resposta à agitação local a favor da criação de universidades para promover a produção de mão de obra de alta qualidade e o desenvolvimento socioeconómico do país (Fafunwa, 1987).

Após a independência concedida à Nigéria em 1 de outubro de 1960, quatro governos regionais que constituíam a federação nigeriana criaram quatro universidades, passando o número de universidades na Nigéria de uma para cinco em 1962. Esta medida foi imposta pela necessidade de produzir mão de obra de alto nível e de promover o desenvolvimento socioeconómico e político das regiões. A UCI, a única universidade detida pelo GFN, foi então elevada a universidade de pleno direito pelo Governo Federal da Nigéria em 1962 e passou a designar-se Universidade de Ibadan. As outras universidades são a Universidade da Nigéria (UNN), Nssuka, que era propriedade do Governo Regional da Nigéria Oriental; a Universidade de Ife, atualmente Universidade Obafemi Awolowo (OAU) e a Universidade de Lagos (UNILAG), que eram propriedade do Governo Regional da Nigéria Ocidental; e a Universidade Ahmadu Belllo (ABU), que era propriedade do Governo Regional da Nigéria Setentrional (Fafunwa, 1987).

A guerra civil nigeriana de 1967 a 1971 causou uma interrupção na evolução das universidades na Nigéria. Consequentemente, imediatamente após a guerra do Biafra, a UNN, a OAU, a UNILAG e a ABU foram adquiridas pelo governo militar federal no poder, em detrimento dos governos regionais que as tinham criado (Amadi, 2011). Isto significou que as suas políticas, metas e objectivos tiveram de ser alterados para se alinharem com os do governo militar federal (Banjo, 1997). Dado que os académicos desempenharam um papel fundamental nas discussões que degeneraram na Guerra Civil Nigeriana, a avaliação e interpretação do papel das universidades pelos jovens oficiais militares que assumiram a governação na Nigéria resultou em conflitos entre o governo militar federal e as universidades existentes (Banjo, 1997; Sanda, 1992). Uma vez que a Nigéria estava sob o domínio militar durante esta época, os recursos atribuídos às universidades começaram a diminuir e a ficar aquém do que eram entre 1948 e 1962 (Amadi, 2011; Adeyemo, 2000). Esta evolução coincidiu com a fragmentação da Nigéria, que passou de quatro grandes regiões para doze Estados mais pequenos. A classe dirigente militar suspeitava que as grandes regiões poderiam tornar-se rebeldes e provocar uma nova guerra civil. A criação de Estados levou à criação de universidades estatais na Nigéria a partir de 1981. Dadas as dissensões entre as universidades e os governos militares e o reduzido poder económico dos quatro governos regionais que foram divididos em doze estados, os recursos atribuídos às universidades nigerianas diminuíram ainda mais.

As crises resultaram em incessantes acções de greve que paralisaram as universidades nigerianas entre meados da década de 1980 e 2000 (Amadi, 2011; Osagie, 2009; Hudu, 2000; NUC, 1983). O NUC (1983) apresenta um bom resumo da evolução do ensino universitário na Nigéria:

...a capacidade de resistência das universidades para sobreviverem perante a agitação política da primeira república, os golpes militares de 1966 e os horrores da guerra civil. Assistiram, com desconfiança, à chegada do NUC estatutário em 1974... aos tremores da agitação estudantil à escala nacional por causa das propinas e de outras questões em 1978 e ao súbito surto de violência aqui e ali nas universidades... foram tudo muito difícil, mas sobreviveram, com um custo, é certo (p. Xiii)

As políticas do Banco Mundial de redução da despesa pública e de redução do financiamento governamental do ensino universitário e de transferência dos custos para os estudantes afectaram significativamente as universidades nigerianas durante as décadas de 1980 e 1990. Tanto o governo estatal como o governo federal reduziram as subvenções concedidas às universidades e incentivaram a criação de universidades privadas. A criação de universidades privadas na Nigéria resultou das muitas crises que afectaram o sistema universitário nigeriano (Owolabi, 2000; Osagie, 1999). As crises económicas mundiais, a redução do apoio governamental, o declínio da indústria petrolífera que reduziu as receitas do governo central, o prolongamento do regime militar e a fuga de cérebros reduziram as universidades nigerianas à sombra do seu potencial (Hudu, 2000; Banjo, 1997). Estas crises também afectaram o ambiente de informação académica na Nigéria. Académicos, investigadores e estudantes não tinham acesso aos conhecimentos científicos necessários; a redução drástica das subvenções às bibliotecas universitárias e a desvalorização da moeda local resultaram no cancelamento das assinaturas de revistas estrangeiras (Nwagwu, 2013). As más condições físicas das universidades nigerianas durante esta época foram consideradas pelas partes interessadas que inventaram e promoveram a RI como o tipo de condições e problemas das universidades dos países em desenvolvimento para os quais a tecnologia de RI foi concebida para fornecer soluções duradouras. O capítulo seguinte apresenta uma panorâmica histórica da adoção dos SI nas universidades nigerianas. Mostra o impacto das condições das universidades nigerianas na inovação das RI.

1.7 Mapa de investigação

Introductory Chapters

Chapter 1: General Introduction
This chapter covers motivation for the study, review of IR innovation benefits and challenges, research programs, philosophy and approach, research method, historical overview of the Nigerian university systems and Research Map

Chapter 2: Historical Overview of the Evolution of IR Innovation
This study draws on the extant literature to assess how transformations across the globe triggered changes that heralded the advent of IR innovation in the Nigerian university system. It outlines how changes in different socio-political and economic factors impacted the ways governments, organizations and individuals in Nigeria reacted to IR innovation. The chapter lays the foundation for the three empirical studies of IR innovation at the institutional, organizational and individual levels.

Independent Empirical Studies

Chapter 3: Study 1: Institutional Level Assessment
A convenient of three universities in Nigeria were selected to serve as the research contexts. This chapter evaluates institutional level factors that come to bear in IR innovation in Nigeria. It identified globalization trends, transformation of universities and conditions of university libraries as three major factors that determine IR innovation at the institutional level.

Chapter 4: Study 2: Organizational Level Assessment
This chapter reveals how organizational level factors including institutional logics, adherence to traditional university management orientation and paradox barrier factors constitute IR innovation factors. It shows how individuals, organizations and conditions outside universities come to bear in IR innovation.

Chapter 5: Study 3: Individual Level Assessment
Chapter 5 evaluates IR innovation from the point of view of how individuals conceptualize it. It shows how individuals' views (tacit knowledge) can be managed to transform from individual thinking to collective thinking. It identified four types of tacit knowledge including, low-order tacit knowledge, high-order tacit knowledge, collective tacit knowledge and common-sense. It provides a framework for managing tacit knowledge during IR innovation.

Concluding Chapter

Chapter 6: Summary of Research Contribution and General Conclusion
Chapter 6 brings together insights derived from the three empirical chapters to argue how they constitute theoretical, practical and methodological contributions. It draws mainly on IR, IS and knowledge management literature. Conclusions were also reached on the findings and contributions of the study

Capítulo 2: Revisão geral da literatura: Panorama histórico da evolução das RI

2.0 Introdução

Este artigo analisa a história das RI no sistema universitário nigeriano. Baseia-se na literatura existente para apresentar o impacto dos acontecimentos sócio-políticos e económicos que ocorreram em todo o mundo sobre os que ocorreram localmente na Nigéria, que por sua vez influenciaram a forma como a inovação das RI foi recebida no sistema universitário nigeriano.

2.1 Evolução dos desafios da gestão do conhecimento científico

A era pós-Segunda Guerra Mundial é uma era caracterizada pela criação, uso e abuso sem precedentes do conhecimento científico. O conhecimento científico e a invenção e proliferação das tecnologias da informação e da comunicação (TIC) nos países desenvolvidos foram o epicentro geopolítico desta caraterística da vida moderna (Giddens, 1991). Os países em desenvolvimento, em particular os da África Subsariana, juntaram-se aos seus homólogos do outro lado do globo e no centro metropolitano depois de se terem tornado independentes do colonialismo (Leachman, 2014; Heeks, 2010). A independência do colonialismo levou à criação de universidades e outras instituições de ensino superior nos países africanos. Este cenário resultou num apelo continental à adoção de iniciativas equivalentes às adoptadas nas universidades de outras partes do mundo. Tais iniciativas eram necessárias para o acesso ao conhecimento científico e para a adoção das tecnologias da informação e da comunicação (TIC) (Karlsson, Srebotnjak & Gonzales, 2007; Siegel, *et al.,* 2004). [th]Infelizmente, as editoras que produzem acesso fechado e pago ao conhecimento científico na viragem do século XX estavam maioritariamente situadas na Europa, nos EUA e no Canadá. Embora algumas destas editoras tenham criado as suas filiais em países em desenvolvimento, mantiveram estratégias comerciais que dificultavam o acesso ao conhecimento científico (Carreiro, 2010; Ezema, 2010). Esta situação era particularmente desvantajosa para os países em desenvolvimento, uma vez que tinham de pagar as revistas científicas relevantes quer com moedas locais quer com moedas estrangeiras escassas. A instabilidade política, as guerras civis, a recessão económica, a ditadura e as leis internacionais hostis, entre outras, também prejudicaram a criação e a utilização do conhecimento científico nos países em desenvolvimento (Russel, 2008; Olukoju, 2002; Powell, 1985). Esta situação foi mais profunda no final da década de 1970, na década de 1980 e na década de 1990.

Uma nova vaga de políticas internacionais propôs que os países desenvolvidos deveriam ajudar os países em desenvolvimento nos seus esforços para atingir os seus objectivos de desenvolvimento (Arocena, Goransson & Sutz, 2015; Walsham, 2010; Adelakun, 2005). Muitos dos problemas que os países em desenvolvimento enfrentavam e que eram avaliados superficialmente no passado foram expostos. Uma das áreas reveladas é o estado do ensino universitário nos países em desenvolvimento. A literatura existente sublinhou que as universidades são mal financiadas, mal geridas e influenciadas negativamente por governos não democráticos (Ayoubi, & Khalifa, 2015; Bozeman, Fay & Slade, 2013). As terríveis condições das bibliotecas universitárias nos países em desenvolvimento também foram expostas. A maioria das bibliotecas universitárias nos países em desenvolvimento não dispunha dos recursos e das ferramentas necessárias para fornecer a vasta gama de serviços de informação bibliotecária que se esperava estarem disponíveis nas bibliotecas universitárias contemporâneas (Rasul & Singh, 2017; Moorefield-Lang, 2015; Ibrahim & Daudu, 2013). Também foi destacada a questão da exclusão digital nos países em desenvolvimento como resultado de deficiências nos sistemas de fornecimento de informações que não eram informatizados. O fosso digital contribui para as diferenças na disponibilidade das TIC nos países desenvolvidos e nos países em desenvolvimento. A questão da indisponibilidade das TIC tornou-se, assim, visível como um dos desafios que os países em desenvolvimento enfrentam na sua tentativa de utilizar o conhecimento científico para alcançar o desenvolvimento económico, social e tecnológico. Este facto deu origem a estudos que surgiram em todo o mundo e nos países em desenvolvimento sobre o impacto do fosso digital no progresso dos países em desenvolvimento (Venkatesh & Sykes, 2013; Ahmed, 2007). Além disso, a transformação da distribuição do conhecimento científico do formato em papel para o formato digital veio aumentar os desafios que os países em desenvolvimento têm de enfrentar (Carriero, 2010; Ezema, 2010; Anunobi & Okoye, 2008), nomeadamente, o fosso do conhecimento.

O fosso do conhecimento denota a diferença entre o conhecimento científico disponível nos países desenvolvidos e nos países em desenvolvimento (Karlsson, Srebotnjak & Gonzales, 2007). Os estudos que se centraram no fosso do conhecimento começaram a analisar as questões relacionadas com a criação de conteúdos digitais em todo o mundo. Os resultados destes estudos mostram que os conteúdos digitais que emergem da Europa, dos EUA, do Canadá e da China dominam os de outros países do mundo, nomeadamente os países em desenvolvimento (Ezema, 2013; Wyk & Mostert, 2011). Colocou-se assim a questão de saber como gerar e fazer circular o conhecimento científico digital nos países em desenvolvimento. Esta questão tornou-se ainda mais relevante pelas indicações promovidas pela escola globalista na disciplina do desenvolvimento sobre a importância do conhecimento científico local para a consecução dos objectivos de desenvolvimento nos países em desenvolvimento (Arocena, *et al.*, 2015; Herath, 2009). Nesta época, começaram também a surgir questões relativas à sociedade do conhecimento/informação. Assim, as questões sobre até que ponto os países em desenvolvimento podem ser categorizados como sociedades do conhecimento/informação estavam a ser discutidas na literatura existente (Opoku-Mensah & Salih, 2007).

[st]Na viragem do século XXI, os académicos dos países em desenvolvimento, em particular os dos países da África Subsariana, começaram a analisar até que ponto a indústria da edição académica está a cumprir a adoção de sistemas digitais (Ezema, 2010; Chan & Costa, 2005). Isto trouxe para a ribalta questões relacionadas com a presença em linha de revistas e o quantum de instalações de TIC disponíveis para universidades e académicos na África Subsariana (Wyk & Mostert, 2011; Ehikhamenor, 2003; Rosenberg, 2002). Quando a iniciativa de acesso aberto foi introduzida pela primeira vez, as partes interessadas tinham esperança de que resolvesse o problema da fratura de conhecimentos nos países em desenvolvimento resultante do modelo de distribuição de conhecimentos científicos de acesso fechado das editoras comerciais. Isto porque as melhorias na inovação das TIC, nomeadamente as tecnologias móveis, tinham servido para reduzir o fosso digital entre os países desenvolvidos e os países em desenvolvimento. Dadas as limitações das revistas de acesso aberto, as partes interessadas cedo se aperceberam de que os académicos dos países em desenvolvimento não podem beneficiar plenamente da iniciativa de acesso aberto (Ezema, 2013; Nwagwu, 2013). As taxas de publicação que os autores têm de pagar para publicar em revistas de acesso aberto privaram muitos académicos dos países em desenvolvimento de participar na iniciativa (Solomon, & Bjork, 2012; Schroter & Tite, 2006).

2.2 Evolução e temas da investigação sobre inovação em RI

A introdução de uma iniciativa de RI que seria gerida diretamente pelas universidades foi considerada pelas partes interessadas como um meio de atenuar o grande desafio da distribuição do conhecimento científico nos países em desenvolvimento.

Surgiu uma grande quantidade de literatura sobre a iniciativa de RI após as postulações de Harnad (2001) sobre a possibilidade de a iniciativa alterar o panorama global da distribuição do conhecimento científico. Harnad previu a capacidade da iniciativa de RI para apoiar a gestão da propriedade intelectual das universidades de forma mais eficaz do que o modelo prevalecente orientado para os editores comerciais e o modelo de publicação de acesso livre. Argumentou ainda que a tecnologia de RI tem potencial para pôr fim ao domínio do modelo orientado pelos editores comerciais. Na sequência das previsões de Harnad, os académicos, em especial os da disciplina de LIS, salientaram os benefícios das RI. Alguns dos benefícios referidos incluem a possibilidade de oferecer aos membros das comunidades universitárias e aos autores visibilidade global e acesso livre e equitativo ao conhecimento científico global (Lynch, 2003; Crow, 2002). As histórias de sucesso relatadas na literatura destacaram as vantagens oferecidas pelo acesso aberto aos académicos e deram conselhos sobre como inovar com êxito as RI (por exemplo, Westell, 2006; Genoni, 2004). Isto resultou numa avaliação nacional da adoção das RI (por exemplo, Rieh, *et al.*, 2007; Lynch & Lippincott, 2005) e na admoestação das principais partes interessadas sobre a necessidade de adotar as RI (Chan & Costa, 2005; Palmer, 2005). O potencial promissor da iniciativa de RI motivou os académicos a demonstrarem persistentemente preocupação com a forma como esta poderia ser implementada de forma produtiva a nível global (Ukwoma & Mole, 2017; Kim, 2010).

Foram também realizados estudos para identificar os factores que constituem barreiras à inovação das RI. As tensões em torno dos sistemas de titularidade, a recompensa académica e a qualidade dos recursos de RI são os principais obstáculos à inovação em RI (Kim, 2011; Davis & Connolly, 2007; Seonghee & Boryung, 2008; Kim 2007). Alguns trabalhos académicos também relatam que as políticas de publicação, as considerações de direitos de autor e a natureza dos recursos de RI constituem factores de barreira à inovação em RI (Kim 2011; Cullen & Chawner 2011; Salo, 2008; Kim, 2007; Okoroma & Abioye, 2017). Nas discussões, as implicações dos contextos na inovação em RI emergiram como importantes factores de inovação em RI (Nwagwu, 2013; Palmer *et al.* 2008; Walters, 2007). Uma grande limitação do corpo de literatura na disciplina de inovação em RI é a não integração de temas de pesquisa em RI para formar um conhecimento holístico de inovação em RI. Dado que a maioria dos estudos de RI escolhe partes interessadas específicas (por exemplo, bibliotecários e académicos), deixando de fora muitas outras (por exemplo, pessoal de TI, administradores e pessoas que não trabalham diretamente nas universidades), os resultados dos estudos de RI permanecem fragmentados. É de esperar que um estudo holístico que envolva várias partes interessadas e considere vários aspectos da inovação em RI gere uma compreensão mais profunda e descubra os factores sociais que influenciam a divergência de pontos de vista das partes interessadas sobre a inovação em RI.

A tendência atual nos estudos de RI tem implicações para os pontos de vista da comunidade de RI sobre as RI como um sistema de gestão do conhecimento académico. Embora as RI sejam implementadas para servir diversas pessoas que vivem e operam em diversos contextos sociais, os académicos continuam a estudá-las como fenómenos que ocorrem no contexto das universidades. Por exemplo, enquanto as bibliotecas se preocupam em utilizar as RI para melhorar as suas ofertas de serviços de informação às comunidades universitárias (Utulu & Akadri, 2014; Shearer, 2013), os académicos estão interessados em utilizar as RI para atrair bolsas de investigação e promover a sua reputação através da sua visibilidade e da das suas instituições (Asogwa & Ugwuishiwu, 2016). Para a gestão universitária, o principal objetivo do apoio à inovação em RI pode ser a obtenção de um melhor desempenho na classificação webométrica (Okebukola, 2011). Uma pesquisa da literatura mostra que todas as tentativas de inovação dos SI têm a ver com a satisfação das necessidades de partes interessadas, grupos, organizações e indústrias específicas (ver, por exemplo, Bailey & Ngwenyama, 2013; Light & Howcroft, 2010).

Basta dizer que existe uma lacuna de conhecimento significativa na gestão da inovação das RI, de modo a que as partes interessadas que podem dar um contributo significativo para o processo possam participar. Os académicos no domínio das RI apresentam geralmente a inovação das RI no que diz respeito aos bibliotecários e aos académicos. A maioria dos estudos de RI não considera a dinâmica do mundo da vida que se caracteriza por diferentes contextos sociais no sentido explicado por Zhao (2006; 2004), Schutz & Luckmann (1989), Schutz (1967) e Berger & Luckmann (1966). Schutz, Luckmann & Berger argumentaram que cada contexto social é caracterizado por realidades específicas ocasionadas pelas acções de quatro categorias de actores sociais, nomeadamente os associados, os contemporâneos, os predecessores e os sucessores. Isto é particularmente verdade quando consideramos a forma como os diferentes contextos ocupados por académicos, administradores, bibliotecários, pessoal de TI, estudantes, editores, organizadores de encontros académicos, etc. estão socialmente ligados através das estruturas sociais intersubjectivas que moldam as realidades que determinam a forma como se ligam (Zhao, 2004; Schutz e Luckmann 1989; Schutz, 1973). Além disso, existem também factores relacionados com os quadros profissionais, redes de prática, flexibilidade interpretativa, modelos mentais, entre outros, que influenciam a perceção dos indivíduos, grupos, organizações e sociedade (Bailey & Ngwenyama, 2013; Khoo & Hall, 2013; Khoo, 2005; Howcroft, *et al.,* 2004; Argyris, 1995).

Muitos académicos de SI sugerem que, ao investigar as tecnologias, nos devemos concentrar nos significados intersubjectivos promulgados pelos actores sociais nos seus domínios (cf. Avgerou, 2013; Howcroft, *et al.*, 2004; Orlikowski, 2010). Alguns estudiosos dos SI adoptam conceitos teóricos de teoria institucional, estruturação, contexto formativo, comunidade de prática e influência social, entre outros, para permitir a investigação do papel que os significados intersubjectivos desempenham na formação das abordagens dos actores sociais à inovação dos SI. Exemplos podem ser extraídos de estudos feitos por Sahay & Mukherjee (2015), Linderoth (2014), Ngwenyama & Nielsen (2014), Light & Howcroft (2010) e Liang, Saraf, Hu, & Xue (2007). Os estudos existentes sobre SI baseiam-se amplamente na literatura proveniente de diversos domínios das ciências sociais - sociologia, política, ciências cognitivas e ciências da organização - para responder a questões sobre a forma como a diversidade das partes interessadas em SI e as diferenças contextuais determinam os pontos de vista dos inovadores e utilizadores de SI em diferentes fases dos projectos de SI. Uma vez que não tem havido uma análise social profunda dos fenómenos de inovação das RI, existe uma enorme lacuna no conhecimento sobre o papel das realidades sociais fora das universidades na inovação das RI. Além disso, é necessária uma avaliação das interações entre noções e ideias intersubjectivas que determinam a inovação das RI nas universidades.

A literatura existente sobre RI lança luz sobre a medida em que os académicos e profissionais de RI têm sido capazes de abordar as realidades de inovação das RI como fenómenos socialmente constituídos (por exemplo, Effah & Abbeyquaye, 2013; Howcroft, *et al.*, 2004) e socialmente construídos (por exemplo, Orlikowski, 2010; Lyttine & Newman, 2008; Checkland, 2000). A visão generalizada na literatura de RI pode encorajar os académicos e os profissionais de RI a entender as RI como uma tecnologia que envolve sistemas técnicos e sociais, sendo o aspeto técnico mais importante (Pinfield, 2015; Shearer, 2013; Jones, 2007; Plamer, 2005; Genoni, 2004). Daqui resulta que, até agora, a literatura de RI conceptualiza a inovação em RI na perspetiva do determinismo tecnológico. Os pontos de vista do determinismo tecnológico representam uma visão instrumental da força de trabalho como composta por homem e máquina, em que a máquina determina como o homem pensa e trabalha (Smith & Max, 1994). Estes pontos de vista sustentam a especulação de Harnad (2001) sobre a "capacidade" das RI para mudar o panorama académico global. Os postulados de Harnad foram articulados independentemente do facto de a inovação das RI ter sido desencadeada por vários factores sociais que surgiram em resultado das mudanças sociais ocorridas em todo o mundo (Harnad, 2001).

Uma grande parte da literatura sobre RI tem-se centrado no impacto das RI nas actividades dos bibliotecários e dos académicos e pouca atenção tem sido dada ao impacto dos bibliotecários e dos académicos na inovação das RI. Por conseguinte, os estudiosos das RI não abordaram a cognição, as disposições tecnológicas, os quadros profissionais, a rede de práticas e os factores de integração social que influenciam a inovação das RI. Se a inovação em RI for vista como a constituição e a construção de tecnologia que é impulsionada pela cognição, os académicos de RI poderiam ajudar a comunidade de RI a ver até que ponto as partes interessadas em RI estão socialmente (des)ligadas. As partes interessadas em SI que estão socialmente desconectadas restringem a formação de relações sociais integradas que promovem a inovação em SI. Dado que muitas das partes interessadas envolvidas no ciclo de inovação das RI foram deixadas de fora da análise efectuada até agora, a investigação sobre inovação das RI que analisa a cognição, a constituição social e a construção de pressupostos tecnológicos tornou-se ainda mais necessária. Os três estudos que compõem esta tese fornecem importantes contributos para o conhecimento das RI disponível para investigadores e profissionais. Dado que o estudo foi concebido com o objetivo de avaliar os factores de inovação das RI a nível institucional, organizacional e individual, fornece informações sobre o vasto leque de actores sociais que influenciam a inovação das RI. Também revela factores relevantes inerentes aos níveis global, nacional, organizacional e individual. O estudo afirma que a inovação em RI é um processo sociotécnico que envolve um vasto leque de intervenientes.

Capítulo 3: Estudo empírico 1

Avaliação a nível institucional:

Tendências da Globalização, Transformação da Universidade e Condições de

As bibliotecas universitárias como factores de barreira à inovação em RI

Resumo

O repositório institucional (RI) é um sistema de informação (SI) utilizado para implementar uma iniciativa de acesso livre. Este sistema traz grandes benefícios para os países em desenvolvimento, uma vez que defende a distribuição e o livre acesso ao conhecimento científico. O acesso limitado ao conhecimento científico nos países em desenvolvimento exige a implantação de uma tecnologia radical que sirva de alternativa ao modelo de acesso fechado das editoras comerciais. Infelizmente, muito poucas universidades dos países em desenvolvimento dispõem de RI funcional, apesar do seu potencial para promover o livre acesso ao conhecimento científico. Este estudo tem por objetivo desenvolver conhecimentos teóricos e práticos sobre os obstáculos à inovação das RI nos países em desenvolvimento. A abordagem de investigação indutiva interpretativa foi adoptada para apoiar este objetivo. Foi utilizada a técnica de amostragem "bola de neve" para identificar os sujeitos de investigação que são relevantes para alcançar o objetivo do estudo. A observação participativa, a entrevista aprofundada e os arquivos foram utilizados como instrumentos de recolha de dados. Os dados qualitativos foram analisados através da técnica de análise temática de dados. O estudo revela a influência das tendências da globalização, das transformações universitárias e das condições das bibliotecas universitárias nos factores de barreira à inovação em RI a nível institucional. Uma comparação dos dados do estudo com os conhecimentos da literatura existente revelou que a suposição comum de muitos académicos de RI de que os factores que determinam a inovação em RI são inerentes às universidades não é válida. O estudo revela novos factores de barreira e contribui com novos conhecimentos teóricos e práticos para as disciplinas de implementação de SI e, mais especificamente, para a disciplina de sistemas de informação nos países em desenvolvimento.

Palavras-chave: Inovação em Repositórios Institucionais; Implementação de Sistemas de Informação; Tendências de Globalização; Transformação Universitária; Bibliotecas Universitárias; Sistemas de Informação em Países em Desenvolvimento

3.1 Introdução

Uma comunidade é caracterizada como um grupo de grupos de pessoas que vivem juntas num espaço sócio-físico definido ou indefinido. Partilham ideologias e valores, e trabalham em prol de interesses comuns (Gamble & Weil, 2008; Zhao, 2004). O retrato das universidades em termos da noção popular de comunidades das ciências sociais promove o sentimento de que a administração e a gestão universitárias devem ser tratadas apenas por académicos e a suposição de que as universidades estão isoladas da influência das suas comunidades de acolhimento e da comunidade global em geral (Altbach, 2015). Um olhar crítico sobre as universidades, no entanto, indica que aqueles que defendem esta noção não consideraram questões contemporâneas importantes. Estas incluem o papel das tendências da globalização e as transformações nas universidades na época contemporânea, abrindo as universidades à influência das suas comunidades de acolhimento e da comunidade global em geral. As tendências da globalização têm a ver com a facilidade com que a informação, as ideias e as pessoas se deslocam através das fronteiras locais e internacionais (Mau & Ulyukaev, 2014). São impulsionadas pelos avanços nas TIC, nos transportes e nas políticas governamentais relativas à circulação de pessoas através das fronteiras internacionais (Steger, 2009). As recentes transformações nas universidades através da adoção de novas técnicas de gestão facilitaram a participação de diversas partes interessadas, incluindo as que se encontram fora dos limites das universidades, na gestão e administração das universidades (Akalu, 2014).

Os resultados deste estudo mostram que a facilidade com que a informação, as ideias e as pessoas se deslocam através das fronteiras locais e internacionais permite que as comunidades de acolhimento das universidades e a comunidade global influenciem a inovação em RI. Os resultados também mostram como estas condições conduziram a uma consciencialização das RI proveniente de fontes múltiplas (e contraditórias), a um desejo descoordenado de inovação das TIC e à adoção de factores de sucesso da inovação das RI que não correspondem às necessidades locais. Os resultados do estudo mostram também que as transformações contemporâneas vividas pelas universidades levaram as universidades a adotar um novo modo de gestão, a envolverem-se em actividades que aumentam os custos de funcionamento e a sofrerem de problemas de financiamento que tiveram um impacto negativo na inovação das RI. Estes resultados indicam que as universidades estão inseridas nas suas comunidades de acolhimento e na comunidade global. Pode, portanto, concluir-se que, para que a inovação em matéria de SI seja bem sucedida nas universidades, os inovadores devem prestar atenção a factores internos e externos às universidades (Bozeman, *et al.*2013). Infelizmente, as partes interessadas vêem através da lente da noção de que as universidades são comunidades separadas que dominam quando pensam sobre as suas experiências com a inovação em RI (Shearer, 2013; Abrizah, *et al.*, 2010). Por exemplo, Harnad (2001) propôs que as RI são um serviço de informação que serve as necessidades de informação académica de uma comunidade universitária. Do mesmo modo, Lynch (2003) descreveu as RI como "...um conjunto de serviços que uma universidade oferece aos membros da sua comunidade para a gestão e disseminação de materiais digitais criados pela instituição e pelos membros da sua comunidade (p. 3)." Ifijeh (2014) explicou as RI como um meio de divulgação de trabalhos académicos escassos produzidos pelas universidades. Embora o pressuposto atual sobre a natureza das universidades e os seus efeitos sobre a forma como a inovação em RI é conceptualizada pareçam representar conceitos válidos, este estudo mostra que os conceitos são inexistentes.

Na disciplina de SI, o impacto das tendências da globalização e da transformação da indústria na inovação dos SI não foi adequadamente investigado. Os académicos de SI também não investigaram a inovação dos SI nas universidades tanto quanto nas organizações com fins lucrativos (Venkatesh, Croteau & Rabah, 2014; Avgerou, 2010). Os poucos estudos que se concentraram nas universidades não avaliaram como as tendências de globalização e as transformações nas universidades, em conjunto, impactam a inovação em SI (Uwadia, *et al.*, 2006). Em contraste, na disciplina de ISDC, tem sido argumentado que os factores que surgem durante a inovação dos SI nos países em desenvolvimento vão além daqueles dentro das organizações situadas nos países em desenvolvimento (Sahay & Mukherjee, 2015; Sahay, 2006). No entanto, os académicos do ISDC não consideraram totalmente as tendências da globalização e as transformações da indústria nas suas avaliações dos determinantes da inovação dos SI nas universidades dos países em desenvolvimento. Os estudos do ISDC que tentaram analisar a forma como as tendências de globalização e as transformações da indústria têm impacto na inovação dos SI fizeram-no com base na adoção e difusão de tecnologia noutros tipos de organizações (Avgerou, 2010; Al-Ghatani, 2003). Concentraram-se na forma como a tecnologia produzida noutras partes do globo é transferida, adoptada e difundida nos países em desenvolvimento como resultado das tendências de globalização e da transformação da indústria (Chatterji, 2016).

Outros aspectos dos resultados mostram como as condições actuais das bibliotecas das universidades em causa têm impacto na inovação em RI. Os resultados deste estudo indicam que as condições actuais das bibliotecas das universidades em causa são

caracterizadas por pessoal inadequado, cultura de oferta de livros e estrutura organizacional hierárquica, que são causadas por
consequências das transformações que as universidades do caso experimentam como resultado das tendências de globalização. As questões relacionadas com o pessoal e o seu impacto no desempenho das bibliotecas têm sido abordadas na literatura existente (Moore-Field, Lang, 2015; Gremmels, 2013). Banks & Pracht (2008) estudaram especificamente o impacto das transformações que as bibliotecas sofreram no passado recente na contratação de pessoal. O aumento dos estudos que avaliaram os recursos humanos nas bibliotecas universitárias deve-se ao facto de os recursos humanos determinarem em grande medida até que ponto as bibliotecas universitárias são capazes de lidar com as pressões da prestação de serviços de informação das bibliotecas contemporâneas. Este estudo mostra como os factores de nível institucional se combinam com os factores de nível organizacional para causar a inadequação do pessoal que dificultou a inovação em RI nas universidades em questão. Os académicos de RI que identificaram o pessoal inadequado como barreira à inovação em RI não mostraram qualquer ligação entre este e os factores de nível institucional e organizacional (por exemplo, Nwagwu, 2013).

A cultura da oferta de livros desempenha um papel no atual estado de inovação das RI nas bibliotecas das universidades do caso. É interessante notar que os processos de aquisição de livros das universidades em causa são afectados pela cultura da oferta que surgiu devido às tendências de digitalização na Europa, nos EUA e no Canadá. Nas décadas de 1980 e 1990, a adoção de sistemas de fornecimento de informação em bibliotecas digitais por universidades da Europa, dos EUA e do Canadá significou que as bibliotecas universitárias dos países em desenvolvimento, incluindo as da Nigéria, passaram a receber mais ofertas sob a forma de livros. O impacto desta tendência na maioria das bibliotecas universitárias dos países em desenvolvimento não tem merecido a devida atenção. Este estudo mostra que a cultura da oferta de livros resultou na redução dos recursos afectados à compra de livros nas bibliotecas das universidades em causa, o que, por sua vez, teve um efeito na inovação das RI. Este estudo mostra que a cultura da oferta de livros prejudica a adoção da cultura da digitalização pelas universidades do caso. Estudos anteriores sobre o efeito negativo das ofertas de livros nas bibliotecas não abordaram a sua influência na afetação de recursos para a compra de livros e recursos digitais. Por exemplo, Buis (1991) abordou questões como o custo de processamento, os prazos dos planos de aquisição e o custo de armazenamento e eliminação de ofertas de livros não desejadas. Estudos posteriores alertaram as bibliotecas académicas e as suas partes interessadas para o impacto das ofertas de livros na medida em que as bibliotecas universitárias são capazes de atingir os seus objectivos gerais de fornecimento de informação bibliotecária (Sturges, 2014; Edem, 2010). Este estudo alarga estas ideias ao identificar e descrever o impacto negativo da dependência excessiva das ofertas de livros na inovação das RI. A revelação mais importante deste estudo é a exposição da ligação entre factores de nível institucional e factores de nível organizacional na aprovação de uma cultura de oferta de livros que, por sua vez, teve um impacto negativo na inovação das RI.

Um fator que contribuiu para o estado atual das bibliotecas universitárias descrito neste estudo é a implementação inadequada da estrutura organizacional hierárquica. Dado que as bibliotecas universitárias são organizações por direito próprio, espera-se que sejam estruturadas como as outras organizações são estruturadas. Uma organização pode ter uma estrutura plana, hierárquica ou híbrida (Morgan, 1997; Frederickson, 1986). As universidades do caso estavam estruturadas com uma estrutura organizacional hierárquica. Por conseguinte, não conseguiram gerir adequadamente os processos de comunicação para apoiar a inovação das RI. A maioria dos estudos que tratam do impacto da estrutura organizacional no desempenho organizacional é baseada em avaliações de nível organizacional (Ashkenas, Ulrich, Jick, & Kerr, 2015; Zheng, Yang, & McLean, 2010; Auvinen, 2001). Isso também é visível em estudos de inovação em SI que avaliaram o papel da estrutura organizacional na inovação em SI (Shao, Feng & Hu, 2016; Cresswell & Sheikh, 2013; Raymond, 1990). Este estudo mostra que os factores institucionais podem promover as formas como as estruturas organizacionais são implementadas durante a inovação dos SI. Este estudo, portanto, fornece respostas para a seguinte questão de pesquisa: *Quais são as barreiras à inovação dos SI nas universidades nigerianas e como é que essas barreiras evoluíram?* Identifica três factores de barreira a nível institucional que são caracterizados por nove indicadores, como se mostra na Figura 3.1: Dinâmica dos Factores de Barreira à Inovação em RI a Nível Institucional. Uma vez que este estudo adoptou uma abordagem de investigação indutiva, a literatura analisada no segmento que se segue é orientada pelas suas principais conclusões.

3.2 Revisão da literatura

As noções actuais sobre a natureza das universidades incentivam as partes interessadas a pensar separadamente na sociedade e nas universidades. As universidades são vistas como tendo uma existência objetiva separada das sociedades onde estão situadas e, na verdade, da comunidade global (Okebukola, 2015; Akalu 2014; Comissão Europeia,

2005). Por conseguinte, os académicos alinharam-se com as noções positivistas, assumindo que os factores responsáveis pela consecução dos objectivos estatutários das universidades são determinados apenas por ocorrências dentro das universidades (por exemplo, Okebukola, 2015; Comissão Europeia, 2005). As partes interessadas assumem que as transformações vividas pelas universidades, incluindo as que têm impacto na inovação em RI, são desencadeadas por factores internos às universidades. A literatura sobre inovação em RI tem ignorado em grande medida o papel das tendências e transformações da globalização na experiência das universidades, levando as partes interessadas a assumir que os principais factores de barreira à inovação em RI estão apenas relacionados com os académicos e as orientações de publicação académica inerentes às universidades (Utulu & Akadri, 2014; Abrizah, *et al.*, 2010; Davis & Connolly, 2007). Outros exemplos podem ser extraídos de estudos realizados para avaliar a implementação bem-sucedida da inovação em RI (por exemplo, Pinfield, 2015; Utulu & Akadri, 2014; Shearer, 2013; Westell, 2006). Ao ignorar as tendências da globalização, como o acesso a fontes de informação e ideias sobre a inovação das TIC, os académicos negligenciam a forma como as universidades têm a sua visão da inovação das RI, os factores de sucesso da inovação das RI que identificam e o efeito destes na inovação das RI. Os resultados deste estudo mostram que a diversidade de fontes de informação sobre inovação em RI levou as universidades a adoptarem factores de sucesso que não se alinham com as necessidades locais (Levitin, 2014).

Os estudiosos de estudos anteriores assumem que as universidades estão isoladas dos efeitos das tendências da globalização e, consequentemente, ignoram-nas quando avaliam os factores que determinam a inovação em RI (Shearer, 2013; Abrizah, *et al.*, 2010; Bui *et al.*, 2010; Weill, 2009). A razão pela qual os académicos ignoram os efeitos das tendências da globalização e da transformação das universidades na inovação das RI pode ser atribuída à não utilização de teorias como a fenomenologia da vida quotidiana (Zhao, 2004; Schutz & Luckmann, 1989; 1973; Schutz, 1953). A teoria da fenomenologia da vida quotidiana sugere que as experiências dos grupos sociais são determinadas por actores sociais que podem ser categorizados como associados, contemporâneos, predecessores e sucessores (Zhao, 2004; Schutz & Luckman, 1989). Por outras palavras, pode presumir-se que as experiências das universidades no que respeita à inovação das RI são determinadas por (1) aqueles que estão dentro das universidades (associados); (2) aqueles que estão fora das universidades (contemporâneos), (3) aqueles que estiveram envolvidos com as universidades no passado (predecessores), e (4) aqueles que estarão envolvidos com as universidades no futuro (sucessores). De acordo com Schutz & Luckmann (1989), os associados são actores sociais que partilham o mesmo tempo e espaço sociofísico, por exemplo, os membros de uma comunidade universitária. Os contemporâneos partilham o mesmo tempo mas ocupam espaços sociofísicos diferentes. São exemplos aqueles cujas actividades influenciam a forma como as universidades funcionam (por exemplo, editores comerciais, pais, agências de financiamento, agências reguladoras, etc.). Predecessores são aqueles que tiveram relações com a universidade no passado (por exemplo, reformados, antigos titulares de cargos administrativos, etc.). Os sucessores são os futuros membros da comunidade universitária (por exemplo, futuros estudantes e pessoal, etc.)

A utilização de teorias como a fenomenologia da vida quotidiana é fundamental para ter em conta as tendências de globalização e as transformações organizacionais nas universidades do caso na avaliação da inovação das RI. Permite a exposição da natureza fluida e imprevisível dos factores sociais que ligam as universidades dos casos a outras entidades sociais em todo o mundo. Os estudos centrados na inovação dos SI nas universidades continuam a ignorar a influência dos acontecimentos e das pessoas que vivem em diversos contextos sociofísicos fora das universidades na inovação dos SI nas universidades (Andersson & Hatakka, 2010; Uwadia, *et al.*, 2010; Alavi, Yoo & Vogel, 1997). Isto apesar do facto de alguns académicos da disciplina de SI adoptarem a filosofia do interpretivismo e afirmarem que as universidades não são organizações estruturadas e concretas. Muitos estudos sobre SI não mostraram como a natureza fluida e não estruturada das universidades influencia a inovação dos SI da mesma forma que Kudaravalli, Faraj & Johnson (2017) e Ngwenyama & Nielsen (2014) fizeram com a sua avaliação dos SI em organizações com fins lucrativos. Esta limitação resulta de uma falta de reconhecimento das organizações como sistemas sociais abertos que são influenciados por diferentes tipos de actores sociais (Sahay & Mukherjee, 2015; Zhao, 2006; Daft, 2004; Morgan, 1997).

Basta dizer que as tendências da globalização e a transformação que as universidades experimentam na época contemporânea são dois fenómenos sociais que se afectam mutuamente. Por exemplo, na União Europeia (UE), foram preparados vários documentos para incentivar as universidades da UE a transformarem-se com base nas mudanças sociais na UE e nas mudanças globais em geral (Comissão Europeia, 2005). Consequentemente, as partes interessadas argumentaram que, para que uma universidade justifique a sua faturação, deve utilizar as TIC, conseguir uma cooperação interdisciplinar, utilizar mecanismos de marketing, adotar novos mecanismos de avaliação e acreditação, estabelecer parcerias com a indústria e incluir os estudantes e os pais/encarregados de educação na governação da universidade (Nielsen, 2014; Buchanan & Devletoglou, 1971).

Nos países em desenvolvimento, existem documentos semelhantes elaborados por vários governos em colaboração com a UNESCO e o Banco Mundial. Os documentos mostram as tendências de transformação que as universidades dos países em desenvolvimento foram encorajadas a seguir (Okebukola, 2015; Akalu, 2014). Estas incluem a expansão para acomodar mais alunos, a adoção das TIC, a cooperação e a colaboração, a partilha de recursos, a parceria com a indústria e a adoção de novas lógicas de gestão que envolvem a inclusão de partes interessadas internas e externas na gestão das universidades. As ideias foram retiradas de documentos elaborados para os países desenvolvidos, apesar de as duas classes de sociedades terem antecedentes socioculturais, políticos e económicos diferentes (Akalu, 2014; Okebukola, 2009).

As universidades dos países em desenvolvimento sofreram transformações que resultaram em mudanças nas suas orientações administrativas e de gestão (Okebukola, 2014; Akalu, 2014), na criação de universidades privadas (Okebukola, 2014; Amadi, 2011; Osagie, 2009) e em estratégias de garantia da qualidade, de avaliação pelos pares e de conformidade (que foram utilizadas como mecanismos de controlo) (Shabani, Okebukola & Oyewole, 2017; Akalu, 2014; Okebukola, 2006). Na Nigéria, por exemplo, regista-se um crescimento exponencial do número de universidades no país, de uma para cinco entre 1948 e 1971, de cinco para vinte entre 1972 e 1980, e de vinte para cento e cinquenta e duas entre 1980 e 2016. Além disso, verificam-se mudanças nos modelos utilizados para a gestão das universidades e para a verificação e acreditação dos programas académicos no país (Okebukola, 2006; 2009; Erinosho, 2013/2014). Além disso, várias universidades adoptaram as TIC para funções e operações académicas e administrativas (Oduwole, 2013; Ehikhamenor, 2003).

Embora estas transformações pareçam positivas, também impõem pesados encargos às universidades nigerianas, em particular às privadas, devido às condições locais (Okebukola, 2015). Muitas das ideias propagadas na Nigéria sobre a forma de melhorar a qualidade e a produtividade das universidades nigerianas baseavam-se em ideias que os decisores políticos adoptaram no estrangeiro. A Internet também está repleta de documentos produzidos por indivíduos e organizações sem experiência em primeira mão da vida quotidiana na Nigéria. Para além de facilitar a influência dos contemporâneos nas transformações vividas pelas universidades nigerianas, a Internet também permite que as partes interessadas fora e dentro da Nigéria se associem (Zhao, 2006). Assim, torna-se fácil para as partes interessadas na Nigéria aplicar ideias estrangeiras às condições locais e estabelecê-las como base da sua agenda de transformação universitária (por exemplo,

Okebukola, 2009). As estratégias para estudos de inovação em RI na Nigéria também foram desenvolvidas de forma semelhante, com consequências para os resultados dos estudos (Okoromoma & Abioye, 2017; Ukwoma & Mole, 2017; Utulu & Akadri, 2014; Ezema, 2013; Zaid & Okiki, 2014; Lynch & Lippincott, 2005). É dececionante que as partes interessadas na Nigéria não tenham prestado atenção aos argumentos sobre uma ampla gama de factores de nível institucional que podem ter impacto na inovação dos SI nos países em desenvolvimento que foram sublinhados na literatura (por exemplo, Bailey & Ngwenyama, 2016; Avgerou, 2010; 2008; Walsham & Sahay, 2006; Heeks, 2002).

As condições das bibliotecas universitárias também influenciam a inovação das RI. Embora as condições das bibliotecas universitárias tenham a ver com questões de nível organizacional, a evolução dessas condições foi determinada principalmente por factores de nível institucional. Por exemplo, um dos principais indicadores dessas condições é a insuficiência de pessoal. Ao longo dos anos, o número de funcionários disponíveis para as universidades tem sido determinado por vários factores. Um determinante importante do pessoal nas bibliotecas universitárias é a grande variedade de serviços que se espera que ofereçam devido a uma população crescente de utilizadores (Moorefield-Lang, 2015; Torras & Saetre, 2016). Consequentemente, existe uma associação entre os serviços prestados pelas bibliotecas universitárias, o número esperado de utilizadores e o pessoal nas bibliotecas universitárias contemporâneas (Jordan, 2017; Rasul & Singh, 2017; Musoke, 2008). Além disso, o afluxo de serviços de informação bibliotecários baseados nas TIC e uma expetativa crescente de variedade nos tipos de recursos de informação disponíveis nas bibliotecas universitárias também determinam o seu pessoal (Xu, Kang, Song & Clarke, 2015; Walters, 2014). Daqui decorre que as transformações nas necessidades de informação devido a exigências educativas e pedagógicas e a proliferação de serviços de informação baseados nas TIC se conjugam para aumentar os desafios em matéria de pessoal nas bibliotecas universitárias.

Estes factores afectam todas as universidades, independentemente da sua localização geopolítica, quer se trate de países desenvolvidos ou em desenvolvimento. Uma conclusão surpreendente deste estudo é que o pessoal disponível para as bibliotecas das universidades em questão continua a ser insuficiente, apesar de ser afetado por todos os factores a nível institucional que determinam o pessoal das bibliotecas universitárias contemporâneas. Duas das três universidades têm diferentes categorias de estudantes: a tempo inteiro, a tempo parcial, licenciados e pós-graduados. Também têm estudantes que recebem a sua educação fora do campus. A terceira universidade não tinha estas categorias de estudantes, mas registou mais de seis mil estudantes nos seus quatro anos de existência. Espera-se, portanto, que as bibliotecas das universidades do caso forneçam serviços de informação de qualidade que satisfaçam as necessidades de um grande número e de diferentes categorias de utilizadores. Espera-se também que adoptem as TIC para prestar serviços de informação bibliotecários contemporâneos, à semelhança das bibliotecas de todo o mundo. Por isso, o facto de terem um número muito limitado de bibliotecários académicos, bibliotecários paraprofissionais e outro pessoal de apoio foi surpreendente. O efeito desta situação na inovação em RI foi enorme, uma vez que afectou o número de bibliotecários académicos que se dedicavam à inovação em RI. No passado, a insuficiência de pessoal nas bibliotecas universitárias não tinha sido identificada como um dos factores de barreira que dificultavam a inovação em RI. Os factores de barreira à inovação em RI que estão frequentemente ligados às bibliotecas universitárias são os que têm a ver com a sensibilização e a perceção entre os bibliotecários académicos, a disponibilidade de instalações de TIC e a prontidão das bibliotecas universitárias para adoptarem iniciativas de serviços de biblioteca digital (Antell, Foote, Turner & Shults, 2014; Ifijeh, 2014).

Convencionalmente, as bibliotecas adquirem recursos de informação de três formas: compra, ofertas e legados (Johnson, 2014). Enquanto a compra tem a ver com a aquisição direta ou indireta de recursos de informação no mercado livreiro, a oferta tem a ver com a receção gratuita de recursos de informação de governos, indivíduos e organizações. Os recursos de informação legados são frequentemente recebidos de indivíduos que assumiram compromissos juridicamente vinculativos para que os seus recursos de informação sejam doados à biblioteca da sua escolha aquando do seu falecimento (Edem, 2010). A oferta de livros do Reverendo John Harvard à Biblioteca da Universidade de Harvard, em 1863, é um dos muitos exemplos de como as bibliotecas universitárias recebem ofertas de livros (Carrico, 1999). Daqui se depreende que as ofertas de livros desempenham um papel muito significativo no desenvolvimento da maioria das bibliotecas universitárias, em particular as dos países em desenvolvimento. A aquisição de recursos de informação de biblioteca através de ofertas tornou-se popular nos anos 90, como resultado das tendências de globalização. No entanto, os académicos demonstraram que as ofertas de livros às bibliotecas universitárias podem não ser tão benéficas como se pretende (Zell & Thierry, 2015). O uso de ofertas como fonte primária de aquisição de recursos de informação para bibliotecas é alertado para ter efeitos negativos nos objectivos de desenvolvimento das bibliotecas nos países em desenvolvimento (por exemplo, Sturges, 2014; Buis, 1991). Isto impulsionou a cultura da dádiva, em que os governos, os indivíduos e as organizações sem fins lucrativos dos países desenvolvidos doam livros às universidades dos países em desenvolvimento.

Na Nigéria, por exemplo, a maioria das bibliotecas universitárias tem recebido doações de livros de países da Europa, dos EUA e do Canadá (Ibrahim & Daudu, 2013; Edem, 2010). Inconscientemente e infelizmente, as universidades nigerianas desenvolveram uma cultura doentia de dependência de tais donativos como parte orgânica dos seus processos de aquisição institucional, o que encorajou um declínio nos recursos financeiros de financiadores nacionais para efeitos de aquisição de livros pelas bibliotecas universitárias. As doações de livros estrangeiros criaram, sem surpresa, uma cultura de dependência entre as administrações universitárias e os funcionários das bibliotecas nigerianas (mais sobre isto será discutido mais adiante). Este estudo ilustra o legado negativo de tais doações para os destinatários nigerianos. O fenómeno, embora bem intencionado, teve consequências negativas e não intencionais para as universidades nigerianas no que diz respeito à evolução da inovação das RI no seu domínio. As principais partes interessadas nas universidades em causa, em particular os fundadores e os vice-reitores, reduziram o financiamento atribuído às bibliotecas para efeitos de aquisição de recursos. Embora a literatura tenha revelado que a transferência de cultura estrangeira, o dumping e os custos administrativos e de processamento são os principais efeitos negativos das ofertas de livros nas bibliotecas universitárias (Zell & Thierry, 2015; Sturges, 2014; Edem, 2010; Buis, 1991), os estudos anteriores não estabeleceram a ligação entre a cultura de financiamento da aquisição de bibliotecas, as ofertas de livros e a inovação em RI.

Existe uma necessidade genuína de uma nova forma de pensar a inovação em RI que seja impulsionada pelas realidades actuais em torno da natureza das universidades. É necessário prestar atenção à forma como as tendências da globalização e as filosofias subjacentes às transformações que as universidades experimentam na época contemporânea afectam a inovação em RI. Os problemas relacionados com as tendências da globalização, como a ânsia descoordenada de inovação nas TIC, as fontes múltiplas e contraditórias de sensibilização para as RI e a adoção de factores de sucesso que não satisfazem as necessidades locais, devem ser melhorados. Isto pode exigir o desenvolvimento de conhecimentos práticos e teóricos para melhor compreender a evolução destes factores e o seu impacto na inovação das RI nos países em desenvolvimento. Presume-se que esses esforços ajudarão os académicos a abordar novos factores que impedem a inovação das RI nos países em desenvolvimento. Espera-se que tais esforços, em combinação com ontologias, epistemologias e abordagens de investigação adequadas, aumentem a probabilidade de novas ideias derivarem diretamente dos países em desenvolvimento para impulsionar a inovação local das RI. Neste estudo, foi adoptada uma abordagem de investigação indutiva, interpretativa e uma técnica de recolha de dados tipo bola de neve para expor e explicar a interferência das tendências da globalização, a transformação das universidades e a orientação tradicional da gestão universitária na inovação das RI em contextos locais e para desenvolver um modelo de barreira à inovação das RI que seja adequado aos países em desenvolvimento. O estudo fornece respostas às seguintes questões de investigação: *Quais são as barreiras à inovação em RI nas universidades nigerianas e como é que essas barreiras evoluíram?*

3.3 Contextos organizacionais do estudo um

Universidade I

A Universidade I tem um plano de inovação em RI. A biblioteca da universidade estava na vanguarda da sua inovação em RI. O bibliotecário chefe selecionou o chefe da unidade de publicações em série para ser o responsável pela inovação em RI. Deu-lhe uma diretiva rigorosa para lhe comunicar todas as questões relativas à inovação em RI. Como resultado, os outros bibliotecários não foram envolvidos nos planos de inovação em RI da universidade. Este facto dificultou a conciliação de ideias contraditórias sobre a inovação em RI que os bibliotecários tinham. As ideias contraditórias sobre inovação em RI foram alimentadas pela diversidade de fontes de informação que informavam os conhecimentos de base dos bibliotecários sobre RI, o que, por sua vez, contribuiu para um desejo descoordenado de inovação em TIC. Além disso, a universidade não recrutou o número pretendido de estudantes para os seus programas académicos. Os futuros estudantes consideravam as propinas da universidade demasiado elevadas. Assim, os fundos disponíveis para o desenvolvimento físico e a inovação tecnológica não eram suficientes para acomodar a inovação em RI. Um outro fator de desmotivação foram as condições insalubres da biblioteca da universidade. A biblioteca tinha recursos humanos inadequados para apoiar os seus serviços aos utilizadores e funcionava com uma estrutura organizacional hierárquica que dificultava a comunicação eficaz das questões de inovação em RI.

Universidade II

A Universidade II também tem bons planos para a inovação no domínio das TIC. Estabeleceu duas unidades de TIC para conduzir os seus planos de TIC. Enquanto uma das unidades é responsável pela aquisição e manutenção, a outra unidade é responsável pela formação. As duas unidades devem aconselhar a direção da universidade sobre todos os projectos de inovação em matéria de TIC em que esta se empenha. Este facto constituiu uma das barreiras à inovação das TIC na universidade. Isto deve-se ao facto de os dois chefes das unidades TIC não terem conhecimentos suficientes sobre RI. Quando a biblioteca lhes apresentou a RI, confundiram-na com outras ferramentas de serviços de informação da biblioteca baseadas nas TI. Por conseguinte, não deram o seu apoio à inovação das RI. Havia também o desafio de ideias contraditórias sobre a inovação em RI entre os bibliotecários académicos da universidade, o que dificultava a criação de uma frente comum para defender a inovação em RI. Outro desafio que dificultou a inovação em RI foi o número de projectos TIC que a universidade estava a desenvolver. A universidade demonstrou um desejo descoordenado por projectos de TIC, o que tornou inadequados os recursos que dedicava à inovação em RI. Os recursos disponíveis para a universidade foram também afectados pelo número de estudantes registados que conseguiu admitir. Os futuros estudantes sentiram que as propinas eram demasiado caras. Assim, as propinas cobradas aos estudantes admitidos não podiam atingir o montante necessário para financiar eficazmente todos os seus projectos TIC, em particular a inovação em RI. Isto também afectou as condições da biblioteca. A biblioteca tinha níveis de pessoal inadequados, uma cultura consagrada de oferta de livros que afectava os recursos que recebia para aquisições e uma estrutura organizacional hierárquica travada por gestores de nível intermédio.

Universidade III

A primeira unidade criada, de acordo com os planos TIC da Universidade Ill, foi a unidade TIC. Em segundo lugar, esta unidade implementou grandes projectos de TIC em toda a universidade, incluindo a biblioteca universitária, antes de contratar pessoal. Este facto deu origem a conflitos entre a unidade de TIC e a biblioteca. Os bibliotecários recusaram-se a participar de forma significativa na inovação das RI, dado que a unidade de TIC já a tinha implementado antes de eles serem contratados. Assim, o apoio que a inovação em RI precisava para crescer na universidade foi dificultado pelo conflito entre a unidade de TIC e a biblioteca. Além disso, a universidade também tem problemas com o financiamento dos numerosos projectos de TIC em que se envolveu. Embora tenha muitos estudantes (cerca de seis mil estudantes de licenciatura), as propinas que cobra são determinadas pelo Governo Federal da Nigéria. Por conseguinte, as propinas não atingiam o montante necessário para cobrir as despesas gerais de funcionamento da universidade e as despesas dos seus projectos de TIC. Isto também afectou as condições da biblioteca da universidade. Os seus efectivos eram insuficientes para responder às necessidades dos seus utilizadores.

Além disso, dependia fortemente da oferta de livros como meio de aquisição de recursos e funcionava com uma estrutura organizacional hierárquica que dificultava a comunicação efectiva das questões de inovação das RI na biblioteca.

3.4 Metodologia de investigação

3.4.1 Filosofia da investigação

Há quatro pressupostos que foram adoptados pelos estudiosos de SI e que orientam a investigação no domínio social. Trata-se de pressupostos ontológicos, epistemológicos, metodológicos e axiológicos. De acordo com Burrell & Morgan (1979), os quatro pressupostos determinam a natureza das ciências sociais. Informam as formas como os investigadores das ciências sociais explicitam as suas crenças sobre a realidade, as acções e os processos que constituem uma investigação científica válida, o desenvolvimento do conhecimento e a natureza do conhecimento (Saunders, *et al.*, 2009; Cavana, Delahaye & Sekaran, 2001; Orlikowski & Baroudi, 1991; Weick, 1983). Dadas estas condições, a posição ontológica deste estudo é o interpretativismo. Por outras palavras, o estudo baseia-se na crença de que não existe realidade fora do ator social e que a realidade é socialmente construída (Deetz, 1996; Burrell & Morgan, 1979). A importância das crenças sociais e da cultura para a investigação em SI requer a adoção de abordagens empíricas que se concentram particularmente nas interpretações e significados humanos (Checkland, 2000; Checkland & Holwell, 1998; Walsham, 1995). A implicação disto é que o estudo conceptualiza os sujeitos de investigação como actores sociais que interpretam as suas realidades da vida quotidiana de acordo com os significados que são atribuídos aos papéis nos contextos em que são desempenhados. O estudo também interpreta os papéis sociais dos sujeitos de investigação de acordo com os próprios significados do investigador, dando oportunidade para uma dupla interpretação dos fenómenos observados.

3.4.2 Ética de investigação específica

A fim de cumprir requisitos éticos importantes, os sujeitos da investigação foram visitados depois de os dados de cada estudo terem sido analisados e discutidos tal como apresentados em papel. Isto permitiu que os sujeitos da investigação vissem como os dados que lhes foram recolhidos foram utilizados e como aparecerão no domínio público.

3.5 Método de investigação

3.5.1 Entrevistas

A entrevista em profundidade tem sido descrita como vital para a recolha de dados qualitativos, particularmente para efeitos de estudos de investigação que adoptam uma abordagem de investigação indutiva. Isto deve-se ao facto de permitir ao investigador envolver os sujeitos da investigação em sessões de perguntas e respostas que ajudam a esclarecer questões fundamentais sobre a questão da investigação. É normalmente empregue para amostras de pequena dimensão e interrogatórios intensos dos participantes para aprofundar um determinado assunto que é novo e pode não ser, normalmente, facilmente desvendado (Boyce e Neale, 2006). As entrevistas aprofundadas foram concebidas de forma não estruturada, pelo que os dados recolhidos foram espontâneos e emergentes. As questões discutidas evoluíram através de longas discussões com os sujeitos de investigação. As secções de entrevistas realizadas durante este estudo duraram entre quarenta e cinco e sessenta minutos.

Tabela 4.1: Número de entrevistas em profundidade realizadas durante o primeiro estudo

Category	**Participants**	**No. of Interviews**
Academic Administrators	Deans	4
	Head Librarians	3
Staff	Academics	10
	IT Staff	4
	Librarians	6
	Administrative Staff	3
Total Number of Interviews		**30**

3.6 Processo de investigação e análise de dados

A técnica de análise de dados utilizada no estudo é a análise temática de dados (Thomas, 2006: Braun e Clarke, 2006). Para o efeito, foi utilizado o software ATLAS .ti. Foram identificados e explicados os temas relativos aos factores de barreira à inovação das RI. O procedimento seguido incluiu a codificação in vivo da informação relevante, a identificação de citações relevantes que espelhavam os temas identificados e a apresentação de narrativas para explicar as barreiras das RI a partir dos dados empíricos. Isto implicou a leitura e releitura dos dados empíricos várias vezes até se revelarem padrões de pensamento, motivos, interesses subjacentes e significados ocultos. A elaboração teórica foi efectuada posteriormente como forma de construir novas teorias sobre a inovação das RI.

3.6.1 Processo de investigação

Passo 1: Obtive acesso às universidades dos casos das seguintes formas. Na Universidade I, fui apresentado ao bibliotecário responsável pela inovação em RI. Na Universidade II, um membro do pessoal académico apresentou-me à biblioteca e a outras unidades da universidade. Na Universidade III, fui apresentado a um funcionário administrativo que me fez uma visita guiada à estrutura administrativa e académica da Universidade, durante a qual observei as instalações, ouvi as conversas das pessoas e fiz perguntas. Registei as minhas observações e discussões nas minhas notas de campo de investigação.

Segundo passo: Reavaliei e melhorei a questão de investigação que serviu de base ao estudo. Inicialmente, a pergunta de investigação era "Quais são as barreiras à inovação em RI nas universidades nigerianas?" A reavaliação após a etapa 1 resultou na adição de uma segunda questão de investigação: "Como evoluem os factores de barreira à inovação em RI?" As entrevistas curtas informais durante a etapa 1, juntamente com as minhas observações, ajudaram a reformular a pergunta de investigação que informava o estudo 1 para o seguinte: "*Quais são as barreiras à inovação em RI nas universidades nigerianas e como evoluíram?* "

Terceira etapa: Aqui, foram realizadas sessões de entrevistas de investigação em profundidade. Os sujeitos de investigação foram aconselhados a preencher e assinar devidamente um formulário de consentimento de investigação. Alguns sujeitos de investigação fizeram-no antes da entrevista aprofundada, enquanto outros pediram para o fazer após a entrevista aprofundada. A observação participativa teve lugar nos gabinetes que visitei e participei em interações e discussões. Também andei pelos edifícios académicos e administrativos, fiquei nos átrios para conversar com as pessoas e visitei bibliotecas, laboratórios e instalações relacionadas. Todas as entrevistas aprofundadas foram gravadas com o Samsung Galaxy Note. Foram necessários cerca de quatro meses para concluir o processo nas três universidades. Foram gastos dois meses a ir e vir com as universidades dos casos para verificar e validar as respostas dos sujeitos de investigação. Foi gasto um total de seis meses durante a Fase 1.

Quarta etapa: Os dados da investigação secundária foram recolhidos de arquivos como sítios Web, manuais do pessoal e manuais de investigação e publicação. Os dados recolhidos dos arquivos foram utilizados para validar os dados recolhidos durante a entrevista aprofundada e a observação participativa. As fontes de arquivo foram avaliadas uma a uma para recolher os dados relevantes para o estudo. ***Quinto passo:*** Os dados da investigação foram analisados com o software ATLAS.ti. Alguns temas de investigação foram revisitados para obter esclarecimentos sobre pensamentos expressos que se revelaram pouco claros durante a análise dos dados.

Sexta etapa: O estudo um foi escrito. Nesta etapa, foi feita a elaboração teórica dos resultados. Isto ajudou na escolha de um modelo de investigação adequado para o estudo. Foram registadas as minhas reflexões sobre as barreiras à inovação das RI e as minhas experiências na realização do estudo.

3.6 Conclusões empíricas

Tendências da globalização

Desejo descoordenado de inovação nas TIC

Uma conclusão importante do estudo é a descoordenação dos interesses das universidades em matéria de inovação em TI; a falta de coordenação surgiu porque o número de projectos em que se lançaram excedeu em muito os seus recursos para a inovação em TIC. Infelizmente, as partes interessadas nas universidades do caso não reconheceram a influência inconsciente que as tendências da globalização tiveram nas suas decisões de inovação em TIC. Como resultado, avaliaram inadequadamente os seus planos de TIC e, consequentemente, criaram restrições à inovação em RI. As universidades incorporaram as suas ambições implícitas de inovação nas TIC nas suas visões. Isto resultou na criação de unidades de TIC, na automatização de processos administrativos e na disponibilização de centros como laboratórios informáticos, centros de informática e bibliotecas virtuais onde as TIC podem ser utilizadas pelos membros das comunidades universitárias.

Um bom exemplo do impacto dos interesses descoordenados nos resultados das TIC sobre as barreiras à inovação em RI pode ser retirado da experiência do bibliotecário-chefe da Universidade I: *"\ w\ hile no Reino Unido visitei uma série de bibliotecas e observei que a sua oferta mais recente é o repositório institucional.*" Conclui-se que o interesse do bibliotecário-chefe pelas RI foi motivado pelo interesse que a sua universidade tem demonstrado por todas as TIC possíveis que possam ser utilizadas pela universidade para projetar a sua imagem como uma instituição orientada para as TIC. Assim, pode não ter feito perguntas adequadas e apropriadas sobre os factores que podem funcionar contra a inovação em RI na sua universidade. Dado que viu a RI numa biblioteca, concluiu que se trata de uma nova oferta de biblioteca na modalidade de serviços de automatização de bibliotecas, serviços de assinatura e outras formas de serviços de fornecimento de informação baseados em TI. Por conseguinte, defende que "*a biblioteca e os académicos são as principais partes interessadas [em RI]. Os professores são as principais pessoas que produzem todos os resultados da investigação e espera-se que a biblioteca os coordene e os disponibilize ao mundo.*" Ao não dedicar tempo a informar-se sobre o vasto leque de pessoas que constituem as partes interessadas na inovação das RI, o autor adopta um comportamento que indica um desejo descoordenado de inovação nas TIC. Esta é a razão pela qual se referiu às RI como "*... bibliotecas... ofertas recentes... U* sem considerar que o número de dias que passou no Reino Unido não teria sido suficiente para descobrir o vasto leque de experiências de inovação que a universidade que visitou teve durante a inovação em RI.

O desejo descoordenado de inovação em matéria de TIC foi também identificado na Universidade III, onde a automatização da biblioteca e a inovação em matéria de RI foram efectuadas pela unidade de TIC sem ter em conta a importância de envolver os bibliotecários e outras partes interessadas. Um bibliotecário da Universidade III referiu que *" ... a maior parte do pessoal das TIC já cá estava antes de nós. Portanto, estas coisas [software de automatização e plataforma de RI] foram efetivamente subscritas antes de alguns de nós termos entrado (sic)."* Daqui se depreende que a ânsia descoordenada pelas TIC na Universidade III resultou na criação de uma unidade de TIC mandatada para fornecer instalações de TIC, incluindo RI, a todas as unidades da universidade, sem o envolvimento daqueles que se espera que utilizem as instalações de TIC. Isto resultou na aquisição de instalações que não estavam de acordo com as especificações exigidas por aqueles que iriam trabalhar com elas. Também resultou em conflitos entre a unidade de TIC e os bibliotecários que deveriam promover a inovação em RI na universidade e, em última análise, na incapacidade de atingir os objectivos estabelecidos para a inovação em RI.

Na Universidade II, dois gestores de TIC foram contratados para gerir duas áreas diferentes de inovação em TIC, ou seja, duas unidades de TIC independentes. Uma das unidades é responsável pela aquisição, instalação e manutenção das instalações TIC. A segunda unidade funciona como unidade de formação e educação dos utilizadores. Espera-se também que as duas unidades aconselhem a administração da universidade na seleção de projectos de TIC. Embora este pareça ser um arranjo estratégico perfeito para gerir os objectivos da Universidade II para a inovação das TIC, resultou em alguns desafios. Por exemplo, como os diretores das duas unidades TIC não tinham um conhecimento adequado da RI, não a viam como uma tecnologia que ajudaria a alargar a visão das TIC da Universidade II. O diretor responsável pela aquisição, instalação e manutenção das TIC argumentou que *"o repositório institucional, de acordo com o que disse, é uma das formas de a biblioteca da universidade fornecer informação aos seus utilizadores. A inovação do RI pode significar que outras instalações TIC importantes que esperamos fornecer a outras unidades podem ter de ser abandonadas.* "O diretor da unidade TIC responsável pela formação afirmou que "*a biblioteca é independente no que diz respeito à formação dos utilizadores sobre a utilização das instalações TIC na biblioteca. Por isso, se precisam de implementar o repositório institucional, têm de convencer o diretor responsável pelas aquisições".* "Isto pressagia que os projectos de TIC em que a universidade vai embarcar são apenas aqueles que os responsáveis pelas TIC consideram importantes, sugerindo que outras partes interessadas são postas de lado quando se trata de determinar projectos de TIC que podem ser úteis para a universidade. Esta condição é uma das formas pelas quais a universidade demonstrou um desejo descoordenado de inovação nas TIC.

Fontes múltiplas (e contraditórias) de sensibilização para as RI

Outro fator que se faz sentir na inovação das RI nas universidades do caso, em resultado das tendências da globalização, são as múltiplas fontes de conhecimento das RI. Isto acontece quando as partes interessadas obtêm o seu conhecimento da inovação das RI a partir de diversas fontes de informação, a maioria das quais fornece ideias contraditórias e inadequadas sobre a inovação das RI. Os resultados mostram que os académicos, os bibliotecários, os administradores e o pessoal de TI obtêm informações sobre as RI a partir de fontes de informação locais e internacionais, conferências, seminários, workshops e experiências vividas. Em cada caso, as ideias derivadas destas fontes eram inadequadas para representar a vasta gama de questões que constituem a inovação em RI. Por exemplo, um professor da Universidade II afirmou: "*Tomei conhecimento do repositório institucional [na universidade] onde trabalhei antes de conseguir um emprego aqui.*" Outro membro do pessoal académico da Universidade II referiu: "*Tomei conhecimento do repositório institucional num workshop em que participei no estrangeiro sobre a elaboração de propostas para subsídios.*" Uma académica da Universidade III que participou num programa de bolsas numa universidade da África do Sul partilhou que "*utilizava o repositório institucional na [universidade] onde tinha a minha bolsa de pós-doutoramento*". Outro membro do pessoal académico que teve a sua licença sabática nos EUA indica que "*...nos EUA tem muitas oportunidades para escrever e apresentar seminários, artigos e workshops. Espera-se que todos os seus resultados académicos sejam colocados no repositório institucional.* "

A situação na Universidade I é semelhante às experiências acima descritas. A Decana de Direito da Universidade I revela que ouviu falar de repositório institucional " *...quando uma agência a que me estava a candidatar a fundos de investigação perguntou se a minha universidade tinha um*". Um bibliotecário da Universidade I afirma que "*tive conhecimento do repositório institucional quando fui inquirido num estudo realizado por um estudante de [uma universidade vizinha]*". "Na Universidade II, um bibliotecário indicou que tomou conhecimento do RI "*lendo coisas escritas sobre o assunto na Internet*". Na Universidade I, um bibliotecário afirmou: "*Ouvi falar de RI pela primeira vez através do meu marido.*" e outro bibliotecário disse: " *...li muitos artigos de revistas sobre RI, porque escrevi o meu projeto [M.A: Tese de Mestrado] sobre o assunto.* "

Nas universidades do caso, parece haver uma variedade de fontes das quais os sujeitos de investigação derivaram a consciência da inovação em RI. Estas fontes existem em resultado das actuais tendências de globalização que tornam possível a partilha de informações através da Internet, a circulação de pessoas através das fronteiras internacionais e um acesso mais fácil à formação contínua. Este cenário, no entanto, promoveu alguns desafios que levaram à existência de ideias de inovação em RI contraditórias e inadequadas nas universidades do caso. As ideias eram contraditórias porque provinham de uma variedade de fontes que não forneciam informações abrangentes e contextuais úteis para a inovação das RI nas universidades em causa. Um interveniente parecia ter a sua própria ideia de inovação das RI, que era diferenciada pela(s) fonte(s) através da(s) qual(is) derivou a ideia. As fontes mais populares são as discussões casuais em contextos informais, como em casa, e em contextos formais, como reuniões, conferências e workshops. Por exemplo, a Universidade III tem um RI funcional, cuja eficácia foi prejudicada pela diversidade das fontes de consciencialização do RI. As diferenças nas formas como os académicos, os bibliotecários e o pessoal das TIC assumiram que as RI deviam ser utilizadas resultaram em conflitos que afectaram a medida em que as RI foram realmente utilizadas. O Diretor da unidade de TIC da Universidade III afirma que *"...discutimos várias vezes em reuniões que as RI são uma tecnologia que temos de utilizar para impulsionar a nossa imagem para o mundo. Ainda não consigo perceber porque é que as pessoas não estão interessadas na sua utilização"*. Invariavelmente, os participantes nas reuniões a que se refere são membros da direção da universidade. A sua expetativa era que as diretivas dadas pela direção da universidade sobre a utilização das RI se traduzissem automaticamente na utilização das RI entre os membros da comunidade universitária.

Na Universidade III, alguns académicos que tiveram a experiência de depositar os seus trabalhos no RI enquanto realizavam bolsas de estudo e licenças sabáticas promoveram a noção de que o RI da universidade deveria disponibilizar uma plataforma que permitisse aos utilizadores fazer depósitos diretos a partir da comodidade dos seus escritórios. No entanto, a unidade de TIC estava preocupada com a necessidade de evitar a violação dos direitos de autor que poderia resultar dos depósitos diretos. Estas ideias contraditórias entre os académicos e o pessoal das TIC sobre os métodos de envio de documentos em papel para as RI foi outro fator que impediu a inovação das RI. Na Universidade I, as diferenças na forma como os bibliotecários académicos encaram as RI bloquearam o esforço da Universidade I para inovar as RI. Enquanto a experiência de inovação em RI do bibliotecário-chefe foi adquirida no Reino Unido, o bibliotecário que ele encarregou das RI adquiriu a sua própria experiência lendo uma variedade de artigos de investigação sobre inovação em RI enquanto estudante de pós-graduação numa universidade nigeriana. Uma outra bibliotecária da universidade foi sensibilizada para as RI pelo seu marido. O conflito de ideias que se seguiu resultou na estagnação da inovação em RI na universidade. Na Universidade II, as diversas ideias adquiridas de diferentes fontes de sensibilização para as RI não conseguiram mostrar à direção da universidade os benefícios da inovação em RI na promoção da sua visão de inovação em TIC. Um bom exemplo são as ideias contraditórias dos bibliotecários sobre os recursos necessários para a inovação em RI. O bibliotecário-chefe da Universidade II considerou que a inovação em RI custa "*... muito dinheiro*", tendo lido numa lista de correio eletrónico internacional de bibliotecários que a inovação em RI requer a instalação de um servidor, software, servidor de correio eletrónico e ligação à Internet que permita aos utilizadores carregar e descarregar recursos. Por conseguinte, sempre que os bibliotecários tentam propor-lhe uma inovação em matéria de RI, ele conclui que a universidade não tem meios para o fazer. O bibliotecário-chefe não teve em consideração o facto de a universidade já possuir servidores, servidores de correio eletrónico e a maior parte do hardware necessário para apoiar a inovação das RI. A situação foi agravada pelas ideias contraditórias dos bibliotecários sobre o que implica a inovação em RI. Embora a maior parte deles soubesse que as RI se destinam a divulgar trabalhos académicos, tinham ideias contraditórias sobre a forma de inovar as RI sem incorrer em custos incomportáveis, violação de direitos de autor e deposição de recursos de baixa qualidade.

Um dos bibliotecários argumenta que "*...talvez tenhamos de esperar até termos mais estudantes de doutoramento porque é preciso colocar bons recursos, especialmente os produzidos por estudantes de doutoramento.*" Esta bibliotecária defende a ideia de que a RI se destina principalmente a divulgar teses e dissertações produzidas por estudantes de pós-graduação. As suas ideias estão alinhadas com o modelo eletrónico de inovação em RI para teses e dissertações. Outro bibliotecário da universidade afirma que "*pelo que vejo na Internet e pelo que li sobre o repositório institucional, precisamos de um local separado na biblioteca onde possamos receber depósitos, colocar servidores e onde o pessoal responsável possa sentar-se e trabalhar*". "A questão dos servidores da biblioteca e da localização separada para o RI emana da convicção de que os utilizadores têm de se deslocar pessoalmente à biblioteca para depositar o seu trabalho num servidor separado dedicado à inovação do RI. É provável que a ideia de uma sala e de um servidor separados para fins de RI tenha evoluído devido a conflitos sobre se a biblioteca ou a unidade de TIC devem ser responsáveis pela inovação em matéria de RI. Reflecte o conflito constante entre os bibliotecários e o pessoal das TIC sobre quem deve ser responsável pela inovação das RI.

Factores de sucesso da inovação em RI inadequados

A concetualização dos factores de sucesso da inovação em RI pelas universidades do caso pode influenciar o sucesso da inovação em RI. Na Universidade I, o bibliotecário encarregado da inovação em RI afirmou que as universidades ganham visibilidade global através da inovação em RI. Segundo ele, a inovação em RI *"é a única forma de permitir que o mundo veja o que está a sair da sua instituição..."*. As suas expectativas sobre os benefícios da inovação em RI são semelhantes às de um bibliotecário da Universidade III, que opinou que as RI *"ajudarão a preservar a propriedade intelectual e a publicitar a universidade"*. "A maioria das ideias relativas aos benefícios da inovação em RI foi propagada no Ocidente no início dos anos 2000, quando a RI foi inventada com o objetivo de promover a inovação em RI. Era necessário mostrar às partes interessadas que os editores comerciais, enquanto moderadores da publicação académica, prejudicaram a visibilidade global dos académicos e das suas publicações, bem como das universidades.

Entre os membros superiores das universidades dos casos, o benefício mais comummente identificado da adoção da inovação em RI foi a obtenção de reputação através de um bom desempenho na classificação webométrica. Na Universidade II, um bibliotecário também reiterou a ideia de que a inovação em RI poderia ajudar a universidade a tornar-se uma universidade reconhecida mundialmente através da classificação webométrica. Na sua opinião, "*se conseguirmos trabalhar no repositório institucional ao ponto de sermos listados nas primeiras cem universidades, isso pode ajudar-nos a ganhar reputação global"*. "A cultura de ver os benefícios da inovação em RI do ponto de vista da visibilidade continental e global das universidades também existe entre os académicos. Por exemplo, na Universidade II, um académico que trabalhou anteriormente numa universidade que inovou as RI comentou que, "*[a] universidade [onde trabalhou anteriormente] é popular porque tem um repositório institucional. Foi classificada entre as primeiras cem universidades de África"*. Na Universidade I, um membro do pessoal académico considerou que a inovação em RI aumenta a sua visibilidade e afirmou: "*queremos que o nosso trabalho seja citado. Isto é capaz de fazer com que um docente consiga colaboradores para a sua investigação em qualquer parte do mundo"*. Para os académicos que estão familiarizados com a inovação em RI, os benefícios da RI culminam na sua capacidade de promover a visibilidade global dos académicos através das suas publicações.

Os factores de sucesso das RI identificados pelos sujeitos de investigação limitam-se à visibilidade dos académicos e das universidades. Não consideraram a importância de criar acesso à investigação local para a promoção do desenvolvimento socioeconómico e político local. Isto apesar do impacto do acesso limitado ao conhecimento científico no desenvolvimento do país. Também não consideraram os benefícios da inovação em RI do ponto de vista da erradicação do fosso de conhecimento entre a universidade e o resto da sociedade em desenvolvimento, ligando as necessidades locais de conhecimento e a produção global de conhecimento académico. Nenhum dos investigadores associou os benefícios da inovação em RI à sua capacidade de colocar o conhecimento científico local à disposição das partes interessadas e dos agentes de desenvolvimento. Uma razão subjacente à explicação dos sujeitos de investigação sobre os factores de sucesso da inovação em RI é a concetualização dos benefícios da inovação em RI a partir de ideias desenvolvidas no Ocidente. Na maioria das vezes, as suas suposições baseiam-se na satisfação de questões de desempenho identificadas pelos primeiros promotores da inovação em RI no Ocidente. A implicação disto é que a inovação em RI não foi intencionalmente adoptada como uma estratégia para promover o desenvolvimento na Nigéria.

Transformação das Universidades

Novo managerialismo

As transformações que as universidades experimentam em todo o mundo foram também experimentadas pelas universidades do caso. Surpreendentemente, alguns aspectos das transformações constituem barreiras à inovação em RI. Por exemplo, a Universidade III, que é uma universidade pública, sofreu uma quota-parte dos efeitos do novo gerencialismo na sua inovação em RI. A universidade embarcou na maioria dos seus projectos de TIC porque queria cumprir a fasquia de elevado desempenho estabelecida pelo Governo Federal da Nigéria para as universidades públicas federais. O Diretor da unidade de TIC da universidade refere que *"precisávamos de justificar ao governo que podemos gerir uma universidade contemporânea orientada para as TIC"*. O Diretor do Planeamento Académico da universidade corrobora esta afirmação. O Diretor de Planeamento Académico da *universidade* corrobora esta afirmação. Observa que *"para que o seu orçamento fale sobre o que está a fazer e que é contemporâneo, tem de incluir projectos que estejam ligados ao que se espera de uma universidade contemporânea"*. Isto implica que a universidade associa a inovação das TIC para a gestão e administração como um marcador de uma universidade contemporânea. Além disso, as universidades públicas na Nigéria estão a enfrentar mais desafios de governação ao longo do tempo, apesar do seu clamor por autonomia em relação ao governo. A Universidade III teve de acomodar a interferência do governo na sua administração e gestão como forma de mostrar ao governo que está a levar a sério a sua orientação em relação às universidades contemporâneas globais. A principal forma de projetar o novo gerencialismo na Universidade III foi através da adoção de estilos administrativos e de gestão baseados nas TIC. A maior parte das suas operações está a ser automatizada utilizando software mundialmente popular.

Outra questão é a redução da subvenção governamental às universidades públicas e, efetivamente, à Universidade III. A redução do apoio financeiro do governo central destinava-se a incentivar as universidades a adoptarem um modelo empresarial de gestão e a iniciarem programas geradores de receitas, de acordo com os princípios operacionais do novo gerencialismo. Bons exemplos são a cobrança de taxas pela utilização de serviços baseados nas TIC, como o acesso à Internet, ao laboratório de informática, à biblioteca, entre outros. Um membro do pessoal académico da Universidade III revela: *"Somos cobrados todos os meses pela Internet que utilizamos nos nossos gabinetes"*. Na Universidade I, o bibliotecário-chefe revela *que "cobramos aos nossos estudantes algumas taxas pelos laboratórios de informática que lhes são disponibilizados"*. O decano das ciências da Universidade I indica também que *"cobramos aos nossos estudantes outras taxas para além da propina que pagam... cobramos taxas de laboratório, taxas práticas e taxas de utilização da tecnologia"*. "Em relação a estas afirmações, uma docente da Universidade I comenta a taxa de autor cobrada pela revista publicada pela sua faculdade, dizendo: *"... pagamos uma taxa de autor para publicar na revista da faculdade"*.

O novo gerencialismo também desempenha um papel determinante no(s) projeto(s) empreendido(s) pela Universidade I e pela Universidade II, sendo ambas universidades privadas. Daqui decorre que as unidades de TIC dessas universidades avaliam os projectos de TIC com a intenção de ver se oferecem espaço para a cobrança de taxas de utilização. De acordo com a nova ética de gestão que orienta o pensamento de gestão, um projeto de TIC (pense-se: IR) que não dê espaço para a cobrança de taxas de utilização tem poucas probabilidades de ser recomendado à administração para implementação. Como afirmou o diretor das TIC responsável pela formação na Universidade II, *"a biblioteca gere as suas próprias necessidades em matéria de TIC"*, dado que, para além de uma taxa de inscrição na biblioteca, todos os serviços baseados nas TIC prestados pela biblioteca são tecnicamente gratuitos, uma vez que a biblioteca cobra taxas de inscrição. Assim, um projeto como a inovação em RI, que considera ser uma oferta de serviços da biblioteca, não pode ser utilizado para gerar fundos. A Universidade I favorece os projectos de inovação em TIC susceptíveis de gerar fundos e os que podem ser utilizados para cumprir os requisitos de acreditação da NUC. O novo managerialismo tem impacto na inovação das RI tanto na Universidade I como na Universidade II, invocando regras de custo-benefício; promove a comercialização de serviços nas universidades em causa. Dado que as RI não se prestam à comercialização, a sua inovação foi dificultada nas universidades em causa. O apoio dado à inovação das RI pelos principais intervenientes, por exemplo, o proprietário na Universidade I, os responsáveis pelas TIC na Universidade II e a direção da universidade na Universidade III, é determinado pelos valores comerciais atribuídos, direta ou indiretamente, à inovação das RI. Este facto determinou grandemente a inovação em matéria de RI nas universidades em causa.

Custo de funcionamento das universidades contemporâneas e (consequentes) questões de financiamento

Esperava-se que a decisão de reduzir as subvenções públicas às universidades e de as incentivar a comercializar os seus serviços melhorasse os fundos disponíveis para as universidades. No entanto, não é isso que acontece, dada a natureza das universidades actuais. Na Nigéria, onde se situam as universidades do caso, as partes interessadas esperam que as universidades públicas melhorem os seus problemas de financiamento adoptando uma orientação para a comercialização. As conclusões do presente estudo mostram que este objetivo não foi alcançado. De acordo com os protocolos operacionais de custo-benefício/lucro-perda do novo gerencialismo, as questões relativas ao financiamento e aos custos operacionais de funcionamento das universidades contemporâneas são um fator fundamental de barreira à inovação em RI. Espera-se que a Universidade III, enquanto universidade pública, satisfaça as suas necessidades de financiamento e os custos de funcionamento através de uma combinação de subvenções anuais concedidas pelo governo e de receitas geradas internamente. A Universidade I e a Universidade II, sendo universidades privadas que não recebem apoio financeiro do governo, devem utilizar o seu direito de cobrar propinas e taxas de serviço para gerar os fundos necessários para satisfazer as suas necessidades. A isto junta-se o seu direito de comercializar e de obter fundos de todas as fontes legais. Estas estratégias, no entanto, não resolveram grande parte dos desafios que as duas universidades enfrentavam no que respeita ao seu financiamento bruto e aos custos operacionais. Verificou-se que a insuficiência de fundos e os elevados custos operacionais são alguns dos principais factores que têm um impacto negativo na inovação das RI dentro dos parâmetros do novo gerencialismo.

Sendo universidades privadas, a Universidade I e a Universidade II têm a possibilidade de cobrar propinas. No entanto, as duas universidades não atingiram o número de estudantes que precisavam de admitir para atingirem o equilíbrio financeiro. A Universidade I, por exemplo, tinha cerca de dois mil alunos de licenciatura na altura em que este estudo foi realizado. A Universidade II tinha menos de dois mil e quinhentos alunos de licenciatura e cerca de noventa alunos de pós-graduação na altura em que este estudo foi realizado. Estes números não são comparáveis aos mais de seis mil alunos admitidos na Universidade III, que é pública e gratuita. Por conseguinte, embora a Universidade I e a Universidade II pudessem cobrar propinas, o número de estudantes registados determina as suas receitas e os fundos disponíveis para cobrir os seus custos operacionais. Os estudantes e os potenciais estudantes consideraram o montante cobrado como propina demasiado elevado. A Universidade I e a Universidade II teriam desejado aumentar as propinas que cobram para aumentar as suas receitas, mas são obrigadas a equilibrar essas expectativas em relação à capacidade dos seus estudantes para pagarem as propinas. As forças de mercado determinam, por conseguinte, a forma como as propinas são fixadas pelas universidades privadas.

As duas universidades têm de fornecer TIC para se tornarem competitivas no mercado, independentemente das condições que afectam a sua capacidade de gerar fundos através das propinas. Ao contrário da Universidade III, onde os estudantes podiam solicitar a admissão sem uma avaliação prévia da qualidade das instalações, os pais/encarregados de educação e os futuros estudantes entram na Universidade I e na Universidade II para avaliar a qualidade das instalações. Querem comparar as instalações e justificar para si próprios as propinas cobradas pelas universidades. O Reitor de Ciências da Universidade I afirmou:[ii] . *Na maior parte das vezes, os pais visitam-nos para avaliar os nossos laboratórios, salas de aula e outras instalações antes de pagarem as propinas"*. O Reitor de Humanidades da Universidade II também observou: *"Durante o período de admissão, certificamo-nos de que pomos em prática planos para ajudar os pais e os estudantes a verem o que temos no terreno. Telefonamos e tentamos convencer aqueles que não podem vir que somos capazes de proporcionar um bom ensino"*. Dois membros do pessoal académico da Universidade II afirmaram que *"[são] encorajados a fazer campanhas de admissão de estudantes"* e que "[há] *incentivos para si aqui se ajudar a trazer estudantes para a admissão"*. "Questões como estas não se colocam na Universidade III porque tem um grande número de estudantes registados devido às propinas baixas. Sendo uma universidade pública, o custo da escolaridade é subsidiado pelo FGN.

As universidades do caso enfrentam desafios com o elevado custo das operações. Isto deve-se ao facto de terem de fornecer energia eléctrica, materiais de biblioteca, laboratórios e instalações TIC, bem como ambientes de aprendizagem e de trabalho favoráveis. O Diretor de Planeamento Académico da Universidade II conclui que *"em termos de custos necessários para se manterem vivas, é um enorme desafio"*. Na Universidade I, o bibliotecário chefe observa que *"o financiamento é um grande desafio aqui. Na maioria das universidades privadas, o principal desafio é o financiamento"*. Na Universidade III, um membro do pessoal académico lamentou que *"o financiamento está a prejudicar as actividades de investigação nesta universidade. Digo-vos que é muito difícil conseguir bons artigos para colocar em linha, porque os fundos disponíveis são muito baixos.* "Estas questões também afectam a inovação em RI nas universidades em questão. Embora possam considerar a inovação em RI importante, os problemas que enfrentam com o financiamento e os custos de funcionamento trivializam a necessidade de inovação em RI. Consequentemente, a inovação em RI não se enquadra em nenhuma das necessidades que os principais intervenientes consideram quando decidem sobre os projectos a empreender para melhorar a qualidade das universidades.

Condições das bibliotecas universitárias

Questões de pessoal

Uma das áreas deste estudo que teve resultados surpreendentes foi o estado operacional das bibliotecas das universidades objeto do estudo. Embora as universidades, a nível global, tenham sofrido transformações dramáticas nas bibliotecas e na prestação de serviços de informação na era pós-Segunda Guerra Mundial, não se registaram observações semelhantes nas universidades do caso. As bibliotecas universitárias contemporâneas são conhecidas por serem grandes. Fornecem acesso a uma variedade de recursos de informação que se encontram maioritariamente em formatos digitais. Também empregam diferentes categorias de pessoal, nomeadamente bibliotecários académicos, bibliotecários paraprofissionais, pessoal administrativo e de secretariado, profissionais de TI e pessoal administrativo para gerir as exigências contemporâneas. Infelizmente, apesar do facto de as bibliotecas das universidades do caso serem projectadas como bibliotecas universitárias contemporâneas, têm pouco pessoal. A falta de pessoal afectou a sua capacidade de promover a inovação em RI. Por exemplo, a Universidade I tem apenas nove bibliotecários académicos, dois bibliotecários paraprofissionais e nenhum pessoal de TI, de secretariado e administrativo. Dada a inexistência de pessoal de secretariado, o bibliotecário-chefe esperava que um dos bibliotecários paraprofissionais prestasse serviços de secretariado. Isto resultou numa situação em que apenas um paraprofissional estava disponível para apoiar os poucos bibliotecários académicos disponíveis na prestação de serviços de biblioteca e informação. O pessoal de TI da universidade atende ocasionalmente a biblioteca e não responde perante nenhum funcionário da biblioteca da universidade. Consequentemente, as necessidades urgentes de TI são adiadas até que um membro do pessoal de TI esteja disponível para trabalhar na biblioteca.

Na Universidade II, há dez bibliotecários académicos, três bibliotecários paraprofissionais, um funcionário do secretariado e um funcionário administrativo. O pessoal do secretariado e o pessoal administrativo são destacados para trabalhar com o bibliotecário-chefe, dadas as enormes responsabilidades administrativas do seu gabinete. O informático que trabalha na biblioteca universitária é também um funcionário da unidade informática. Embora esteja permanentemente colocado na biblioteca universitária, não é oficialmente responsável perante o pessoal da biblioteca universitária. Na Universidade III, há quinze bibliotecários académicos, oito paraprofissionais, quatro funcionários do secretariado e três funcionários administrativos. Um dos bibliotecários paraprofissionais foi designado bibliotecário TIC e trabalha na biblioteca virtual da biblioteca universitária. As observações mostram que o número de pessoal disponível para as universidades do caso tem impacto na prestação de serviços de informação da biblioteca e na inovação das RI. Isto é ainda mais evidente quando se compara o número de funcionários com os serviços de fornecimento de informação descritos nos seus sítios Web. Os problemas de pessoal persistiram nas bibliotecas das universidades dos casos, apesar do facto de os bibliotecários responsáveis pelas bibliotecas estarem conscientes do seu impacto na prestação de serviços de informação das bibliotecas. O bibliotecário-chefe descreveu assim as experiências na Universidade III: *"Temos o mandato de fornecer cerca de trinta mil volumes de livros e sete mil títulos de revistas quando a universidade tiver cinco anos de existência."* Observou ainda que " *...aos dez anos, espera-se que forneçamos cem mil volumes de livros e vinte e cinco mil títulos de periódicos".* "No entanto, referiu que *"o pessoal é um dos desafios que enfrentamos. Para fornecer este número de livros não é apenas necessário dinheiro, é também necessário disponibilizar pessoal para tratar das aquisições, do processamento e da gestão dos recursos".* "Na Universidade I, o volume de livros na biblioteca era de cerca de quarenta mil. No entanto, cerca de dez mil livros ainda não tinham sido processados e, consequentemente, foram colocados nas prateleiras para os utilizadores sem marcas de classificação. Esta situação tem enormes efeitos na acessibilidade dos utilizadores aos livros da biblioteca, uma vez que os livros não tratados não têm registos de recuperação no catálogo da biblioteca.

Para além dos problemas associados ao processamento dos livros, a falta de pessoal também afecta o funcionamento das bibliotecas das faculdades. As bibliotecas das faculdades foram criadas para aproximar os serviços de biblioteca dos utilizadores. Na Universidade I, os nove bibliotecários académicos têm os seus gabinetes no complexo da biblioteca principal, no entanto, espera-se que três deles trabalhem em três bibliotecas da faculdade às terças e quintas-feiras. Isto significa que devem deixar os seus deveres oficiais primários nesses dias para assumirem a responsabilidade de gerir as bibliotecas das faculdades. As suas principais responsabilidades nas bibliotecas da faculdade incluem o processamento de livros através de catalogação e classificação, e o desenvolvimento de registos que serão utilizados para catalogação eletrónica no futuro. Consequentemente, os estudantes não têm autorização oficial para utilizar as bibliotecas da faculdade, uma vez que os recursos ainda estão a ser processados. Um dos bibliotecários académicos que trabalha numa das bibliotecas da faculdade argumenta: "*Não posso permitir que os estudantes utilizem este local. Encaminho-os para a biblioteca principal. Como pode ver, este sítio não está nada pronto. Se os estudantes forem autorizados a entrar aqui, metade dos livros serão roubados... Não posso estar a trabalhar com livros e preocupar-me com os que entram e saem da biblioteca*". Um outro bibliotecário académico queixa-se de que "... *com o número de funcionários de que dispomos, a ideia de abrir uma biblioteca da faculdade gerida por um bibliotecário académico é absurda. Nunca a apoiei. O bibliotecário da Universidade é que a queria*". O terceiro bibliotecário académico associou a insuficiência do pessoal da biblioteca à inovação das RI. A terceira *bibliotecária académica relacionou a falta de pessoal nas bibliotecas com a inovação em RI.* Ela argumenta: "*Está a ver o que eu estava a tentar dizer quando você [o investigador] falou sobre a inovação em RI e o papel que se espera que os bibliotecários académicos desempenhem. É difícil combinar tudo o que faço na biblioteca principal e na biblioteca da Faculdade de Ciências com a inovação em RI.* "

Na verdade, todos os bibliotecários académicos que se espera que assumam um papel principal na inovação em RI estão muito ocupados com outras responsabilidades relacionadas com os serviços de informação da biblioteca. Um bibliotecário académico foi encarregado da inovação em RI na Universidade I, apesar de ser claro que um indivíduo não pode lidar com toda a gama de actividades relacionadas com a inovação em RI. A situação do pessoal nas bibliotecas das universidades em questão é um dos muitos factores que dificultam a inovação em RI.

Livro Presente Cultura

Outro obstáculo à inovação das RI nas universidades em causa é a cultura enraizada da oferta de livros. Historicamente, as décadas de 1980 e 1990 assistiram a uma transformação dramática na prestação de serviços de informação em bibliotecas na Europa, nos EUA e no Canadá. A mudança dos recursos bibliotecários do impresso para o digital nestas regiões afectou a cultura de aquisições das bibliotecas nos países em desenvolvimento, incluindo a Nigéria. As ofertas de livros recebidas pelas bibliotecas universitárias dos países em desenvolvimento de indivíduos, organizações e governos do Ocidente aumentaram à medida que estes substituíam os seus recursos impressos por formatos digitais. A era da digitalização da informação das bibliotecas das universidades ocidentais foi vista como uma oportunidade de crescimento momentâneo para as universidades nigerianas. As universidades nigerianas montaram programas de aquisição destinados a receber ofertas de livros da Europa, dos EUA e do Canadá. Infelizmente, esta oportunidade momentânea de desenvolvimento das bibliotecas evoluiu para uma cultura organizacional permanente que adoptou as ofertas de livros como o principal método de aquisição de livros nas bibliotecas universitárias nigerianas. Os administradores das universidades nigerianas reduziram as verbas atribuídas às bibliotecas universitárias para a aquisição de recursos bibliográficos. O bibliotecário-chefe da Universidade II faz alusão a esta cultura nas universidades da Nigéria. "*Comecei a minha carreira de bibliotecário em [uma das universidades de primeira geração na Nigéria]. Na década de 1960, tínhamos dinheiro para aquisições que nem sequer conseguíamos esgotar, mas agora, em todo o país, todos os bibliotecários se queixam da falta de dinheiro e da cultura de depender de ofertas".* Isto também culminou na cultura em que as bibliotecas são criadas com recurso a ofertas de livros recebidas de doadores estrangeiros. Na Universidade I, por exemplo, o bibliotecário académico responsável pelas aquisições observou que *"... recebemos cerca de quinze mil volumes de livros no início da biblioteca de amigos e simpatizantes do proprietário na Nigéria e no estrangeiro".* Isto foi corroborado pelo bibliotecário chefe que disse: "*A nossa coleção é composta por setenta e cinco por cento de ofertas. Estou certo de que sabem que isto não é saudável. Infelizmente para nós, o proprietário ainda anda por aí a pedir prendas para a biblioteca. Por isso, quando pedimos dinheiro para comprar livros relevantes, ele limita-se a dizer que a universidade está à espera de alguns presentes vindos sabe-se lá de onde".*

Na Universidade II, o bibliotecário-chefe revela que "*a maior parte dos livros da nossa coleção, sobretudo os que usámos para montar a biblioteca, são ofertas de membros da igreja"*. O bibliotecário responsável pela aquisição de livros queixou-se: *"Não me lembro da última vez que comprei livros. Todos os livros que processei nesta unidade nos últimos cinco anos são presentes"*. Este cenário é semelhante à situação registada na Universidade III. Enquanto o bibliotecário chefe tentou reduzir o afluxo de livros oferecidos à biblioteca, o vice-reitor solicita e recebe diretamente as ofertas dos doadores. O bibliotecário-chefe queixa-se de que *"... o vice-reitor recebe agora as ofertas em nome da universidade e da biblioteca. Como ele é o chefe, não o posso impedir. Infelizmente, ele está a criar uma cultura que outras universidades mais antigas estão a tentar eliminar"*. As reflexões do bibliotecário-chefe revelam os efeitos negativos que as ofertas de livros têm nas bibliotecas universitárias da Nigéria. Os aparentes benefícios que as universidades do caso retiram destas ofertas reforçam uma cultura de aquisições pouco saudável nas bibliotecas universitárias nigerianas. Tem impacto na medida em que as universidades estão prontas para adotar sistemas de fornecimento de informação digital, uma vez que os doadores oferecem como presente recursos impressos em vez de digitais.

A cultura da oferta de livros influencia a disposição das universidades do caso em fornecer fundos para as suas bibliotecas. Os administradores vêem as bibliotecas como unidades que podem ser suficientemente financiadas através de ofertas. Por conseguinte, não foi considerado necessário gastar recursos na inovação das RI, dada a cultura enraizada da oferta de livros. Consequentemente, as bibliotecas das universidades do caso estão insatisfeitas com a quantidade de dinheiro que lhes é disponibilizada para apoiar os serviços de informação contemporâneos das bibliotecas, incluindo a inovação em RI. Em vez disso, os administradores promovem a noção de que as bibliotecas das universidades dos casos devem procurar ofertas como forma de desenvolver colecções digitais. Um bibliotecário académico da Universidade I observou que *"o repositório institucional baseia-se nas TIC e é necessário instalar computadores e a Internet em toda a universidade se se quiser que seja bem sucedido. A questão é como é que se vai fazer isso se a administração não disponibilizou fundos para todas as ferramentas necessárias"*. Outro bibliotecário académico da Universidade I descreve ainda o impacto da cultura da oferta de livros na inovação das RI da seguinte forma *"A maioria dos professores aqui não acredita nos recursos digitais. O vice-reitor também é culpado disso. Se não puderem tocar nos livros ou vê-los nas prateleiras, não acreditam que temos alguma coisa... ainda não são compatíveis com os conteúdos digitais. Como é que agora vão apoiar a inovação das RI?*

Estrutura organizacional hierárquica

Um fator importante que determina o funcionamento interno das organizações, incluindo as bibliotecas universitárias, é a estrutura organizacional que adoptam. Na maioria dos casos, as organizações adoptam uma estrutura plana ou hierárquica. Existem também várias organizações que adoptam uma estrutura organizacional híbrida, uma combinação de estruturas organizacionais planas e hierárquicas. As estruturas organizacionais determinam as formas como os actores organizacionais se relacionam uns com os outros enquanto realizam as tarefas organizacionais.

A autoridade, o poder, os processos e estruturas de trabalho, a supervisão e as linhas de comunicação são determinados pelas estruturas organizacionais. Na maioria dos casos, o modelo de entrada, processamento e saída das organizações também é determinado pelas suas estruturas organizacionais. A forma como a inovação em RI foi implementada nas universidades do caso foi, portanto, influenciada pela estrutura organizacional. A inovação em RI foi avaliada em relação às estruturas organizacionais das universidades em causa para ver como estas facilitam ou restringem o funcionamento interno adotado na biblioteca durante a inovação em RI. Por exemplo, a estrutura organizacional da biblioteca de uma universidade determina até que ponto o pessoal comunica entre si sobre a inovação das RI. Determina também a forma como lidam com questões provenientes de outros departamentos fora da biblioteca.

Normalmente, as organizações recorrem à comunicação formal e informal quando estão envolvidas na inovação tecnológica. As estruturas organizacionais das universidades do caso não promoveram a comunicação horizontal necessária para facilitar a comunicação interdepartamental durante a inovação das RI. Isto deve-se ao facto de a sua estrutura organizacional ser hierárquica. Na Universidade I, por exemplo, o bibliotecário encarregado da inovação em RI não comunicou os planos de inovação em RI com os bibliotecários académicos de outros departamentos e unidades. Em vez disso, ele reporta todas as questões relativas à inovação em RI diretamente ao bibliotecário chefe, como resultado dos ditames da estrutura organizacional hierárquica da universidade. Na Universidade II, a alegação era que a biblioteca universitária adopta uma estrutura organizacional hierárquica. Como resultado, as informações sobre inovação em RI provenientes do pessoal de TI da biblioteca são encaminhadas para o chefe da divisão técnica da universidade e não diretamente para o bibliotecário chefe. Dado que a estrutura organizacional hierárquica da biblioteca exige que o pessoal informático envie todas as informações através do chefe da divisão técnica, o chefe da divisão técnica utilizou o seu poder para filtrar as informações que chegam ao bibliotecário-chefe sem ter em conta a sua importância. Durante uma entrevista, o pessoal informático queixa-se de que "*... as coisas que proponho nunca chegam ao topo. Não estou diretamente empregado para trabalhar na biblioteca. Fui colocado aqui pela informática, por isso raramente me dão voz"*. "Embora o seu estatuto possa ser uma das razões pelas quais as suas ideias não chegam ao bibliotecário-chefe, a estrutura organizacional adoptada pela biblioteca agrava ainda mais a desconexão.

Na Universidade III, a utilização das RI estava a ser supervisionada, por assim dizer, pelo chefe dos serviços técnicos. Embora a inovação em matéria de RI seja inteiramente gerida pela unidade informática, o chefe da unidade técnica acompanha a unidade informática nas questões relacionadas com a inovação em matéria de RI que dizem respeito à biblioteca universitária. No entanto, a unidade informática prefere tratar com o bibliotecário paraprofissional responsável pela biblioteca virtual, devido à atitude do chefe dos serviços técnicos relativamente à inovação em matéria de RI. Por conseguinte, surgem conflitos entre o bibliotecário profissional e a chefe dos serviços técnicos, uma vez que esta é a sua supervisora direta. Os pressupostos derivados de uma estrutura organizacional hierárquica exigem que todas as comunicações relativas à inovação em RI sejam dirigidas ao chefe dos serviços técnicos. O chefe dos serviços técnicos considera que a comunicação direta entre a unidade informática e o paraprofissional responsável pela biblioteca virtual constitui um abuso da estrutura de comunicação. Consequentemente, a informação fornecida, relativamente às RI, pelo paraprofissional (proveniente da unidade de TIC) raramente chega ao bibliotecário principal. O chefe da unidade técnica argumenta que "*a inovação do repositório institucional é uma atividade formal... as TI tratam disso na universidade. No entanto, precisam de saber que existem estruturas formais a seguir quando tentam comunicar connosco sobre o assunto"*. Por outro lado, o bibliotecário paraprofissional queixa-se de que "*o facto de ter de comunicar através de alguém o que se passa com o RI é um grande problema para mim e para o sistema"*. "Os exemplos das universidades mostram como a comunicação ascendente da inovação em RI foi dificultada pela estrutura organizacional. Os funcionários superiores usaram o seu poder e posição para subverter os esforços feitos pelos funcionários subordinados, mesmo que esses esforços tivessem o potencial de afetar positivamente a inovação das RI.

3.7 Elaboração teórica dos resultados da investigação do Estudo 1

3.8.1 Desejo descoordenado de inovação nas TIC

De acordo com Albrow & King (1990), a globalização está ligada ao fluxo internacional de recursos económicos, ideias e cultura. Acredita-se que a globalização evoluiu devido aos avanços nos meios de transporte e nas telecomunicações. Os avanços nos transportes permitiram que as pessoas se deslocassem de um local para outro com facilidade, independentemente da distância. Os avanços nas telecomunicações levaram à invenção do telegrama, da Internet e das tecnologias móveis. Estas tecnologias transformaram radicalmente a comunicação de eventos e ideias para além das fronteiras locais e internacionais. Embora a globalização seja vista principalmente de um ponto de vista económico e político, o seu impacto no bem-estar sociocultural das sociedades não pode deixar de ser realçado. Giddens (1991) argumenta que a globalização intensifica "as relações sociais que ligam localidades distantes de tal forma que os acontecimentos locais são moldados por eventos que ocorrem a muitos quilómetros de distância e vice-versa (p. 4)". Acredita-se que a globalização encolhe as sociedades mundiais de forma a torná-las assumidamente uma só. Embora existam críticas às tendências de globalização que ocorrem atualmente em todo o mundo (por exemplo, Fiss & Hirsch, 2005), Steger (2009) propõe cinco dimensões da globalização, nomeadamente, a globalização económica, política, cultural, ecológica e ideológica. A literatura existente é dominada por estudos que analisam a globalização económica. Embora os estudos sobre outras dimensões da globalização estejam a aumentar, a globalização ideológica continua a ser pouco estudada. Isto apesar do facto de outras dimensões da globalização, por exemplo, a globalização política, serem afectadas pelas ideologias políticas que emanam de diferentes partes do globo. As normas, crenças, valores, reivindicações e narrativas de sociedades que se acredita terem ideologias superiores sobre os fenómenos humanos e naturais têm continuado a moldar as tendências de mudança nas sociedades de todo o mundo (Steger, 2009; Giddens, 1991).

Por exemplo, o desejo de inovar os sistemas administrativos e de gestão baseados nas TIC nas universidades dos países em desenvolvimento pode ser atribuído à globalização ideológica. O nível de proficiência e de sucesso das universidades dos países desenvolvidos que adoptaram a utilização de sistemas administrativos e de gestão baseados nas TIC foi atribuído à utilização das TIC (Nielsen, 2014; Comissão Europeia, 2005). Consequentemente, as universidades que aspiram a atingir o tipo de proficiência e de sucesso destas universidades adoptam ideologias que implicam a inovação obrigatória das TIC (Erinosho, 2013/2014; Avgerou, 2010; Okebukola, 2009). Tais eventos têm sido de interesse para a disciplina de SI de corrente principal e inspiraram estudos de SI que se baseiam na adoção e difusão de tecnologia (Zaman & Fielt, 2016; Mustonen-Ollila &

Lyytinen, 2003; King, *et al.*, 1994). Dado que as questões relativas ao papel da globalização ideológica na adoção e difusão de SI parecem ser mais aplicáveis aos países em desenvolvimento, a disciplina ISDC tem feito muito para avaliar a adoção e difusão de tecnologia nos países em desenvolvimento (Sahay & Mukherjee, 2015; Avgerou, 2010; Heeks, 2009). Surpreendentemente, os académicos da ISDC que estudaram a adoção e a difusão dos SI não identificaram o desejo de SI por parte dos países em desenvolvimento como um problema. Este estudo mostra como o impulso para a inovação nas TIC pode degenerar numa ânsia descoordenada. Os académicos do ISDC que estudaram a adoção e a difusão dos SI centraram-se na forma como os países em desenvolvimento inovam os SI, sem considerar os factores locais que podem surgir durante a inovação dos SI (Avgerou & Walsham, 2017; Bailey & Ngwenyama, 2016; Avgerou, 2008; Walsham & Sahay, 2006). Este estudo identifica como problema a ânsia de inovação nas TIC por parte das universidades do caso, desencadeada pela globalização ideológica. As universidades do caso querem inovar com as TIC porque foram levadas a pensar que se tornou moda em todo o mundo fazê-lo. A globalização ideológica promoveu as pressões que fizeram com que a sua ânsia degenerasse em ânsia descoordenada de inovação nas TIC, levando as universidades a criar, sem o saberem, mais problemas para si próprias.

Ao delinear planos de inovação das TIC que ultrapassavam os seus meios financeiros para os concretizar, as universidades do caso criaram mais problemas para si próprias. Isto indica que a inovação dos SI em organizações de países em desenvolvimento, como as universidades do caso deste estudo, é prejudicada quando as organizações não avaliam criticamente as suas necessidades de inovação das TIC. Tendo em conta o exposto, as universidades e outras organizações nos países em desenvolvimento precisam de desenvolver parâmetros adequados para a determinação das suas necessidades de inovação em TIC. Se não o fizerem, podem resultar numa utilização ineficiente da infraestrutura das TIC. Uma teoria para a qual este fenómeno aponta e que não foi adequadamente explorada na disciplina de SI é a teoria da fenomenologia da vida quotidiana. A ânsia descoordenada de inovação em TIC nas universidades do caso mostra a influência dos contemporâneos nas realidades socialmente construídas da vida quotidiana dos associados (Zhao, 2006; Schutz & Luckmann, 1989). Diferentes organizações locais e internacionais determinaram indiretamente a forma como as universidades do caso acabaram por ter uma ânsia descoordenada de inovação em TIC que teve um impacto negativo na inovação em RI. Na disciplina de ISDC, há uma tradição crescente para avaliar a influência de indivíduos e organizações fora das organizações que estão envolvidas na inovação de SI na inovação de

SI (Sahay & Mukherjee, 2015; Neilsen, *et al.* 2014; Jensen, *et al.*, 2009). A teoria da fenomenologia da vida quotidiana apresenta a possibilidade de categorizar os indivíduos e as organizações que têm impacto na inovação dos SI em quatro actores sociais distintos - associados, contemporâneos, predecessores e sucessores (Zhao, 2004, Schutz & Luckmann, 1989; 1973). Tem o potencial de ajudar os académicos a identificar e descrever os

fontes e génese das ideologias sociais que determinam os resultados da inovação dos SI. Os estudos sobre SI que não fornecem informações sobre as fontes e a génese das ideologias utilizadas para determinar a inovação dos SI promovem a noção de que as organizações são sistemas fechados (por exemplo, Ngwenyama & Nielsen, 2014; Effah & Abbeyquaue, 2013; Wilson & Howcroft, 2002). As organizações nos países em desenvolvimento são incapazes de determinar com precisão as suas necessidades de inovação em TIC porque não envolvem suficientemente as partes interessadas relevantes nos seus processos de avaliação das necessidades de TIC. Isto resulta na ânsia por SI que não são diretamente úteis para as partes interessadas e acabam por não satisfazer as expectativas (Sahay & Mukherjee, 2015). É necessário que os académicos de SI intensifiquem os seus esforços para identificar como as partes interessadas dentro e fora das organizações determinam os resultados da inovação dos SI. Além disso, é necessário avaliar as fontes de pressão que levam as organizações a um desejo descoordenado de inovação em SI que, por sua vez, se torna um fator fundamental de barreira à inovação em SI. Esta conclusão baseia-se nos conhecimentos adquiridos na literatura académica publicada sobre este assunto e nos conhecimentos obtidos com este estudo:

> *Proposição I: A ânsia descoordenada de inovação nas TIC é suscetível de constituir um fator de barreira à inovação nas RI nas universidades nigerianas.*

3.8.2 Fontes múltiplas (e contraditórias) de sensibilização para as RI

As observações nos contextos de investigação confirmam que a dimensão ideológica da globalização não tem sido avaliada em profundidade na literatura existente e, em particular, na disciplina de SI. Por exemplo, este estudo revela que os sujeitos de investigação tinham diferentes ideias de inovação em RI. Isto deve-se principalmente ao facto de terem obtido a sua consciência da inovação em RI a partir de fontes múltiplas e contraditórias que degeneraram em sobrecarga de ideias. A sobrecarga de ideias ocorre quando os sujeitos de investigação têm uma variedade de ideias de inovação em matéria de RI em resultado do seu acesso a diversas fontes de informação. Na disciplina de SI, os estudos que abordam as dissensões nas ideias de inovação em SI retiram os seus argumentos de fundo das teorias das ciências sociais relacionadas que se centram na cultura, na comunicação e na estrutura social (Sahay & Mukherjee, 2015; Ngwenyama & Nielsen, 2014; Light & Howcroft, 2010; Lamb & Kling, 2003). No entanto, estes estudos não se debruçaram totalmente sobre a forma como as tendências da globalização promovem o acesso a ideias múltiplas e contraditórias que conduzem à sobrecarga de ideias. Isto apesar do facto de a disciplina da sobrecarga de informação apontar indiretamente para as tendências da globalização como promotoras da sobrecarga de informação (Levitin, 2014; Edmunds & Morris, 2000). Neste estudo, defino o termo sobrecarga de ideias de forma diferente de como os académicos definem a sobrecarga de informação. Enquanto a sobrecarga de informação lida com a informação como um material que pode vir em múltiplas formas e tornar-se pesado, os académicos que a propagaram negligenciam o produto final da informação. O meu argumento é que as ideias que resultam do consumo de informação obtida de diferentes fontes não foram tidas em consideração (por exemplo, Metzger, 2007; Flanagin & Metzger, 2000). Este estudo teve como objetivo colmatar esta lacuna e, por isso, resultou no surgimento do conceito de sobrecarga de ideias.

Quando as pessoas consomem informação, os produtos finais desse consumo são ideias que, de certa forma, também se podem classificar como conhecimento. Quanto mais informação se consome sobre um determinado fenómeno, mais ideias se podem desenvolver sobre o mesmo. As diferenças nas fontes de informação consumidas também resultam em diferenças nas ideias que são desenvolvidas nas mentes dos consumidores. Este estudo revelou que as pessoas podem consumir informalmente diversas informações sobre inovação em RI e formar ideias sobre inovação em RI. Infelizmente, a ampla atenção que os académicos de SI prestam aos aspectos sociais da inovação em matéria de SI não resultou na exploração completa da forma como a informação consumida formal e informalmente, em resultado das tendências da globalização, conduz a ideias de inovação em matéria de SI múltiplas e contraditórias. Ver, por exemplo, estas limitações nos seguintes estudos sobre SI (Kudaravalli, *et al.*, 2017; Sahay & Mukherjee, 2015; Lyttinen & Newman, 2008; Braa, *et al.*, 2007a). Esta questão é agravada pela incapacidade dos académicos de SI em categorizar os actores sociais que promovem ideias que influenciam a inovação dos SI. Por exemplo, neste estudo, uma bibliotecária foi influenciada pelo seu marido. Outros foram influenciados pelas ideias que adquiriram através do serviço profissional de listas de correio eletrónico e através de discussões informais face a face com diferentes categorias de pessoas, entre outras formas. Isto levanta questões sobre o tipo de actores sociais que influenciaram as ideias que foram utilizadas para determinar a inovação das RI nas universidades do caso e revela a possibilidade de sobrecarga de ideias. Surgem também questões relacionadas com a relevância de avaliar a forma como os associados, contemporâneos, predecessores ou sucessores determinam os tipos de ideias de inovação em SI que são susceptíveis de emanar de diferentes grupos sociais. Outra questão de interesse é a localização sociofísica daqueles que propagam as ideias que determinam a inovação em RI nas universidades do caso. Zhao (2006) dedicou-se a explicar a emergência de uma categoria de associados como resultado das interações sociais possibilitadas pela tecnologia. A implicação deste facto não foi totalmente incorporada nos estudos de SI que tentaram avaliar o conjunto de actores sociais e os mecanismos sociais que determinam as influências sociais na inovação dos SI (por exemplo, Bailey & Ngwenyama, 2013; Avgerou, 2013; Braa, *et al.*, 2007b). Além disso, os estudiosos dos SI também não consideraram plenamente a variedade de contextos e grupos sociais a que os actores organizacionais pertencem e como isso determina os tipos de ideias que têm sobre a inovação dos SI. Os estudos existentes contribuíram para a compreensão atual da influência das partes interessadas na inovação dos SI. No entanto, não se debruçaram totalmente sobre a forma como as partes interessadas desenvolvem a sua consciência a partir de fontes múltiplas e contraditórias que influenciam a sua perceção e significado da inovação dos SI. Consequentemente, tendo em conta as revelações da literatura existente e as identificadas no presente estudo:

Proposição II: É provável que a consciência da inovação em RI derivada de fontes múltiplas e conflituosas constitua um fator de barreira à inovação em RI nas universidades nigerianas.

3.8.3 **Factores de sucesso da inovação em RI inadequados**

Invariavelmente, todos os SI que são inovados pelas organizações são-no em resultado de alguns pressupostos sobre o que constitui uma inovação bem sucedida (Lin, *et al.*, 2007; Changchit, *et al.*, 1998). Os factores de sucesso esperados são utilizados pelas organizações para encontrar formas de justificar os recursos investidos na inovação dos SI. As questões que giram em torno da justificação dos recursos empenhados na inovação dos SI com resultados esperados tornaram-se índices populares na corrente principal de estudos sobre SI e na ISDC (por exemplo, Bollou & Ngwenyama, 2007; Lin, *et al.*, 2007; Dada, 2006;

DeLone & McLean, 2003). Embora estes estudos tenham contribuído imensamente para o conhecimento existente sobre os factores que impulsionam a inovação bem sucedida dos SI, a revelação obtida neste estudo mostra que há mais a aprender sobre a forma como a justificação do investimento em SI é conjecturada. Por exemplo, tal como proposto por Delone & McLean (2003), os factores de sucesso dos SI são utilizados para justificar os recursos afectados à inovação dos SI. Isto quer dizer que os estudiosos dos SI conceptualizam os factores de sucesso dos SI assumidos como fins e não como meios para fins (Andoh-Baidoo, 2017; DeLeon & McLean, 1992). As formas como os factores de sucesso da inovação em SI têm sido conceptualizados tanto na literatura (Utulu & Akadri, 2014; Shearer, 2013; 2003; Wyk & Mostert, 2011; Westell, 2006) como na prática, tal como demonstrado pelas revelações derivadas deste estudo, indicam que os benefícios assumidos dos SI também podem constituir uma barreira à inovação em SI.

As observações deste estudo mostram que os indicadores de benefícios da inovação em RI utilizados pelas universidades do caso são indicadores populares que foram adoptados em todo o mundo. Estes indicadores são informados pela globalização ideológica, uma vez que os interessados têm acesso a indicadores de benefícios da inovação em RI definidos noutros contextos sociais. Proponho que o principal benefício da inovação em RI que deve ser promovido nos países em desenvolvimento seja a distribuição do conhecimento científico necessário para o desenvolvimento. Isto é induzido a partir de revelações na literatura existente sobre os factores que motivaram a evolução das RI e a implicação da divisão do conhecimento na realização de iniciativas de desenvolvimento nos países em desenvolvimento (Nwagwu, 2013; Lynch, 2003; Harnad, 2001). No caso das universidades, a utilização das RI para erradicar o fosso do conhecimento e, com efeito, promover o desenvolvimento não foi considerada um fator para o indicador de sucesso esperado. Apesar de os sujeitos de investigação indicarem que a inovação das RI promove a visibilidade e o acesso à investigação, não associaram diretamente estes factores de sucesso à utilização da inovação das RI para promover o acesso ao conhecimento científico necessário ao desenvolvimento. Porque as suas noções sobre visibilidade e acesso derivam da informação que obtiveram fora do contexto dos países em desenvolvimento (Lynch, 2003; Harnad, 2001; Giddens, 1991), não conjecturaram que a inovação em RI tem a capacidade de promover a distribuição de informação sobre desenvolvimento. Consequentemente, os factores de sucesso da inovação em RI identificados pelas universidades do caso são inadequados.

Os factores de sucesso identificados pelas universidades incluem a visibilidade e a popularidade dos académicos e das universidades, o bom desempenho na classificação webométrica e a possibilidade de ganhar bolsas de investigação e de colaborar com académicos internacionais (Zaid & Okiki, 2014; Ezema, 2013; Nwagwu, 2013). Embora estes benefícios sejam importantes, não são suficientes. O papel do conhecimento científico no desenvolvimento e a necessidade de factores adequados de sucesso da inovação em RI não foram suficientemente considerados. A importância destes dois factores é realçada pelos resultados de vários estudos que mostram o efeito prejudicial da divisão do conhecimento no desenvolvimento socioeconómico, político e ambiental dos países em desenvolvimento (por exemplo, Ngwenyama *et al.*, 2006; Ehikhamenor, 2003; Norbert & Nsouli, 2003) e o papel das universidades e da inovação em RI na promoção do desenvolvimento (Kruss, 2017; Utulu & Akadri, 2014; Nwagwu, 2013; Hansen & Lehmann, 2006; Kanbur, 2001). É, portanto, lógico propor que os factores de sucesso da inovação em RI devem ser orientados para proporcionar um melhor acesso à informação científica local necessária para promover o desenvolvimento.

Isto abre a necessidade de abordar o método através do qual as universidades determinam os factores de sucesso da inovação das RI que parecem estar em conflito com a razão original da invenção das RI. Os relatos da razão subjacente à invenção das RI explicam que o facto de as revistas de acesso livre não conseguirem satisfazer plenamente as necessidades dos autores, em especial os dos países em desenvolvimento, devido ao custo de publicação, desencadeou o desejo de melhorar a falta de acesso ao conhecimento científico através das RI (Lynch, 2003; Harnad, 2001). Dado que a investigação e o desenvolvimento andam de mãos dadas, presumiu-se que as RI eram uma tecnologia destinada a promover o desenvolvimento. Assim, a visibilidade dos autores, das universidades e das publicações de investigação é considerada como um requisito para o desenvolvimento. Daqui decorre que os actores sociais identificados na teoria da fenomenologia da vida quotidiana desempenharam papéis vitais na identificação dos factores de sucesso da inovação das RI ao longo dos anos. Isto abre a importância de um vasto leque de avaliações destinadas a expor os factores subjacentes aos factores de sucesso que os inovadores da SI propõem durante qualquer projeto. Esta questão ainda não foi totalmente abordada na literatura sobre SI e ISDC. Este estudo, no entanto, revela como diferentes partes interessadas - ONU, UNESCO, Banco Mundial, FGN e NUC - determinaram indiretamente os benefícios da inovação em RI (visibilidade, prestígio e bom desempenho no ranking webométrico) que as universidades do caso pretendem alcançar com a inovação em RI. Dada a revelação na literatura existente e a revelação obtida através deste estudo:

> *Proposição III: A definição de factores inadequados de sucesso da inovação em RI é suscetível de constituir um fator de barreira à RI nas universidades nigerianas.*

3.8.4 Transformação das universidades

Novo managerialismo

Parte das tendências de globalização que se manifestam nas cinco dimensões da globalização - económica, política, cultural, ecológica e ideológica - é a transformação das universidades em todo o mundo. Um dos principais indícios da transformação das universidades em todo o mundo é o novo gerencialismo (Nielsen, 2014; Okebukola, 2006; Comissão Europeia, 2005). Há um dilúvio de documentos sobre como as universidades europeias se devem transformar para adotar o novo gerencialismo (por exemplo, Comissão Europeia, 2005). O mesmo acontece nos países em desenvolvimento, incluindo os países africanos (Akalu, 2014; Okebukola, 2006; CHREN, 1992). As alterações propostas nestes documentos desafiam os códigos de conduta tradicionais das universidades, permitindo que estas adoptem estilos de gestão e administração que foram designados por novo managerialismo, uma vez que, no passado, se presumia que eram apenas aplicáveis a organizações com fins lucrativos. No passado, as universidades assumiam que deviam ser geridas de forma exclusiva e diferente de outras formas de organização, nomeadamente das organizações empresariais (Aronowitz, 2000; Barrow, 1990). Hoje em dia, as universidades adoptam orientações de gestão que, no passado, eram assumidas como exclusivas de organizações empresariais (Nielsen, 2014; Okebukola, 2015). Isto resultou numa gestão e administração inclusivas das universidades, em que os estudantes, os pais/encarregados de educação, as agências de financiamento, as associações profissionais e o governo participam ativamente na formulação de políticas, ao passo que, antes da era do novo gerencialismo, as universidades determinavam as suas orientações de gestão e administração por si próprias, como entidades autónomas e autogeridas. (Akalu, 2014; Kruchen & Meier, 2006).

O novo gerencialismo sugere que as universidades, enquanto entidades autónomas autogeridas, e os governos serão as principais fontes de financiamento dos custos operacionais das primeiras. (Nielsen, 2014). Esta fórmula de financiamento é mais aplicável às universidades privadas do que às universidades públicas do Ocidente, que, pela própria natureza da sua propriedade privada, são autofinanciadas (Okebukola, 2015;

Osagie, 2009). No entanto, o autofinanciamento também é relevante para as universidades públicas, tendo em conta a redução dos recursos financeiros colocados à sua disposição pelos governos modernos. É digna de nota a mudança de atitude dos governos modernos em relação ao financiamento das universidades e do ensino público, bem como a sua adoção da abordagem neoliberal moderna da governação, em que o governo é visto como ineficiente em termos de gestão, quando não incompetente, na condução dos seus próprios assuntos e dos assuntos das empresas privadas, e está no seu melhor quando investe minimamente na condução dos assuntos públicos que anteriormente eram do seu domínio. O novo gerencialismo é um derivado deste tipo de política neoliberal: as formas e os meios da corporação privada são as formas e os meios para o funcionamento eficiente do governo, das universidades e de outras organizações na sociedade.

Muitas universidades têm de encontrar novas formas de aumentar o seu apoio financeiro do Estado com fundos gerados internamente (Mali, *et al.,* 2016; Akalu, 2014; Hudu, 2000). Estas condições resultaram na adoção de novas orientações de gestão nas universidades. Estas orientações incluem a cobrança de propinas com base na análise custo-benefício (Tilak, 2015; Ogbogu, 2011; Stein, 2004), o aumento da colaboração universidade-indústria como forma de aumentar a possibilidade de apoio financeiro da indústria (Nielsen, 2014; Markman, Siegel & Wright, 2008), o reforço do controlo governamental através de políticas de acreditação e de conformidade (Ekpoh & Edet, 2017; Anugom, 2016; Akalu, 2014), e o envolvimento dos estudantes e dos pais/encarregados de educação nos processos de tomada de decisão das universidades (Perkmann & Walsh, 2008; Okebukola, 2006; Stein, 2004; Buchanan & Devletoglou, 1971). Estas inclinações eram visíveis nas universidades do caso, onde os regimes de propinas foram estabelecidos com base em considerações de custo-benefício e foram calculados para cobrir uma proporção tão elevada do custo total das propinas quanto politicamente aceitável. As universidades do caso também publicitavam os seus serviços de forma semelhante a organizações empresariais, procuravam agressivamente a colaboração universidade-indústria e utilizavam um mecanismo de tomada de decisões que incluía estudantes, pais/encarregados de educação e indústrias. Isto aponta para a observação de que as partes interessadas que determinam o que se passa nas universidades do caso incluem associados, contemporâneos e predecessores (Schutz & Luckmann, 1989).

As questões relativas à natureza das organizações têm sido motivo de preocupação para os académicos. No passado recente, os académicos que defendiam a perspetiva do pós-modernismo afirmaram que as organizações não têm uma existência determinada

(Thornton, *et al.*, 2012; Senge, 2006; Morgan, 1997; Blackler, 1992; Weick, 1983). Os argumentos da literatura existente e os resultados deste estudo têm implicações fundamentais na forma como os académicos investigam os fenómenos dos SI nas organizações. Eles iluminam a imprecisão das organizações e desviam a atenção dos estudiosos das estruturas formais para as realidades da vida quotidiana que determinam os significados atribuídos às realidades de inovação dos SI (Ngwenyama & Nielsen, 2014; 2003; Avgerou, 2013; Orlikowski, 2010; Lyttinen & Newman, 2008; Cibbora & Lanzara, 1994; Weick, 1983). Essa atenção faz com que os estudiosos se concentrem na importância dos factores internos e externos para a inovação dos SI. Também ajuda a combinar os eventos realizados durante a investigação científica com as ideias propostas na teoria da fenomenologia da vida quotidiana sobre os prováveis actores sociais que influenciam a inovação dos SI. Neste estudo, observou-se que os principais intervenientes utilizaram factores socioeconómicos, políticos e tecnológicos associados à transformação das universidades para determinar o valor da inovação das RI. Por exemplo, os principais intervenientes não viram a inovação em RI como uma tecnologia que poderia ajudar as universidades do caso a atingir os seus objectivos de inovação em TIC, porque recorreram à análise de custos-benefícios para determinar as TIC com as quais inovar. Assim, os SI que apoiam a geração de fundos foram faseados para serem inovados antes daqueles que não podem ser utilizados para gerar fundos. Isto ilustra até que ponto as propensões para a obtenção de dinheiro do novo managerialismo e os actores sociais que acomoda determinam a inovação dos SI nas organizações que o implementam. Com base na informação contida na literatura existente e nas experiências adquiridas nos contextos empíricos deste estudo, determina-se o seguinte

> *Proposição IV: A adoção do novo managerialism é suscetível de constituir um fator de barreira à inovação das RI nas universidades nigerianas.*

3.8.5 Custo de funcionamento das universidades contemporâneas

Conforme demonstrado até à data, a orientação atitudinal custo-benefício do novo gerencialismo transformou os sistemas de gestão universitária em todo o mundo, tanto positiva como negativamente. O impacto positivo pode ser visto na forma como as universidades respondem aos desafios contemporâneos com base no seu impacto financeiro no "resultado final" da universidade; o impacto negativo pode ser visto na forma como os custos de funcionamento das universidades contemporâneas aumentaram em resultado disso (Yonezawa & Shinmi, 2015; Ajadi, 2010; Akalu, 2014; Stein, 2004). O elevado custo da implantação de sistemas administrativos e de gestão baseados na tecnologia são áreas de desafios financeiros para as universidades contemporâneas (Altbach, 2015; 2013; Okebukola, 2015; Osagie, 2009). No caso das universidades, por exemplo, a necessidade de adotar paradigmas de gestão e administração contemporâneos resultou num aumento dos custos operacionais das universidades. Embora tenham reagido a este desafio implementando os seus projectos de inovação das TIC por fases e não de uma só vez, a estratégia de faseamento constituiu uma barreira à inovação das RI. O faseamento dos projectos de inovação em matéria de TIC foi implementado de acordo com os valores comerciais percebidos das TIC, devido à necessidade de gerar fundos para fazer face aos custos de funcionamento. Os projectos de inovação em matéria de TIC que se espera que gerem fundos foram introduzidos à frente daqueles que podem não apoiar a geração de fundos. Conclui-se que o fator subjacente aos planos de inovação em TIC nas universidades contemporâneas é a necessidade de gerar os fundos necessários para fazer face ao aumento dos seus custos operacionais. Esta observação não foi exposta anteriormente devido aos pressupostos das partes interessadas de que a inovação das TIC nas universidades contemporâneas promove a adoção de estratégias de gestão e administração contemporâneas de uma forma neutra em termos de valor, ou seja, a inovação das TIC só trará benefícios e não causará prejuízos económicos à universidade. Esta revelação é importante para os inovadores dos SI que procuram identificar novos factores de barreira à inovação dos SI.

Nos países em desenvolvimento, o custo da inovação dos SI foi identificado como um dos principais obstáculos à inovação dos SI (Pietrobelli & Rabelloti, 2011; Heeks, 2002). Por exemplo, em Heeks (2002), o custo dos SI foi identificado como o principal obstáculo que leva a projectos de inovação dos SI falhados, incompletos ou abandonados. Outros estudos também se debruçaram sobre o impacto do custo nos resultados finais da inovação dos SI (Kijsanayotin, Pannarunothai & Speedie, 2009; Dada, 2006). Estes estudos são justificados pelo interesse em descobrir o impacto direto do custo de aquisição e inovação dos SI nos resultados da inovação dos SI. Uma vez que a maior parte dos SI são inventados fora dos países em desenvolvimento, o custo das divisas, a especialização e a manutenção foram identificados como os principais desafios à inovação dos SI nos países em desenvolvimento (Narula, 2014; Dasgupta, *et al.,* 1999). A situação identificada neste estudo fornece um exemplo único dos efeitos indirectos dos custos na inovação dos SI, devido aos custos mais baixos da inovação em RI, em comparação com o custo da maioria dos SI inovados nas universidades do caso. Dado que a inovação em matéria de RI é feita com software gratuito de fonte aberta que pode ser descarregado em linha, seria de esperar, com base na literatura sobre o papel do custo na inovação dos SI, que as universidades em causa inovassem em matéria de RI antes dos SI mais dispendiosos. As vantagens do software gratuito de fonte aberta nos países em desenvolvimento foram descritas na literatura existente (Effah &Abbeyquaue, 2013). Os académicos sugerem que este software é capaz de erradicar o problema da inovação dos SI nos países em desenvolvimento. As situações nas universidades do caso, no entanto, parecem não corresponder a esta sugestão. Os argumentos apresentados na disciplina de LIS a favor da capacidade do software de fonte aberta para erradicar o problema dos custos que impede a adoção de sistemas de automatização em bibliotecas universitárias nos países em desenvolvimento têm de ser reavaliados (por exemplo, Ezema, 2013; Nok, 2006).

Os resultados deste estudo mostram que, embora seja lógico assumir que o software livre de código aberto é capaz de resolver os desafios da inovação em SI nos países em desenvolvimento, há outras questões em jogo que ofuscam esta sugestão. A procura concorrencial de inovação em TIC nas universidades do caso faz com que o custo, em combinação com outros factores, seja um determinante da inovação em RI. O custo da inovação em RI foi avaliado em relação a outras tecnologias, como servidores, servidores de correio eletrónico, custo da expansão do acesso à Internet para facilitar o depósito e a utilização à distância. As decisões sobre a inovação da RI foram, no entanto, determinadas pelas opiniões dos principais intervenientes sobre a sua importância para a geração de fundos destinados a aliviar o peso dos custos operacionais das universidades, destacando assim o custo de funcionamento das universidades contemporâneas como um fator de barreira subjacente à inovação da RI. A tónica dominante nos custos operacionais é coerente com as opiniões defendidas pelos principais intervenientes sobre a inovação em RI como um empreendimento viável para facilitar o aumento do financiamento de potenciais doadores. Este ponto de vista é coerente com as compulsões atitudinais do novo gerencialismo, que visam a obtenção de dinheiro. A implicação disto, tanto para a investigação como para a prática, é que a atenção dos académicos e dos profissionais se volta para outros factores sociais que podem determinar a inovação dos SI. Os estudiosos e os profissionais devem também ter em consideração todos os possíveis actores sociais e os seus pontos de vista quando decidem sobre os factores que determinam a inovação dos SI. Com base na literatura existente e em situações empíricas nas universidades em causa:

Proposição V: É provável que o custo de funcionamento das universidades na Nigéria (e noutros países em desenvolvimento) constitua um fator de barreira à inovação da RI.

3.8.6 **Questões de financiamento**

Embora as universidades contemporâneas tenham reagido de forma significativa aos desafios da transformação custo-benefício das universidades devido ao novo gerencialismo, as questões relacionadas com o financiamento continuam a ser um grande desafio. As universidades dos países em desenvolvimento são constantemente confrontadas com a questão do financiamento. A redução do financiamento dos governos significa que se espera que as universidades assumam a procura de fundos como parte das suas responsabilidades (Guerroro, *et al.*, 2015; Okebukola, 2015; Phillips & Olson, 2015; Akalu, 2014; Erinosho, 2013/2014). Invariavelmente, a questão dos fundos disponíveis para as universidades tem sido atribuída principalmente à redução das subvenções governamentais (Etzkowitz & Zhou, 2017; Akalu, 2014). Há também questões sociais que impedem as universidades públicas de tomar medidas que lhes permitam aumentar os fundos que obtêm através dos pagamentos efectuados pelos estudantes e outras partes interessadas (Oyelaran-Oyeyinka & Adebowale, 2017; Eze, *et al.*, 2013; Amuwo, 2000). O sindicalismo, as forças de mercado, a situação económica geral de um país e os esforços envidados pelas universidades para atrair fundos são alguns dos factores que intervêm na luta das universidades para enfrentar os desafios da escassez de fundos (Oyelaran-Oyeyinka & Adebowale, 2017; Okebukola, 2015; Odiagbe, 2012). A maioria dos comentadores faz referência ao papel do Banco Mundial no desenvolvimento da situação (Erinosho, 2013/2014; Jones, 2007; Comissão Europeia, 2005; Psacharopoulous & Patrinos, 2002).

A literatura existente limita-se aos efeitos diretos da escassez de fundos, como a redução da capacidade das universidades para proporcionarem um ambiente propício ao ensino e à aprendizagem (Okuwa & Campbell, 2017; Chevers, *et al.*, 2016). Outras consequências incluem a incapacidade de fornecer instalações TIC adequadas para apoiar o ensino, a aprendizagem, a investigação, a gestão e a administração (Olatokun, 2017; Ehikhamenor, 2003), a perda de moral e de motivação entre o pessoal das universidades (Bentley, *et al.*, 2013; Hudu, 2000). Estes desafios são profundos nos países em desenvolvimento que enfrentam uma redução do financiamento governamental às universidades devido à diminuição dos orçamentos anuais para a educação (Tilak, 2015; Altbach, 2013). Na literatura sobre ISDC, os efeitos da escassez de fundos na inovação dos

SI nos países em desenvolvimento têm sido abordados de várias perspectivas. Estas incluem os estudos que abordaram o fosso digital e do conhecimento e concluíram que o principal fator que os promove é a escassez de fundos (Arocena, *et al.*, 2015; Venkatesh & Sykes, 2013). O estudo corrobora os conhecimentos da literatura existente sobre a forma como o financiamento insuficiente resulta em fracasso e inovação incompleta dos SI. Além disso, este estudo alarga os conhecimentos existentes, mostrando como as questões sociais de maior dimensão resultam em questões de financiamento que determinam a inovação das RI. Por exemplo, as conclusões deste estudo destacam o impacto da condição fiscal/monetária da economia nacional no financiamento governamental da educação.

A taxa das propinas cobradas pelas universidades privadas e o poder económico dos estudantes potenciais e dos estudantes actuais foram também identificados como factores que conduzem a desafios de financiamento que, por sua vez, determinam a inovação das RI. A isto junta-se o efeito do sindicalismo, das políticas governamentais e das pressões políticas dos partidos da oposição que impedem as universidades de iniciarem novos regimes de propinas. A conclusão deste estudo implica que, nos países em desenvolvimento, uma vasta gama de questões sociais, para além da pobreza vivida por estes países, contribui para os desafios de financiamento que afectam negativamente a inovação em matéria de SI. Descreve a influência de três categorias de actores sociais, nomeadamente, associados, contemporâneos e sucessores, no financiamento das universidades em causa (Zhao, 2004; Schutz & Luckmann, 1989). As actividades dos sindicatos de estudantes e do pessoal são bons exemplos do papel dos associados. Os papéis dos políticos e dos governos na projeção dos regimes de propinas das universidades públicas são um bom exemplo dos papéis dos contemporâneos. As decisões dos futuros estudantes de se inscreverem ou não em universidades privadas devido aos regimes de propinas mostram como os sucessores podem ter impacto nas escolhas de decisão das organizações. Estas conclusões justificam a necessidade de os académicos e os profissionais considerarem todos os possíveis actores sociais quando trabalham para identificar possíveis factores que influenciam a inovação dos SI. Tendo em conta esta realidade e as realidades contidas na literatura existente:

Proposição VI: É provável que as questões de financiamento constituam factores de barreira à inovação em RI nas universidades da Nigéria (e de outros países em desenvolvimento).

As principais disciplinas de SI e ISDC são caracterizadas por estudos que avaliam os factores de inovação dos SI em grandes organizações. As grandes organizações têm o desafio adicional de ter unidades que podem ser consideradas organizações independentes. Por exemplo, em Ngwenyama & Nielsen (2014) e Iversen *et al.* (2004), as organizações avaliadas são as que fazem parte de grandes organizações. As universidades são também grandes organizações que têm várias unidades que poderiam ser consideradas organizações independentes. Por exemplo, neste estudo, as universidades do caso têm várias unidades que funcionam de forma independente, apesar de serem controladas por uma única autoridade central. As bibliotecas universitárias são bons exemplos de unidades em grandes organizações que podem ser estudadas de forma independente. Existe uma subdisciplina na disciplina de LIS que se dedica ao estudo das bibliotecas universitárias (Wachira & Onyancha, 2016; Eze & Uzoigwe, 2013; Virkus & Metsar, 2004). Os académicos desta subdisciplina correm o risco de dar por garantida a influência das ocorrências em toda a universidade nas operações das bibliotecas universitárias e na inovação dos SI no seu seio. Este estudo revela de que forma a cultura de aquisição de livros, resultante da oferta de livros por parte de bibliotecas universitárias estrangeiras, influenciou a inovação em RI nas universidades em causa. Embora estudos anteriores tenham demonstrado os efeitos negativos da cultura de ofertas de livros nas bibliotecas universitárias, o impacto na inovação em RI não foi identificado (Sturges, 2014; Edem, 2010; Buis, 1991). Na literatura de RI, particularmente no género que poderia ser denominado género de país em desenvolvimento, os factores de barreira à inovação em RI não foram associados à cultura de oferta de livros (Utulu & Akadri, 2014; Nwagwu, 2013; Wyk & Mostert, 2011; Ghosh & Das, 2007; Chan & Costa, 2005). Em parte, isto deve-se ao facto de os desafios associados à cultura de oferta de livros terem sido analisados independentemente dos contextos sociais mais amplos que a desencadearam, por um lado. Além disso, os académicos de LIS que se aventuraram a estudar os efeitos da cultura da oferta de livros nas bibliotecas universitárias apenas a avaliaram na perspetiva das aquisições de livros (Edem, 2010) e não investigaram os seus efeitos noutros aspectos dos serviços de informação das bibliotecas, como a inovação das RI. Esta revelação tem fortes implicações na investigação em SI que visa avaliar a inovação em SI em organizações que fazem parte de organizações maiores. Mostra a limitação de avaliar organizações que fazem parte de organizações maiores independentemente das ocorrências na grande organização (Ngwenyama & Nielsen, 2014; Iversen, *et al.*, 2004). Este estudo também torna claro como as ocorrências globais podem ter impacto na inovação dos SI em organizações (por exemplo, bibliotecas universitárias) que fazem parte de organizações maiores (por exemplo, universidades), em consequência da forma como as organizações maiores se relacionam com as ocorrências globais. Este estudo destaca uma suposição radical feita até à data sobre a validade dos estudos sobre SI que não consideraram contextos maiores ao avaliar os factores de inovação dos SI (Light & Howcroft, 2010; Lyttinen & Newman, 2008; Orlikowski, 2006). Expande a atenção das partes interessadas para além dos factores institucionais que são desencadeados por ocorrências em contextos locais (Badewi & Shehab, 2016; Keohane & Martin, 2014; Linderoth, 2014; Jensen, *et al.*, 2009). É possível obter informações mais convincentes sobre a inovação em SI quando os académicos de SI consideram o impacto de eventos em contextos globais, locais e organizacionais. Consequentemente, dada a revelação obtida neste estudo e os insights da literatura existente:

> *Proposição VII: A cultura da oferta de livros, que emana das tendências da globalização, é suscetível de constituir uma barreira à inovação das RI nas universidades da Nigéria.*

Uma questão comum aos estudos de SI que avaliam o pessoal na inovação de SI é que eles apenas se concentram em factores dentro das organizações. De facto, Yeoh & Popovic (2016) concluíram o seu estudo sugerindo que "*...os factores organizacionais desempenham o papel mais crucial na determinação do sucesso da implementação de um sistema de BI. Por conseguinte, as partes interessadas no BI devem dar prioridade à dimensão organizacional antes de outros factores* ***(p. 1)"***. Esta conclusão nega as conclusões deste estudo sobre o papel relativo da insuficiência de pessoal na inovação do RI nas universidades do caso. Na investigação sobre SI, os estudos sobre o pessoal na implementação bem sucedida de SI são pouco frequentes. Entre os académicos que avaliaram o efeito do pessoal na inovação dos SI contam-se Niederman, *et al.*, (1991), Harmon & Anderson (2003) e Xia & Lee (2005). A disciplina ISDC também tem académicos que identificaram o impacto do pessoal na inovação dos SI nos países em desenvolvimento (Avgerou, 2010; 2008; Sahay & Walsham, 2006). Exemplos de um estudo recente sobre SI que avaliou o papel do pessoal na inovação dos SI incluem Yeoh & Popovic (2016), Pham, *et al*, (2016) e Owusu, *et al.*, (2017).

As propostas sobre o impacto do pessoal nas bibliotecas universitárias feitas pelos académicos da disciplina de SI são semelhantes às dos académicos da disciplina de LIS. Assim, as questões relativas ao pessoal nas bibliotecas universitárias surgiram com as transformações dramáticas que as bibliotecas universitárias começaram a registar na era moderna. Os académicos da disciplina de LIS, como Moore-Field & Lang (2015), Gremmels (2013) e Bank & Pracht (2008), contribuíram para expor o papel do pessoal no desempenho das bibliotecas universitárias. Identificam o crescimento do número de utilizadores e de disciplinas académicas, a explosão da informação e os desafios modernos enfrentados pelas bibliotecas universitárias como condições que promovem desafios em termos de pessoal. Identificaram os factores com base na sua análise dos desafios internos enfrentados pelas bibliotecas universitárias, sem ter em conta os desafios devidos a factores da universidade como um todo e externos à universidade. Os resultados deste estudo elucidam que a abordagem dos desafios de pessoal na inovação dos SI a partir da perspetiva de ocorrências com/dentro das organizações tem limitações profundas. Estas limitações são corrigidas pela inclusão das tendências da globalização (novo gerencialismo: retornos sobre o investimento/iniciativas orientadas para o lucro/análise custo-benefício) e das transformações organizacionais nas universidades no passado recente (em resultado dessas tendências) na análise das questões de financiamento que conduziram à insuficiência de pessoal. Este estudo mostra que os factores externos podem desencadear problemas de pessoal que influenciam a inovação dos SI nas organizações. Por conseguinte, é preciso ter cuidado ao concluir que os factores organizacionais são os principais factores que determinam os desafios de pessoal que afectam a inovação dos SI.

Este estudo chama a atenção das partes interessadas para os factores extra-organizacionais que têm impacto na inovação dos SI. Salienta a dependência das organizações (por exemplo, bibliotecas universitárias) das políticas de pessoal das suas organizações-mãe (por exemplo, universidades) quando determinam o seu pessoal. Além disso, mostra que factores externos às organizações-mãe influenciam as suas escolhas de decisão sobre o pessoal e outras questões. Consequentemente, com base nos conhecimentos disponíveis na literatura existente e nos derivados dos contextos empíricos deste estudo:

> *Proposição VIII: A insuficiência de pessoal é suscetível de constituir uma barreira à inovação nas universidades da Nigéria (e de outros países em desenvolvimento).*

Na disciplina de SI, a estrutura organizacional e os seus efeitos na inovação dos SI são levados muito a sério. Dado que a estrutura organizacional determina os valores da organização, os códigos de conduta operacionais, os papéis dos actores, as linhas de autoridade, a supervisão e as linhas de comunicação (Ashkenas, *et al.*, 2015; Fiedler &

Welpe, 2010), alguns estudos de SI que avaliaram o papel do apoio da gestão na inovação dos SI também investigaram o papel da estrutura organizacional na inovação dos SI (Lee, *et al.*, 2016; Liu, *et al.*, 2015; Ngwenyama & Nielsen, 2014). Os pressupostos sobre a importância do apoio da gestão à inovação dos SI sugerem que a gestão é suscetível de usar a autoridade e o poder que lhe são conferidos através da estrutura organizacional para incentivar ou coagir os actores organizacionais a participar e apoiar a inovação dos SI (Avgerou & McGrath, 2007; Willcocks, 2004). O poder, as linhas de autoridade e a supervisão ditados pela estrutura organizacional são, portanto, importantes para a inovação dos SI. A literatura sublinha a necessidade de os inovadores de SI aproveitarem o apoio para facilitar a realização dos seus objectivos de inovação de SI (Feng, *et al.*, 2016; Lee, *et al.*, 2016). Apesar da importância das estruturas organizacionais para o sucesso da inovação em SI, ainda há muito a ser feito pelos académicos de SI para fornecer uma visão às partes interessadas sobre o seu papel na promoção ou restrição da inovação em SI.

O crescimento da utilização do planeamento de recursos empresariais e de outros tipos de software proprietário deu origem a estudos que se centram na adequação SI/organização, ou seja, na medida em que um SI se adapta à estrutura e às operações organizacionais (Nwankpa, 2015; Livari, 1992; Raymond, 1990). Os resultados destes estudos revelam a importância de conceber um SI que se adapte à estrutura e às operações da organização. Nesta classe de estudos sobre SI, a estrutura organizacional fornece o quadro para a conceção de SI que é capaz de fornecer uma plataforma para os actores organizacionais se relacionarem uns com os outros e realizarem operações organizacionais. Nas organizações que adoptam uma estrutura organizacional hierárquica, os gestores intermédios desempenham frequentemente o papel de guardiões da comunicação entre os funcionários de nível inferior e a gestão de topo. O EPR e outros tipos de software proprietário são concebidos para facilitar a implementação das estruturas e operações organizacionais das organizações. A medida em que são bem-sucedidos nesse objetivo é considerada como a medida em que os inovadores de SI são capazes de alcançar a adequação SI/organização (Yeoh & Popovic, 2016; Nwankpa, 2015; Livari, 1992). Os estudiosos de SI que se concentram no planeamento de recursos empresariais examinam até que ponto esse software facilita a implementação da estrutura e das operações organizacionais. Isto é diferente de avaliar o impacto da estrutura organizacional existente na inovação dos SI na/da organização.

Nas bibliotecas das universidades em causa, a inovação em matéria de RI foi condicionada pela comunicação entre os funcionários subordinados e os bibliotecários diretores. Dado que os bibliotecários académicos são gestores de nível intermédio, os bibliotecários paraprofissionais que tratam das operações de RI tinham de receber e/ou transmitir as suas comunicações através dos chefes das unidades e divisões. Além disso, a estrutura organizacional hierárquica também impediu a existência de linhas de comunicação horizontais durante a inovação das RI e, consequentemente, reduziu o grau de comunicação entre unidades/departamentos durante a inovação das RI. Este facto constituiu uma barreira ao recrutamento do apoio necessário para implementar com êxito as RI em unidades/departamentos cujas responsabilidades principais não eram a inovação das RI. Na disciplina dos SI, os desafios ao recrutamento de apoio para a inovação dos SI entre as partes interessadas não foram totalmente explicados do ponto de vista da estrutura organizacional. Embora muitos estudos sobre SI tenham abordado questões sobre o motivo pelo qual as partes interessadas podem não participar na inovação dos SI, nenhum desses estudos (por exemplo, Yeoh & Popovic, 2016; Nwankpa, 2015; Livari, 1992) detalha o papel da estrutura organizacional no recrutamento da participação. A implicação disto é que as formas como a estrutura organizacional intervém na inovação dos SI permanecem em grande parte desconhecidas dos académicos e profissionais dos SI.

Na disciplina de inovação em RI, os académicos têm prestado atenção ao impacto das estruturas internas (organizacionais e sociais) das universidades no sucesso da inovação em RI. Muito do que é investigado na disciplina de RI e que é semelhante às conclusões deste estudo diz respeito ao papel da relação departamental na inovação das RI. Os académicos de RI têm sublinhado o papel das relações entre as bibliotecas universitárias e as unidades de TI na inovação das RI (Utulu & Akadri, 2014; Shearer, 2013; 2003; Westell, 2006). Uma nova revelação deste estudo é que o impacto das bibliotecas universitárias e das unidades de TI na inovação em RI depende das estruturas organizacionais das bibliotecas. Por outras palavras, os resultados das comunicações *entre **departamentos*** dependem da eficiência das linhas de comunicação intra-organizacionais. Os académicos e os profissionais da disciplina de SI devem, portanto, considerar o potencial impacto das comunicações ***intra-organizacionais*** nas relações ***inter*** departamentais durante a inovação dos SI. Em consequência dos conhecimentos adquiridos na literatura existente e dos derivados dos contextos empíricos do estudo:

Proposição IX: A estrutura organizacional hierárquica é suscetível de constituir uma barreira à inovação das RI nas universidades da Nigéria (e de outros países em desenvolvimento).

O diagrama abaixo mostra a relação entre os factores de barreira à inovação das RI que podem ocorrer em contextos institucionais.

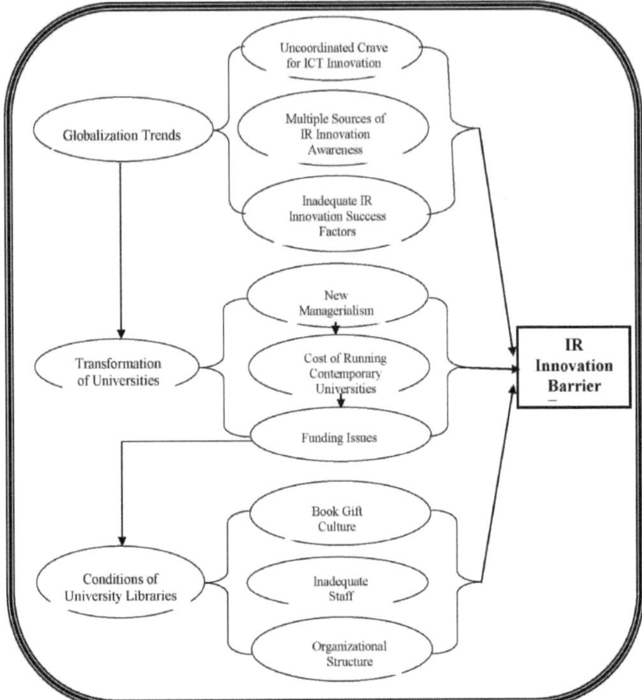

Figura 3.1: Dinâmica dos Factores de Barreira à Inovação das RI a nível Institucional

3.9 Conclusão

No início deste estudo, o meu objetivo era descobrir novos factores de barreira à inovação dos SI através da análise da inovação dos SI em três universidades. Parti do princípio de que os factores de barreira à inovação dos SI identificados na literatura existente não são suficientes para que as partes interessadas possam dar conta dos desafios da inovação dos SI nos países em desenvolvimento contemporâneos. As condições decepcionantes da inovação em RI na Nigéria constituíram a motivação para este estudo. A questão de investigação era a seguinte: quais são os obstáculos à inovação em RI nas universidades nigerianas e como é que esses obstáculos evoluíram? A abordagem de investigação indutiva interpretativa e a técnica de amostragem em bola de neve foram implementadas para que eu pudesse ser um participante no processo de investigação e para que as populações da amostra fossem diretamente relevantes para o objetivo do estudo. O estudo confirma a força da abordagem de investigação indutiva interpretativa e da técnica de amostragem bola de neve na obtenção de novos conhecimentos sobre os fenómenos de inovação dos SI. As questões-chave sobre a influência das tendências da globalização, as transformações recentes nas universidades em resultado dessas tendências e as condições das bibliotecas universitárias na inovação das RI nas universidades foram reveladas, mostrando como os factores a nível institucional determinam a inovação dos SI a nível organizacional e individual nos países em desenvolvimento. Este estudo apresenta uma perspetiva inteiramente nova sobre a razão pela qual a inovação dos SI está constantemente a ser dificultada nas universidades dos países em desenvolvimento. Os factores de barreira à inovação dos SI que estão relacionados com o efeito combinado das tendências da globalização, a transformação das universidades e as condições das organizações não foram identificados anteriormente. O resultado do estudo aponta para as limitações da utilização de uma única posição teórica para avaliar a inovação dos SI. Destaca a importância de induzir a teoria a partir dos dados recolhidos sem a influência das teorias existentes. É imperativo que os estudiosos dos SI desenvolvam novas perspectivas teóricas que sejam derivadas do contexto. Neste estudo, cumpriu-se o objetivo de obter novos factores de barreira à inovação dos SI relevantes tanto para a teoria como para a prática da inovação dos SI nos países em desenvolvimento. Foi respondida a questão de saber o que constitui um novo fator de barreira à inovação dos SI nas universidades dos países em desenvolvimento. As lógicas institucionais, as orientações tradicionais de gestão universitária e os factores de barreira paradoxais, identificados no Estudo 2 como factores que afectam a inovação em RI nas universidades do caso, mostraram neste estudo que são promovidos por entidades que não se limitam ao ambiente local, mas que também existem em ambientes internacionais globais.

Capítulo 4: Estudo empírico 2

Avaliação a nível organizacional

Lógicas institucionais, adesão a orientações tradicionais de gestão universitária e factores de barreira do paradoxo como factores que afectam a inovação em RI

Resumo

Foi utilizada uma abordagem de investigação indutiva para realizar este estudo, porque se partiu do princípio de que existem factores de inovação clandestina que afectam a inovação das RI a nível organizacional. Foi utilizada a técnica de amostragem "bola de neve" para identificar os académicos, o pessoal administrativo, o pessoal das TIC e os bibliotecários que foram incluídos na amostra. A observação participativa e a entrevista aprofundada foram utilizadas como técnicas de recolha de dados qualitativos. Os resultados obtidos através da observação participativa e da entrevista aprofundada conduziram à recolha de dados secundários extraídos dos manuais do pessoal, dos manuais de investigação e publicação e dos sítios Web oficiais das universidades e da chave. A técnica de análise temática dos dados foi utilizada para analisar os dados recolhidos no estudo. As conclusões do estudo indicam que as lógicas institucionais existentes, a adesão às orientações tradicionais de gestão universitária e os factores de barreira paradoxais afectam negativamente a inovação das RI. As conclusões do estudo indicam que as universidades do caso e, por extensão, as universidades dos países em desenvolvimento com antecedentes sociotécnicos semelhantes precisam de identificar cuidadosamente o modo como as partes interessadas dentro e fora das universidades afectam a inovação em RI. Especificamente, o estudo contribui para as seguintes disciplinas: sistemas de informação em países em desenvolvimento, implementação de SI e inovação em RI.

Palavras-chave: Sistemas de Informação em Países em Desenvolvimento; Inovação em RI; Implementação de SI; Lógicas Institucionais; Memória Organizacional

Tudo o que sempre quiseste está do outro lado da terra - George Addair

4.1 Introdução

Uma organização é definida como um grupo pré-estabelecido de pessoas que trabalham para atingir um objetivo definido. Exemplos de organizações incluem universidades, organizações empresariais (com fins lucrativos), governos, organizações não governamentais e intergovernamentais e empresas sem fins lucrativos. Daft (2004) definiu as organizações como (1) entidades sociais que (2) são orientadas para um objetivo (3) são concebidas para ter sistemas de atividade deliberadamente estruturados e coordenados, e (4) estão ligadas ao ambiente externo (Daft, 2004: p. 11). Pelo facto de as organizações terem estas caraterísticas, são confrontadas com diferentes lógicas institucionais, ou seja, as regras que criam e que dão sentido às realidades (Dacin, *et al.*, 2002). Assim, as lógicas institucionais são normas, crenças e valores assumidos. Todas as organizações, incluindo as universidades, confrontam-se com lógicas institucionais que determinam a forma como constroem socialmente e dão sentido à realidade (Daft, 2004; Thornton, 2004). Isto torna necessário que as organizações que esperam ganhar legitimidade e atingir os seus objectivos dominem as lógicas institucionais prevalecentes nos ambientes em que operam (Jay, 2013; Morgan, 1997). Na realidade, o que se passa nas universidades é determinado pelas lógicas institucionais que adoptam, quer por sua própria iniciativa, quer por força (Akalu, 2014).

Existe uma quantidade insuficiente de investigação empírica sobre o efeito das lógicas institucionais nos resultados das realidades de inovação em SI e RI nas universidades. Os estudos sobre inovação em RI não têm prestado atenção às lógicas institucionais nas suas avaliações dos factores que determinam a inovação em RI nas universidades (por exemplo, Abrizah, *et al.,* 2010). No âmbito da disciplina de estudos organizacionais, onde a atenção se centra mais na lógica institucional, tem havido poucos estudos relativamente à inovação em SI e RI (por exemplo, Bruns, 2013; Lok & de Rond, 2013). Isto significa, essencialmente, que há uma escassez de estudos que avaliem a forma como os três tipos de lógicas institucionais, nomeadamente, as lógicas institucionais sociais, comerciais e híbridas, têm impacto na inovação dos SI nas universidades. Os estudos realizados sobre a inovação dos SI nas universidades têm persistentemente ignorado factores sociais importantes. Neste estudo, são revelados os papéis dos três tipos de lógicas institucionais na interpretação das realidades de inovação dos SI pelas universidades do caso. O estudo mostra que a avaliação dos tipos de lógicas institucionais utilizadas para interpretar as realidades da inovação em RI nas universidades é muito importante para o sucesso da inovação em RI.

O estudo teve em conta na sua avaliação o impacto de diferentes organizações, nomeadamente as que detêm, colaboram, regulam, competem e prestam serviços às universidades, nos tipos de lógicas institucionais adoptadas pelas universidades em causa durante a inovação das RI. Algumas dessas organizações incluem a Comissão Nacional de Universidades (NUC), o Fundo Fiduciário para o Ensino Superior (TET Fund), organizadores de conferências, editores comerciais, agências de classificação, governo, organismos religiosos, fundações e agências de financiamento. O Fundo TET, por exemplo, foi criado pelo Governo Federal da Nigéria (GFN) como um fundo/agência de intervenção ao abrigo da Lei do Fundo TET de 2011. Está mandatado para administrar fundos públicos para investigação, bolsas de estudo e viagens académicas. O NUC foi também criado pelo GFN com a diretiva de regular o ensino universitário na Nigéria. A adoção de lógicas institucionais promovidas por estas organizações resultou nos factores de barreira que impedem a inovação em RI nas universidades em questão. No entanto, os académicos de RI não prestaram atenção à forma como as lógicas institucionais promovidas por estas organizações afectam a inovação em RI. Por exemplo, a adoção da lógica institucional social levou à adoção de orientações tradicionais de gestão universitária pelas universidades do caso. Ao adoptarem orientações de gestão tradicionais, as universidades do caso (independentemente de serem públicas ou privadas) funcionaram como sistemas fechados e aderiram à filosofia da cidade e da cidade. A filosofia de cidade e cidade promove a noção de que as comunidades universitárias são diferentes e separadas das comunidades que as rodeiam (Gavazzi, *et al.*, 2014; Bruning, *et al.*, 2006). As orientações tradicionais de gestão também apoiaram uma cultura de publicação de acesso fechado que nega as filosofias da iniciativa de RI de acesso aberto. No passado, os académicos de RI identificaram a adesão às orientações tradicionais de gestão como uma barreira à inovação em RI (Abrizah, *et al.*, 2010; Davis & Connolly, 2007). No entanto, não demonstraram as ligações entre as lógicas institucionais, as orientações tradicionais de gestão e a inovação das RI.

As universidades do caso debatem-se com as lógicas institucionais que, embora não intencionalmente, trabalham contra a inovação em RI. Uma vez que as lógicas institucionais determinam as realidades de inovação em RI socialmente construídas, as filosofias derivadas dessas lógicas promovem conflitos que impedem a inovação em RI.

Os factores de barreira à inovação em RI, como o fornecimento de energia não fiável, o acesso inadequado à Internet e a escassez de fundos para a investigação, agravam ainda mais os desafios à inovação em RI. Os factores de barreira da inovação em RI paradoxais são assim designados porque existem apesar dos esforços feitos pelas universidades do caso para se tornarem universidades aclamadas internacionalmente. Este estudo mostra que os factores de barreira do paradoxo são socialmente construídos e oferece uma visão diferente da que sugere que o fornecimento de energia não fiável, o acesso inadequado à Internet e a escassez de fundos de investigação evoluem independentemente das acções humanas. O estudo dá resposta à seguinte questão de investigação: *Como é que as actividades de indivíduos e organizações fora do contexto universitário constituem barreiras à inovação em RI nas universidades nigerianas?*

4.2 Revisão da literatura

Uma forma importante de avaliar a eficácia de uma organização contemporânea é investigar até que ponto esta se relaciona com as exigências culturais dos ambientes empresariais em que opera (Daft, 2004; Morgan, 1997; Meyer & Rowan, 1977). Tais investigações contribuem para a evolução da teoria institucional e das suas duas tradições, nomeadamente, o velho institucionalismo e o neo-institucionalismo (Greenwood & Hinings, 1996). O grande corpo de trabalho produzido por estudiosos na disciplina da teoria neo-institucional coloca a questão de saber se as organizações são afectadas por lógicas institucionais (Bruns, 2013; Jay, 2013; Berkley & Tolbert, 1997). No entanto, os resultados deste estudo revelam que há mais a aprender sobre as lógicas institucionais e a inovação dos SI/TI. As universidades do caso são confrontadas com lógicas institucionais que evoluem como resultado das actividades de indivíduos e organizações que não fazem parte diretamente delas. As lógicas institucionais nas universidades dos casos promovem a adesão a orientações tradicionais de gestão universitária que, por sua vez, impedem a inovação em RI. Além disso, nas universidades dos casos, as lógicas institucionais foram instrumentais na construção social dos factores de barreira do paradoxo que também impedem a inovação em RI. Este estudo corrobora a noção de que, tal como outras organizações, as universidades são influenciadas por lógicas institucionais quando lidam com a inovação dos SI.

Apesar da importância das lógicas institucionais para uma organização bem-sucedida, os académicos das disciplinas que estudam os fenómenos organizacionais, incluindo a disciplina de SI, ainda não prestam atenção suficiente à forma como as lógicas institucionais determinam as realidades organizacionais. Vários estudos sobre SI prestaram atenção à relação entre eventos a nível individual e os resultados da inovação em SI nas organizações (por exemplo, Kudaravalli, *et al.*, 2017; Ngwenyama & Neilsen, 2014; Halloran, 2008; Orlikowski, 2006; Lamb & Kling, 2003). Os estudos que avaliaram o papel das lógicas institucionais sobre as realidades que envolvem a tomada de decisão nas organizações, incluindo as universidades, mostram que há espaço para mais investigação por parte dos académicos de SI. Um enfoque na influência das lógicas institucionais promovidas por eventos a nível organizacional na inovação em SI permitiria aos estudiosos de SI identificar mais factores de inovação em RI (e.g. Jay, 2013; Thornton, *et al.*, 2012; Meyers & Rowan, 1977). Esta consciencialização pode ter influenciado os estudos sobre SI em que os autores argumentam que as lógicas institucionais têm impacto na inovação dos SI (Sahay & Mukherjee, 2015; Linderoth, 2014; Sahay, 2006; Orlikowski & Barley, 2001). No entanto, o número de estudos que consideram as universidades como organizações que são moldadas por lógicas institucionais é decepcionantemente pequeno. Isto acontece apesar do facto de, tal como outras organizações, as universidades interessarem a várias disciplinas. Por exemplo, uma dessas disciplinas é a educação, que estuda as técnicas de ensino e de aprendizagem, os ambientes, a avaliação e as TI no domínio da educação (Dunleavy, Dede & Mitchell, 2009; Okebukola, 2006; Slaughter & Leslie, 1997). Infelizmente, a disciplina da educação não questionou a forma como as lógicas institucionais influenciam o ensino, a aprendizagem, a avaliação e a adoção de TI para a educação nas universidades.

Outra disciplina que contribuiu para o estudo das universidades é a disciplina da economia, nomeadamente a economia do desenvolvimento. Os economistas do desenvolvimento que estudam as universidades estão interessados em avaliar o papel do custo do ensino universitário na forma como os recursos económicos são gastos pelas sociedades. Estão interessados em analisar o valor e o custo do ensino universitário para os indivíduos e as sociedades. Tentam também propor os parâmetros que determinam quem deve suportar o custo do ensino universitário e de que forma isso pode ter impacto no desenvolvimento económico das sociedades (Psacharopoulos, 2014; Johnson & Wilkins, 2002; Krueger, 1999). Dado que as universidades são os principais produtores de mão de obra (e de empreendedores), os economistas do desenvolvimento tendem a assumir que a avaliação da capacidade de agregação de valor da mão de obra (e do empreendedor) é uma forma lógica de prever a ligação entre a produtividade económica e a educação universitária (Bloom, *et al.* 2014; Banco Mundial, 2010; Akabayashi & Naoi, 2004). A economia do desenvolvimento, através destes estudos, gera teorias que expõem o papel que as universidades desempenham no desenvolvimento das sociedades (Kruss, 2017; Phillips & Olson, 2015; Mollis & Marginson, 2002; Buchanan & Devletoglou, 1971). Um olhar crítico sobre as contribuições da economia do desenvolvimento para a compreensão das universidades como organizações mostra que a disciplina não tem feito muito para investigar o impacto das lógicas institucionais sobre as contribuições das universidades para o desenvolvimento das sociedades.

A disciplina dominante dos SI também contribuiu de alguma forma para o conjunto de conhecimentos existentes sobre as universidades. Os académicos de SI que estudam as universidades procuraram compreender o "quê", o "porquê" e o "como" da inovação dos SI nas universidades (por exemplo, Uwadia, *et al.*, 2010; Alavi, *et al.*, 1997). À semelhança de outras organizações que têm sido de interesse para os estudiosos dos SI, as universidades são principalmente conceptualizadas como um conjunto de crenças, normas e valores que podem ter impacto e/ou ser afectados pela inovação dos SI (Ngwenyama & Morawczynski, 2009; Lamb & Kling, 2003; Alavi, *et al.*, 1997). Os estudos existentes sobre instituições e inovação em SI adoptam o velho institucionalismo e, portanto, defendem a ideia de que as lógicas institucionais são produtos de uma única organização, ou seja, a organização em avaliação. Devido à lacuna existente no conhecimento dos factores que determinam a inovação dos SI nas universidades dos países em desenvolvimento, a disciplina ISDC tem continuado a esforçar-se por contribuir para esta área do conhecimento. Isto deve-se ao facto de vários estudos realizados por organizações e indivíduos indicarem consistentemente que as universidades são cruciais para o desenvolvimento dos países em desenvolvimento (Ezema, 2013; Nwagwu, 2013; Hansen & Lehmann, 2006; Chan & Costa, 2005). Os académicos da ISDC estão interessados em saber como os SI podem aumentar ainda mais as capacidades das universidades para promover o desenvolvimento (Walsham, 2017; Ngwenyama *et al.*, 2006). Embora os poucos estudos da ISDC que identificaram o papel das lógicas institucionais na inovação dos SI nas universidades pareçam argumentar que as lógicas institucionais evoluem devido a eventos a nível organizacional, os seus argumentos apontam mais para o papel das relações intra-organizacionais. Consequentemente, o atual conjunto de conhecimentos sobre a influência das lógicas institucionais na inovação dos SI nas universidades dos países em desenvolvimento é inadequado.

Um fluxo semelhante de investigação foi também efectuado na disciplina de bibliotecas e ciências da informação (LIS). A principal preocupação dos académicos de

LIS que se centram nas universidades são as bibliotecas universitárias. Os seus estudos incidem principalmente sobre a relação entre as bibliotecas universitárias e os membros das comunidades universitárias (por exemplo, Rubin, 2017). Concentram-se na avaliação dos requisitos de gestão da informação das comunidades universitárias, considerando a forma como as bibliotecas universitárias podem melhorar os seus mandatos para identificar, selecionar, adquirir, organizar, disseminar e conservar e preservar a informação necessária aos membros das comunidades universitárias para desempenharem as suas funções estatutárias (Abrizah, *et al.*, 2010; Kim, 2010). Embora as lógicas institucionais possam afetar a forma como as bibliotecas universitárias prestam serviços de informação aos membros das comunidades universitárias, os académicos de LIS não lhes têm prestado atenção. Os estudos realizados que envolvem editores comerciais, livreiros e outras organizações não analisaram a forma como as relações que as bibliotecas universitárias mantêm com estas organizações evoluem para lógicas institucionais (Vasileiou, *et al.*, 2012).

Quando a RI foi inventada, os académicos que a promoveram consideraram simplesmente que deveria ser gerida pelo pessoal de gestão da informação das bibliotecas universitárias (Shearer, 2003; Smith *et al.*, 2003; Harnad, 2001). De facto, Smith *et al.* (2003) afirmam que o software de inovação DSpace IR foi desenvolvido por uma equipa que incluía programadores de software e bibliotecários. Ao longo dos anos, portanto, os académicos e profissionais de LIS têm assumido o papel principal quando se trata de implementar e estudar a inovação em RI nas universidades (Pinfield, 2015; Burns, Lana & Budd, 2013; Oduwole, 2013; Ezema, 2013; Bosch & Harnad, 2005; Broody & Harnad, 2005). Os principais temas abordados nos estudos sobre a inovação das RI são a aceitação, a perceção e a eficácia das RI e a forma como os diferentes ramos das comunidades universitárias, em especial os académicos, reagem às mesmas (Abrizah, *et al.*, 2010; Davis & Connolly, 2007). Existem também estudos de RI que compararam a inovação das RI em diferentes universidades. Os estudos foram efectuados para avaliar a possibilidade de colaboração interuniversitária e as diferenças nas estratégias utilizadas por diferentes universidades (Zaid & Okiki, 2014; Palmer, *et al.*, 2008). Dado que a maioria dos estudos de RI carece do tipo de avaliação que expõe as lógicas institucionais, Kennan & Wilson (2006) aconselharam a necessidade de os académicos de SI desenvolverem um interesse mais profundo no estudo dos fenómenos de inovação em RI. Kennan e Wilson argumentam que é provável que os estudiosos de SI alarguem o âmbito dos estudos de inovação em RI para incluir a avaliação de factores relacionados com organizações relevantes que estão fora das universidades. Uma revisão dos temas atualmente estudados pelos académicos de RI mostra que alguns estudos de RI parecem abordar factores externos que surgem durante a inovação em RI (Ojstersek, *et al.*, 2014; Zaid & Okikit, 2014; Paul, 2012). Estes estudos abordaram questões como a colaboração das universidades e os regimes políticos que são postos em prática pelo governo e pelas universidades. No entanto, é apenas através da avaliação crítica destes estudos que se verifica que o papel das lógicas institucionais na inovação das RI não foi examinado (ver, por exemplo, Ukwoma & Mole, 2017; Zaid & Okiki, 2014; Abrizah, *et al.*, 2010; Ahmed, 2007).

As revelações derivadas deste estudo mostram que as experiências de inovação em RI das universidades do caso foram informadas pelas lógicas institucionais que elas usaram para dar sentido às realidades de inovação em RI. Estas revelações estão em linha com as noções postuladas em estudos que abordam a forma como as lógicas institucionais afectam as acções tomadas nas organizações (por exemplo, Thornton, *et al.*, 2012; Zhao, 2004; Schutz & Luckmann, 1989; Armacost, 1985; Meyer & Rowan, 1977). Consequentemente, embora pareça haver espaço para aproveitar as actividades de algumas organizações-chave para apoiar a inovação em RI através de uma revisão das lógicas institucionais promovidas por estas organizações, esta oportunidade ainda não foi aproveitada. Por exemplo, nos últimos anos, tem havido muito clamor em relação à implementação do requisito obrigatório de depositar todos os estudos de investigação financiados com fundos públicos em RI (Choi & Kim, 2017; Pinfield, 2015; Ferreira, *et al.*, 2008; Sale, 2005). Este facto indica a existência de uma oportunidade fundamental para promover a inovação em RI nas universidades do caso, através do Fundo TET e do NUC. Na Nigéria, embora o financiamento público para a investigação seja escasso, o Fundo TET apoia estudos de investigação, participação em conferências e bolsas de estudo para programas académicos completos e programas de intercâmbio locais e no estrangeiro para funcionários selecionados de instituições terciárias públicas nigerianas. O Fundo TET tem, portanto, potencial para promover a inovação em RI na Nigéria, tornando obrigatório que os académicos que beneficiam dos seus fundos depositem os resultados dos seus estudos no RI das suas universidades. Isto contribuiria em muito para melhorar a participação dos académicos na inovação das RI. O Fundo TET pode também tornar obrigatório que as universidades públicas nigerianas inovem as RI para que o seu pessoal académico possa ser considerado para financiamento.

O NUC também tem o potencial de influenciar as universidades a adoptarem a inovação em RI. Historicamente, o NUC tem desempenhado papéis vitais que determinam as tendências de inovação em RI nas universidades nigerianas. No entanto, não capitalizou a sua influência ao incorporar nos seus requisitos de acreditação a propriedade obrigatória de RI. Os requisitos de acreditação de programas da NUC incluem o número de revistas académicas adquiridas para programas académicos. Segue-se logicamente que os recursos de RI devem ser considerados à luz da sua capacidade de promover o acesso a artigos académicos e facilitar a acreditação de vários programas académicos. Consequentemente, este estudo revela questões importantes relacionadas com a forma como o NUC e o Fundo TET teriam tido um impacto positivo na inovação das RI na Nigéria devido às lógicas institucionais que promovem. Os estudos disponíveis sobre RI têm-se concentrado persistentemente em ocorrências e factores no seio das universidades (por exemplo, Utulu & Akadri, 2014; Oduwole, 2013; Kim, 2010; Westell, 2006; Broody & Harnad, 2005). Um estudo de Zaid & Okiki (2014), no entanto, uma ligeira variação dos estudos que se basearam inteiramente na avaliação de factores dentro de universidades específicas, avaliou como a colaboração entre duas universidades pode promover a inovação em RI. Para que a comunidade de RI considere as organizações fora das universidades como potencialmente complementares à inovação em RI e promova essa visão através das lógicas institucionais, as universidades devem primeiro ser conscientizadas de como as orientações tradicionais de gestão influenciam suas perspectivas de outras organizações. As orientações tradicionais de gestão nas universidades propagam a noção de "cidade e cidade" e a visão de que as universidades são sistemas fechados.

A auto-perceção das universidades como sistemas fechados encoraja a assunção de que as organizações externas têm pouco a contribuir para a consecução dos seus objectivos. Como tal, assumem que o modelo tradicional de publicação de acesso fechado é a forma de disseminar o conhecimento científico (Abrizah, *et al.,* 2010; Jantz & Wilson, 2008; Davis & Connolly, 2007). Os resultados deste estudo mostram que as lógicas institucionais, as orientações tradicionais de gestão universitária e os factores de barreira paradoxais à inovação em RI estão interligados. Os factores de barreira do paradoxo da inovação em RI incluem o fornecimento não fiável de energia, o acesso limitado à Internet e a escassez de fundos para apoiar a investigação. No passado, os académicos salientaram o papel destes factores na inovação em RI, mas não os consideraram como factores de barreira à inovação em RI paradoxal (Nwagwu, 2013; Ahmed, 2007). Em vez disso, estes factores de barreira eram vistos como eventos e não como realidades que resultam de processos sociais criados pelo homem. Este estudo mostra os processos através dos quais os indicadores de paradoxo dos factores de barreira à inovação em RI evoluem como resultado da lógica institucional que as universidades do caso utilizaram para interpretar as realidades da inovação em RI e o impacto da adesão às orientações tradicionais de gestão na sua interpretação dos modelos de publicação de acesso aberto e fechado. O estudo mostra sucintamente que os factores de barreira do paradoxo identificados são socialmente construídos.

Tendo em conta os argumentos apresentados até agora, os académicos que tentam estudar o papel das lógicas institucionais na inovação das RI deparam-se com três questões: 1) a teoria neo-institucional torna-se relevante para o estudo e a interpretação dos fenómenos ocorridos durante a inovação das RI (Greenwood & Hinings, 1996; Meyers & Rowan, 1977). 2) uma vez que os estudiosos orientados para a posição teórica da lógica institucional se concentram principalmente na identificação de como as lógicas institucionais evoluem, as actividades das organizações fora das universidades tornam-se relevantes para avaliar a inovação das RI (Ocasio, Loewenstein & Nigam, 2015; Burns, 2013; Lok & deRond, 2013). 3) as duas questões acima enfatizam a necessidade de estudar o impacto das lógicas institucionais na inovação em RI (Jay, 2013; Menard, 2004). Estas três questões foram abordadas no presente estudo. Em primeiro lugar, o estudo mostra que a teoria neo-institucional é relevante para o estudo da inovação em RI. Em segundo lugar, o estudo revela como os indivíduos e as organizações fora das universidades contribuem para a criação de lógicas institucionais que determinam a inovação das RI. Em terceiro lugar, o estudo expõe novas realidades sobre a importância das lógicas institucionais para avaliar a forma como as ocorrências dentro das universidades evoluem.

4.3 Contextos organizacionais dos casos

As prioridades do NUC e do Fundo TET influenciam as lógicas institucionais das universidades do caso, que são depois utilizadas para interpretar as realidades de inovação das RI. As universidades do caso comprometeram a maior parte dos recursos disponíveis para providenciar as instalações e infra-estruturas necessárias para a acreditação dos programas académicos do NUC. Dado que as RI não fazem parte dos recursos necessários para a acreditação, a Universidade I e a Universidade II não afectaram recursos à inovação das RI. Na ausência de recursos, os responsáveis pela inovação em RI não puderam concretizar as suas aspirações de inovação em RI. Outro problema com que a Universidade I e a Universidade II se confrontaram no que respeita ao financiamento da inovação em matéria de RI é a legislação que torna ilegal o facto de beneficiarem de fundos recebidos do Fundo TET. O Fundo TET, por lei, só pode prestar apoio a universidades públicas. Por conseguinte, a Universidade I e a Universidade II podem não responder aos requisitos obrigatórios dos fundos públicos para depositar os resultados da investigação em RI. As orientações dos proprietários das universidades em causa também afectam a inovação em matéria de RI. Dado que a Universidade I é propriedade de um indivíduo, a ideologia do proprietário dominou a forma como foram tomadas as decisões no que respeita à inovação das TIC na universidade. A maioria das TIC que foram inovadas eram as que promoviam os objectivos e interesses do proprietário. Este é também o caso da Universidade II, que é propriedade de uma entidade religiosa. A Universidade II financiou projectos de desenvolvimento de TIC e de infra-estruturas susceptíveis de promover a sua ideologia religiosa mais facilmente do que a inovação em RI. Por exemplo, a universidade gastou cerca de oitocentos milhões de nairas para construir um salão para actividades religiosas. Por outro lado, a universidade não previu a construção de um complexo de bibliotecas, que é muito necessário para prestar melhores serviços de informação ao pessoal e aos estudantes, o que também afecta a sua inovação em matéria de RI. Na Universidade III, os projectos que foram prontamente financiados foram os que promovem a imagem do governo e a conformidade com os programas educativos do governo. Este facto condicionou a capacidade de a Universidade III decidir de forma independente os projectos a executar. Por exemplo, a universidade não dispõe de um complexo de bibliotecas nem de um complexo construído especificamente para a sua unidade de TIC. Embora as RI tenham sido inovadas na universidade, o seu crescimento continua a ser dificultado pelas políticas governamentais que limitam os recursos que a universidade pode afetar às RI. Por exemplo, não existe uma política que obrigue o Fundo TET a disponibilizar fundos para apoiar diretamente o crescimento da inovação em RI, ao passo que existe uma política que obriga o Fundo TET a disponibilizar fundos para a publicação de algumas revistas pelas universidades públicas da Nigéria. A consequência é o acesso limitado à Internet, o fornecimento de energia eléctrica pouco fiável e a escassez de fundos destinados a apoiar a investigação.

4.4 Método de investigação

4.4.1 Filosofia da investigação

Tal como o estudo um, este estudo é orientado pela filosofia de investigação do interpretivismo. Por outras palavras, parte do princípio de que não existe outra realidade para além da que é socialmente construída (Ngwenyama, 2014; Burrell e Morgan, 1979). A implicação disto é que os fenómenos identificados neste estudo são assumidos como sendo socialmente construídos, criados pelo homem e temporais (Saunders, *et al.*, 2009; Cavana, Delahaye e Sekaran, 2001; Weick, 1983). Assim, as lógicas institucionais, as pressões externas, a memória organizacional e os factores de barreira de paradoxo são assumidos como sendo socialmente construídos e temporais (Checkland & Holwell, 1998; Deetz, 1996; Walsham, 1995). O estudo conceptualiza os seus sujeitos como aqueles que criam e dão significados e interpretações às barreiras à inovação das RI identificadas neste estudo.

Dado que o primeiro estudo revelou novos factores de barreira à inovação em matéria de RI em resultado da adoção da abordagem de investigação indutiva, esta abordagem foi também utilizada no segundo estudo. Optei por adotar uma abordagem de investigação indutiva porque acreditava que existiam outros factores clandestinos de barreira à inovação em RI que ainda não tinham sido detectados. O segundo estudo valida ainda mais a literatura existente, sublinhando o poder da abordagem de investigação indutiva para facilitar a criação de novas teorias (Gioia, Corley & Hamilton, 2013; Collins & Hussey, 2003). A abordagem de pesquisa indutiva permitiu-me identificar e explicar novos factores adicionais de barreira à inovação em RI, incluindo: pressão externa de indivíduos e organizações, lógicas institucionais conflituosas, memória organizacional e factores de barreira paradoxais.

4.4.2 Considerações éticas específicas

Foi oferecida aos sujeitos de investigação a oportunidade de reverem os resultados da investigação a apresentar na tese, tendo sido identificadas e resolvidas algumas questões éticas. Por exemplo, um sujeito de investigação considerou que o facto de indicar que foi observado na área de leitura de jornais da biblioteca poderia levar a sanções. No entanto, esta questão foi resolvida.

4.4.3 Processo de investigação

Etapa 1: Uma vez que já estava imerso nos contextos de investigação há cerca de seis meses quando comecei o Estudo 2, iniciei o estudo com a observação participativa. Nesta altura, a maior parte das pessoas nas universidades de estudo de caso estavam familiarizadas com quem eu era e com o que estava a fazer. Esta familiaridade facilitou algumas das interações que tive com elas. Durante o período de observação participativa, observei que as actividades de indivíduos e organizações fora das universidades do caso também podem constituir factores de barreira à inovação em RI. Por conseguinte, surgiu a seguinte questão de investigação: *Como é que as actividades de indivíduos e organizações* *fora do contexto universitário constituem factores de barreira à inovação em RI nas universidades nigerianas?*

Etapa 2: Adoptei a técnica de amostragem em bola de neve. A primeira secção de entrevistas que realizei foi com académicos. Seguiu-se uma série de entrevistas com diretores de TI, reitores, bibliotecários e pessoal de TI. No total, realizei treze sessões de entrevistas na Universidade I, cerca de dez sessões de entrevistas na Universidade II e onze sessões de entrevistas na Universidade III. Todas as entrevistas foram gravadas com o Samsung Galaxy Note. Também registei as minhas observações num diário e consultei o diário antes e depois das entrevistas.

Esta etapa demorou cerca de quatro meses a ser concluída nas três universidades do caso. Passei um mês a verificar e a validar as respostas com os sujeitos de investigação. No total, gastei cinco meses na Etapa 2.

Etapa 3: Analisei os dados da investigação recolhidos durante as entrevistas aprofundadas e a observação participativa. Utilizei o software ATLAS.ti para a análise dos dados e para documentar algumas das conclusões registadas no meu diário de campo. Revisitei alguns sujeitos de investigação para obter esclarecimentos sobre as suas declarações que não eram claras para mim durante a análise dos dados. Também fiz uma verificação cruzada com os sujeitos de investigação para validar algumas das suas respostas. Durante esta etapa, concluí a elaboração teórica dos meus resultados, o que me ajudou a chegar ao modelo de investigação para o segundo estudo.

Passo 4: Escrevi o estudo dois e reflecti sobre as lacunas de conhecimento que foram reveladas. As minhas reflexões deram-me uma visão das razões pelas quais as lacunas identificadas são persistentemente ignoradas na literatura.

4.4.4 Recolha de dados: Entrevistas

Adoptei o método de entrevista em profundidade porque me permitiu envolver os sujeitos de investigação durante as sessões de entrevista de uma forma que me permitiu desvendar questões fundamentais relacionadas com a questão de investigação. Facilitou a minha escolha de interrogação intensiva de uma pequena amostra. Isto permitiu-me obter informações fundamentais sobre a questão de investigação que, normalmente, poderiam ter sido difíceis de obter se fossem adoptadas outras formas de técnicas de recolha de dados (Boyce e Neale, 2006). As potenciais vantagens das entrevistas aprofundadas para recolher informações novas foram complementadas pela natureza não estruturada das entrevistas realizadas durante este estudo. Como a entrevista não foi estruturada, foi espontânea e emergente e, por conseguinte, apoiou discussões aprofundadas que facilitaram a exposição de novos conhecimentos teóricos.

Quadro 5.1: Categoria e número de entrevistas

Categories	Participants	No. of Interviews
Academic Administrators	Deans	6
	Heads of Department	5
Staff	Academics	10
	Non- Academic Administrators	3
	Librarians	10
Total Number of Interviews		**34**

4.4.5 Método de análise de dados

A técnica de análise de dados utilizada no estudo é a análise temática de dados (Thomas, 2006: Braun e Clarke, 2006), utilizando o software ATLAS.ti. Os temas relativos aos factores do RI foram identificados e explicados. Os procedimentos que segui incluem a codificação invivo, a identificação de citações relevantes que espelhavam temas semelhantes e a apresentação de narrativas para explicar as barreiras à inovação das RI a partir dos dados empíricos. Isto implica ler e reler a recolha de dados várias vezes até compreender os processos de pensamento, os motivos e os interesses e significados subjacentes que não eram aparentes. A elaboração teórica foi concluída após este procedimento inicial como forma de construir novas teorias sobre os obstáculos à inovação nas RI.

4.5 Análise de dados

4.5.1 Interrogar as lógicas institucionais

Lógica Social Institucional

Historicamente, os primeiros conjuntos de universidades que foram criados eram instituições sociais. Esta tendência tem-se mantido ao longo dos anos, apesar das transformações no pressuposto do que as universidades representam. Na Nigéria, onde se situam as universidades do caso em apreço, a perceção das universidades como instituições sociais influenciou a criação de universidades no país. Consequentemente, os primeiros 50 anos (1948-1999) desde a fundação do ensino universitário na Nigéria foram dominados por universidades públicas. Desde 1999, três universidades privadas foram autorizadas a funcionar no país. No entanto, a ideia de que as universidades são instituições sociais mantém-se e influencia a forma como as universidades nigerianas são concebidas para funcionar e definir os seus objectivos. Por exemplo, dado que a Universidade III é propriedade do GFN, é vista como uma instituição puramente social. A sua criação pelo

GFN teve como objetivo prestar apoio social sob a forma de ensino universitário aos cidadãos nigerianos. Como tal, a universidade não cobra propinas.

Reflectindo sobre as consequências da visão de uma universidade como instituição social para as finanças da universidade, o Decano das Ciências Sociais opinou:[ii] *As universidades privadas têm sorte. Se fosse assim, cobraríamos propinas para podermos obter mais dinheiro".* Uma académica que concluiu a sua bolsa de pós-doutoramento na África do Sul também se queixou, dizendo: *"... é preciso ver a facilidade com que se obtêm fundos para a investigação na [universidade onde realizou a sua bolsa de pós-doutoramento]. Não se pode comparar com o que se tem aqui.* "A gestão como instituição social tem um impacto negativo na capacidade da universidade para gerar os fundos necessários para apoiar as actividades de investigação. Também afecta a forma como a universidade concebe os seus programas de investigação, uma vez que todos os fundos de investigação disponíveis são fornecidos pelo governo através do Fundo TET. As fontes de financiamento da investigação, como os Fundos de Investigação do Senado e outros fundos baseados na universidade, não estão activas e não são disponibilizados fundos para investigação por organizações privadas e indivíduos.

Surpreendentemente, a Universidade I e a Universidade II, apesar de serem privadas, também apresentam algumas caraterísticas de instituições sociais. Por exemplo, na Universidade I, o bibliotecário chefe, que é membro da equipa de gestão da universidade, indica que a universidade tem programas através dos quais *".asseguramos que aqueles que não podem pagar as propinas que cobramos são ajudados".* "Um académico que lecciona na Faculdade de Direito da Universidade I também indicou que *".fornecemos alguns paliativos aos estudantes. Se fores estudante, se trouxeres outro estudante (sic), terás uma percentagem de desconto nas tuas propinas".* A professora referiu ainda que *"... temos um salão para alugar na universidade, qualquer funcionário ou estudante que ajude a arranjar um cliente para o utilizar recebe dez por cento do dinheiro ganho pela universidade".* Estas afirmações foram confirmadas por um funcionário administrativo que disse: *"A universidade tem muitos programas para ajudar os pobres e os menos privilegiados. Há um programa para aqueles que perderam o seu ganha-pão, para os muito pobres que não podem pagar o ensino universitário privado e para aqueles que podem provar que a pessoa que pagava as propinas perdeu o emprego".* Um outro funcionário administrativo da Universidade I, no entanto, confessou que a prestação de serviços sociais *".tem formas que distorcem os nossos planos financeiros para outras coisas. Aqui, a maior parte do dinheiro que orçamentamos provém das propinas escolares.* "

Os Decanos de Planeamento Académico da Universidade I e da Universidade II são da opinião de que a escassez de fundos afecta os aspectos relacionados com a investigação, uma vez que é mais fácil para as universidades reduzir o orçamento para a investigação e os materiais de estudo do que para outras necessidades, projectos e planos. Estes incluem a produção de energia, a construção de edifícios e a subscrição anual de associações universitárias, etc. As universidades do caso não vêem a inovação em RI como uma tecnologia que possa ser utilizada para promover os programas em que estão empenhadas, dada a forma como utilizaram as lógicas institucionais sociais para interpretar as realidades da inovação em RI. Não vêem a utilização das RI para a distribuição gratuita de conhecimentos científicos ao público como parte dos seus mandatos enquanto instituições sociais. Em vez disso, a inovação em RI é estritamente conceptualizada como algo que apenas beneficia as universidades através da visibilidade e popularidade no panorama académico global.

4.5.2 Instituição comercial

Hoje em dia, através da consultoria, das patentes e dos direitos de autor, e do envolvimento em actividades comerciais, as universidades ganharam grandes somas de dinheiro que foram depois utilizadas para apoiar os seus programas. De facto, as universidades contemporâneas estão a começar a funcionar de forma semelhante às instituições comerciais. Na Nigéria, este cenário é mais acentuado nas universidades privadas, cujas principais fontes de financiamento provêm dos montantes pagos pelos estudantes a título de propinas e de taxas pagas por outros serviços que prestam. No caso da Universidade I e da Universidade II, as propinas são a principal fonte de fundos para pagar os salários, as comodidades básicas como o fornecimento de energia eléctrica, os serviços de água e os recursos educativos e académicos necessários em laboratórios, bibliotecas e centros informáticos, entre outros. Na Universidade I, um dos bibliotecários indica que a universidade cobra taxas moderadas de biblioteca, o que equivale a mil por cento do que a Universidade III cobra aos seus estudantes como taxas de biblioteca. A ideia subjacente a este facto é que a Universidade I e a Universidade II compensam cerca de setenta e cinco por cento do seu orçamento anual para as bibliotecas através das taxas de biblioteca. A Universidade III, sendo propriedade do governo, obtém o dinheiro necessário para compensar o seu orçamento anual para as bibliotecas através de subvenções do governo.

A Universidade I e a Universidade II também utilizam os mesmos meios para obter as verbas necessárias à prestação de outros serviços necessários nas universidades. Um funcionário administrativo da Universidade II indicou que as taxas de registo dos computadores dos estudantes são utilizadas para pagar às empresas que fornecem serviços de Internet à universidade. Do mesmo modo, a Universidade I também utiliza as taxas de registo dos computadores para compensar as facturas acumuladas relativas aos serviços Internet. O montante cobrado pelas propinas e taxas de serviço na Universidade I e na Universidade II é determinado pela necessidade de, no mínimo, atingir o limiar de rentabilidade. Um funcionário administrativo da Universidade II revela que" *[esta] é a única forma de sobrevivermos"*. As políticas governamentais, as políticas de regulação dos preços e as actividades sindicais dos estudantes e do pessoal limitam a capacidade da Universidade III de aplicar meios semelhantes para atingir o limiar de rentabilidade dos custos associados aos serviços prestados aos estudantes. O diretor da unidade de TIC da universidade indica que " *...alguns dos nossos professores chegam a criticar qualquer tentativa de aumentar o montante pago pelos estudantes pelos serviços de TI. Fazem comentários provocatórios nas aulas"*.

As três universidades em causa não atingem o limiar de rentabilidade, independentemente do facto de as suas condições específicas favorecerem ou não a cobrança de propinas e taxas de serviço. Enquanto a Universidade I e a Universidade II se queixam do número de estudantes que podem pagar as propinas que cobram, a Universidade III queixa-se da insensibilidade do governo à inflação e do efeito da política governamental de não aumento das taxas nas finanças da universidade. Para além dos problemas de financiamento que afectam negativamente a inovação em RI, as filosofias subjacentes à lógica institucional comercial também tiveram impacto na visão da inovação em RI das universidades do caso. Dado que os defensores da inovação das RI sublinham que estas devem estar disponíveis sem quaisquer encargos, esta fica aquém das filosofias das lógicas institucionais comerciais que as universidades do caso utilizam para interpretar as suas realidades. Invariavelmente, as RI são inovadas com software livre de código aberto. Espera-se também que a formação e a implementação sejam efectuadas livremente por consultores designados. A natureza gratuita da inovação em RI exige, portanto, que os recursos de RI sejam disponibilizados gratuitamente aos utilizadores. Estas condições tornaram a inovação das RI pouco atractiva para as principais partes interessadas nas universidades em causa. Infelizmente, aqueles que valorizam as filosofias da inovação em RI não se encontram entre as principais partes interessadas cujas vozes são ouvidas em voz alta quando se trata de inovação em SI.

4.5.3 Hibridação

Existe o pressuposto geral de que as universidades privadas são susceptíveis de funcionar como instituições comerciais e que as universidades públicas são susceptíveis de funcionar como instituições sociais. No entanto, os resultados do presente estudo mostram que tanto as universidades privadas como as públicas combinam lógicas institucionais comerciais e sociais. Fazem-no em resultado das pressões sociais que enfrentam quando lidam com diferentes aspectos da sua existência. Por exemplo, na sua tentativa de satisfazer as suas necessidades financeiras, a Universidade III gera receitas internas através da implementação de determinados programas. A universidade produz e vende água de mesa, pão, produtos agrícolas e outros bens de consumo aos estudantes, ao pessoal e aos membros da comunidade de acolhimento. A universidade tem também um cibercafé onde são cobradas aos estudantes taxas equivalentes às cobradas pelos cibercafés privados fora da universidade. Sendo autossustentável e constituindo um fluxo de receitas, a universidade fornece energia eléctrica ao cibercafé mais rapidamente do que aos centros de Internet ligados a laboratórios, bibliotecas e faculdades. A Universidade III também coloca uma forte ênfase na necessidade de os académicos atraírem fundos de fontes externas como forma de aumentar as finanças que recebe do Fundo TET para a investigação. A universidade cobra dez por cento de taxa administrativa por qualquer fundo de investigação obtido de fontes externas. A inovação das RI tem potencial para fazer avançar o interesse da universidade em atrair fundos externos para a investigação. Infelizmente, a universidade não encarou a inovação em RI de forma positiva e, consequentemente, os principais intervenientes na universidade não associaram a inovação em RI à concretização do objetivo da universidade de atrair fundos de investigação externos.

Um membro do pessoal académico da universidade defende que "*o repositório institucional é bom. Aumenta a possibilidade de o seu trabalho ser visto, acedido e utilizado. Se se tornar um académico popular, pode facilmente obter fundos e colaboração no exterior*". Um académico refere especificamente que "*... no outro dia tive uma conversa com um funcionário das TIC, que me disse como posso tornar-me popular e ganhar fundos graças ao repositório institucional.* "Embora seja lógico defender a inovação das RI nesta perspetiva, esta não foi associada à lógica institucional comercial. Tal deve-se ao facto de os ganhos comerciais obtidos devido à inovação das RI não poderem ser diretamente associados às RI. Estavam ligados a estudos de qualidade e a publicações de conhecimentos científicos orientadas por editoras comerciais, o que contradiz a filosofia de inovação das RI. Este facto teve impacto no grau de disponibilidade da universidade para apoiar a inovação em RI.

A Universidade I e a Universidade II adoptam algumas lógicas institucionais que são semelhantes às das instituições sociais. As duas universidades concedem fundos de investigação aos membros do pessoal académico porque não têm acesso às bolsas concedidas pelo governo através do Fundo TET. As bolsas destinam-se especificamente a estudos que questionem fenómenos de investigação relevantes a nível local. A filosofia subjacente foi resumida pelo Reitor de Planeamento Académico da Universidade II: ".*é uma forma de concretizar as nossas responsabilidades sociais corporativas'"* e pelo Reitor de Planeamento Académico da Universidade I:*ii Esta universidade orgulha-se da forma como promove o desenvolvimento da comunidade de acolhimento e do país como um todo"'.* No entanto, o pessoal que beneficiava de fundos para a investigação queixou-se de que os montantes fixos concedidos cobriam geralmente uma parte dos fundos totais necessários para os estudos. Um académico da Universidade I que foi financiado para a sua investigação diz,*ii O que recebi da universidade, embora pequeno (sic), foi útil. Cobriu apenas o meu transporte""*. Na maioria dos casos, o pessoal académico da universidade utiliza o seu dinheiro pessoal para aumentar o que recebe da universidade. O problema é que a investigação é abandonada se o investigador não tiver meios para aumentar pessoalmente os fundos que recebe da universidade. O Decano do Planeamento Académico corrobora o facto de os fundos de investigação disponibilizados pela universidade serem reduzidos. No entanto, afirma que *"... como universidade, temos de apoiar os serviços comunitários prestados às nossas comunidades de acolhimento e à nação"*. Embora a universidade não tivesse RI na altura em que este estudo foi realizado, também não tem qualquer política que encoraje os académicos a submeter os estudos concluídos com fundos recebidos da universidade à biblioteca ou a um local onde possam ser acedidos pelos membros da comunidade universitária. Isto mostra ainda que as universidades do caso não associaram de forma alguma a inovação das RI às lógicas sociais institucionais que adoptam. Não viram como a inovação das RI poderia ajudá-las a atingir os objectivos de responsabilidade social das empresas. Isto independentemente do facto de terem adotado lógicas híbridas para resolver problemas de legitimidade. Infelizmente, a sua visão da inovação em RI levou-os a assumir que esta não pode ser utilizada para promover a sua vontade de ganhar legitimidade. Assim, a adoção da lógica híbrida não teve qualquer impacto positivo na inovação das RI, apesar do seu potencial para o fazer.

4.5.4 Aderência às orientações tradicionais de gestão universitária

Filosofia da Bata e da Cidade

Outra das principais conclusões do estudo é o efeito da adesão à orientação tradicional da gestão universitária na inovação das RI. Isto é surpreendente, tendo em conta que este estudo também identificou o impacto negativo da atual transformação das universidades na inovação das RI. Uma observação empírica importante é que, embora as universidades estejam a transformar-se, também estão conscientes das orientações tradicionais de gestão que as universidades são conhecidas por implementar. Consequentemente, as universidades do caso ainda se apegam à filosofia de cidade e de vestido que há muito faz parte das universidades. Isto determinou a medida em que as universidades do caso não conseguem ver toda a gama de factores que intervêm no seu esforço de inovação das RI. Em primeiro lugar, as orientações de cidade e cidade fizeram com que as universidades do caso apenas identificassem as partes interessadas na inovação das RI que estão dentro delas. As partes interessadas, de acordo com o bibliotecário encarregado da inovação das RI na Universidade I, incluem os académicos *"que produzem os trabalhos de investigação que devemos armazenar no IRC". Sabe que eles são os principais impulsionadores do trabalho [inovação em RI]".* Na Universidade III, um membro do pessoal académico indicou que *"para que esta [inovação em RI] seja um sucesso, a gestão tem de estar envolvida".* O Decano de Ciências Sociais da Universidade III indicou que *"se a direção quer que imponhamos a sua utilização entre os nossos professores, deve apresentar um memorando de política de aplicação".* "O bibliotecário-chefe da Universidade I também refere que o vice-reitor, os reitores e os chefes de departamento "*são principalmente as pessoas através das quais consigo obter tudo o que quero obter [no que respeita à inovação em RI]".* "Na Universidade I, um bibliotecário opina que[i] *a biblioteca deve ser o motor... e o departamento de TIC deve apoiar... a direção que vai libertar os fundos também tem de ser levada a cabo".*

As principais partes interessadas identificadas pelos sujeitos de investigação são os académicos, a administração, o pessoal das TIC e os bibliotecários. A ideia subjacente a esta noção pode ser atribuída à adesão às orientações tradicionais da gestão universitária, que vê as universidades do ponto de vista da cidade e da cidade. As observações mostram que os investigadores encaram a inovação em RI como uma atividade que não diz respeito a quem está fora das universidades. Isto apesar do facto de alguns deles estarem conscientes de que os artigos já publicados em actas de conferências, revistas e livros podem ser depositados em RI. A implicação de que as editoras e os organizadores de conferências são partes interessadas em RI não desencadeou o seu raciocínio no sentido de identificar as partes interessadas fora das suas universidades. Se se considerar o papel desempenhado pelos editores e organizadores de conferências no processamento das publicações académicas depositadas nas RI, é provável que se torne claro como a comunicação e os acordos entre universidades e outras entidades envolvidas na produção de publicações académicas se tornaram inevitáveis na inovação das RI. Ao comentar a necessidade de encarar os editores e os organizadores de conferências como partes interessadas e, por conseguinte, de iniciar a comunicação com eles, o bibliotecário-chefe da Universidade I argumenta que "*não pensámos em incluir planos para ensinar os nossos académicos sobre as coisas que poderão ter de negociar com editores e organizadores de conferências. O repositório institucional é claramente uma questão universitária*". "Mesmo na Universidade III, onde foi criado um RI funcional, um funcionário da unidade de TIC que deve coordenar as actividades de RI revela que *"não pensamos nas pessoas fora daqui"*. A filosofia da cidade e da metrópole garante que os membros das comunidades das universidades dos casos vejam a inovação em RI como uma questão puramente universitária (metrópole).

Modelo tradicional de publicação académica

Outro problema que emana da adesão das universidades às orientações tradicionais de gestão universitária é a adesão ao modelo tradicional de publicação académica. A nível mundial, as universidades são vistas como os principais produtores de conhecimento científico. Desenvolveram códigos de conduta para a produção de conhecimentos científicos que, ao longo dos anos, se institucionalizaram. A produção de conhecimento científico que não cumpra os códigos estabelecidos é considerada inválida e não fiável. Esta posição amplamente aceite afectou o impulso das universidades do caso para a inovação das RI. Isto é mais profundo entre os planeadores académicos, os administradores académicos, como os Deans e os HODs, e os académicos com um historial de publicações em meios de "qualidade". Consequentemente, as preocupações manifestadas pelos académicos das universidades em causa giram em torno da garantia da qualidade das publicações de RI. Um académico da Universidade I argumenta que, *"[q]uando nos informam sobre a funcionalidade e as vantagens do repositório institucional, como podemos garantir que não o utilizamos para nos sobrecarregarmos, expondo resultados de investigação de baixa qualidade"*. "Outro membro do pessoal académico da universidade pergunta: *"Como podemos garantir a qualidade? Vamos ter editores em cada faculdade para tratar desse assunto?* Na Universidade II, o Diretor do Planeamento

Académico argumenta que *"Colocar artigos de todos os tipos na Internet sem editar e garantir a sua qualidade pode pôr em risco tudo o que fizemos para garantir que os nossos colaboradores publicam em meios de qualidade".* Os argumentos levantados relativamente à qualidade dos recursos de RI e à necessidade de revisões baseavam-se em pressupostos subjacentes ao modelo tradicional de publicação académica.

Os académicos que publicam bem em "publicações de qualidade" também vêem a inovação das RI como uma forma de ajudar os académicos "preguiçosos" que não produzem investigação de qualidade que possa ser publicada em boas publicações. Um académico queixa-se de que *"muitos dos nossos colegas são preguiçosos e não querem trabalhar o suficiente para publicar em sítios como a Elsevier, a science direct e a co(sic)".* Estas opiniões implicam que os investigadores não consideraram que os artigos depositados nas RI podem ter sido editados e publicados em meios formais. Por exemplo, podem ser depositados em RI documentos de conferências revistos por pares que tenham sido apresentados em conferências, pós-impressões de artigos de revistas já publicados em revistas, incluindo as de acesso livre, e outros meios de publicação que possam ter sido objeto de edição, como livros.

Uma outra forma de os académicos verem a inovação das RI em relação ao modelo tradicional de publicação académica é através da lente dos requisitos para a nomeação e promoção do pessoal académico. O manual do pessoal académico das universidades do caso fornece informações sobre o número e a qualidade das publicações que podem ser aceites para consideração nas decisões de nomeação e promoção. Por outras palavras, as universidades dos casos utilizam critérios de publicação semelhantes para a nomeação e promoção de académicos. Nos manuais das universidades dos casos, são muito importantes os requisitos relacionados com os meios de publicação académica aceitáveis. As universidades dos casos dão espaço para a publicação em revistas electrónicas, embora não especifiquem o tipo de revista eletrónica que podem aceitar. Por outras palavras, não especificaram se os meios de publicação eletrónica aceitáveis devem ser de acesso fechado ou de acesso aberto. Por exemplo, o manual do pessoal da Universidade II indicava que "para que um candidato seja promovido de professor de grau dois a professor de grau um, deve ter passado três anos como professor de grau dois. Deve também ter publicado três artigos em revistas, um dos quais pode ser numa revista eletrónica." Estes requisitos são semelhantes aos da promoção académica na Universidade III, com a diferença de que a Universidade III aceita as revistas electrónicas com base em percentagens. Por exemplo, um docente que pretenda ser promovido de professor de grau um a professor de grau superior deve ter treze publicações em revistas, vinte e cinco por cento das quais podem ser publicadas em revistas electrónicas. A inovação em matéria de RI poderia ser implementada de modo a que os códigos utilizados para promover a publicação académica tradicional possam também ser utilizados para a promover. Por exemplo, os académicos poderiam receber algumas recompensas académicas com base no número de trabalhos académicos que depositaram nas RI das suas universidades. Esta ideia pode ser apoiada pelo argumento de que o depósito de publicações académicas nas RI promove o acesso ao conhecimento técnico e científico necessário para a formação e o desenvolvimento. Dado que isto não foi tido em consideração, foram utilizadas ideias derivadas do modelo de publicação tradicional para antagonizar a inovação das RI.

As universidades como sistemas fechados

A discussão sobre se as organizações são apenas influenciadas por factores internos ou por factores internos e externos deu origem à classificação das organizações como sistemas fechados ou abertos. Uma vez que as universidades continuam a aderir às orientações tradicionais de gestão universitária, a maior parte das vezes parte-se do princípio de que são, até certo ponto, sistemas abertos. Embora as universidades procurem colaborar com outras partes interessadas, como a indústria, as organizações governamentais, os governos e os indivíduos, continuam a acreditar que há certas áreas da sua existência que estão fechadas às partes interessadas externas. As áreas consideradas fechadas envolvem principalmente os mandatos fundamentais das universidades, ou seja, o ensino e a investigação. No caso das universidades, a ideia de que são sistemas fechados quando se trata de questões relativas à publicação académica também está consagrada. Este facto é revelado pelas opiniões do bibliotecário-chefe da Universidade I, do Diretor do Planeamento Académico da Universidade I e da Universidade III e da maioria dos académicos das universidades em causa relativamente à inovação das RI. Têm preocupações sobre a validade e a justificabilidade da inovação em RI como meio de divulgação do conhecimento académico. Uma preocupação surpreendente destes intervenientes em relação à inovação em RI é o facto de permitir a participação de "estranhos" na publicação académica tradicional. Isto apesar do facto de tanto os académicos como as editoras comerciais colaborarem no modelo tradicional de publicação académica. Assim, quando fiz uma observação sobre a colaboração entre académicos e editores comerciais, o Diretor de Planeamento Académico da Universidade II argumentou que *"o que os editores comerciais fazem é coordenar a impressão da publicação académica. Todas as outras coisas, de facto, as mais importantes são tratadas pelos académicos...".* "Concordo que a publicação tradicional de acesso fechado foi concebida de forma a que os aspectos centrais do processo envolvam o envolvimento dos académicos na garantia/controlo da qualidade. Ao refletir sobre a concetualização do Diretor sobre o "estranho" no que diz respeito à publicação académica, parece sugerir que a publicação académica não é influenciada pelas editoras comerciais, apesar de estas "coordenarem" a impressão das publicações académicas. O papel do design, da impressão, do marketing e da fixação de preços na edição académica é considerado um dado adquirido. Também negligencia o facto de as editoras comerciais determinarem as taxas de assinatura das revistas académicas.

A decana de Ciências da Universidade I é também da opinião de que as universidades são sistemas fechados no que diz respeito à publicação académica. Segundo ela, *"nós [os académicos] asseguramos que a qualidade é mantida pelos editores. De facto, são os académicos que têm a capacidade de detetar afirmações de investigação inválidas através da revisão por pares e de outras formas de avaliação dos trabalhos académicos".* "Observei que os académicos consideram impensável que outras pessoas ou entidades que não fazem parte das universidades possam influenciar a publicação académica. Acreditam que as universidades são capazes de controlar qualquer influência de "estranhos". Um membro do pessoal académico da Universidade III argumenta que *"as universidades não podem ser ignoradas quando se trata de garantir que as pessoas que não devem influenciá-las sejam privadas dessa oportunidade".* "Outro membro do pessoal académico da universidade argumenta que *"o meio académico é como um culto, se não se for iniciado no culto académico, não se pode participar nos aspectos fundamentais da vida universitária".*

O Reitor de Ciências Sociais da Universidade III alargou a dimensão do debate para mostrar como as universidades concebem sistemas internos fechados que garantem a integridade académica, a validade e a fiabilidade das afirmações académicas. Argumenta que *"se está a sugerir que as universidades são influenciadas por todo o tipo de pessoas, discordo de si. Mesmo dentro da própria universidade, temos questões puramente académicas que são tratadas apenas por académicos. Não é possível nomear e promover académicos sem envolver o Senado. Temos todos os procedimentos para garantir que todas as publicações académicas que apresentam são cruzadas com as regras estabelecidas.* O reitor alegou que eu sugeri que *"as universidades são influenciadas por todo o tipo de pessoas"* porque ficou agitado com a minha tentativa de o fazer considerar a possibilidade de a sua universidade poder ter sido influenciada de alguma forma por "estranhos" sem o seu conhecimento.

As implicações deste facto para a inovação em RI nas universidades em causa são enormes. Por exemplo, na Universidade I, onde havia uma falta generalizada de sensibilização para a inovação em RI entre os académicos seniores, a tentativa do bibliotecário-chefe de apresentar a inovação em RI ao Senado foi frustrada. O bibliotecário-chefe recorda: *"Quando tentei explicar ao Senado, eles estão particularmente preocupados com a qualidade dos seus recursos e com o facto de a biblioteca ser responsável pelo repositório institucional. Alguns deles diziam (sic), como é que podemos permitir que a biblioteca se torne a editora das nossas obras?"* A convicção subjacente dos membros do senado é que as questões académicas devem ser geridas estritamente pelos académicos. Isto resultou num fator fundamental de barreira à inovação das RI nas universidades do caso, embora, tecnicamente, as RI ofereçam às universidades a oportunidade de encerrar a produção e a divulgação do conhecimento científico. Tal deve-se ao facto de se basear principalmente em actividades realizadas pelas partes interessadas nas universidades. A produção de trabalhos académicos e a sua divulgação através das RI são da competência de académicos, bibliotecários e pessoal de TI. Este facto mostra o tipo de "proximidade" que exigem mas, infelizmente, as principais partes interessadas não começaram a encarar a inovação das RI deste ponto de vista.

4.5.5 Interrogar os factores de barreira do paradoxo

Acesso limitado à Internet

Alguns factores de barreira à inovação em RI que foram identificados durante o estudo foram designados factores de barreira paradoxais, porque persistiram apesar de constituírem obstáculos significativos aos objectivos das universidades em causa. Um destes factores de barreira é o acesso limitado à Internet. O acesso limitado à Internet é comum às universidades em causa, apesar de estas afirmarem que investem fortemente na conetividade à Internet. As queixas apresentadas pelos sujeitos de investigação sobre o acesso limitado à Internet foram comuns às três universidades. Na Universidade II, onde tanto o pessoal como os estudantes pagam taxas obrigatórias de acesso à Internet, o pessoal queixa-se de que raramente tem acesso à Internet. A queixa foi feita tanto pelo pessoal académico como pelo pessoal não académico da universidade. Uma funcionária académica da Universidade II revelou que vai ao seu gabinete à noite sempre que quer apresentar trabalhos a revistas e/ou conferências através da Internet. "A elevada utilização da Internet durante o horário de trabalho torna as velocidades de descarregamento e carregamento insuportavelmente lentas. Esta afirmação foi corroborada por um funcionário administrativo que afirma que " ...*nos dias bons em que a Internet está disponível (sic), nem sequer se pode utilizá-la porque é muito lenta.*"" O decano das Ciências Sociais da Universidade II queixa-se de que "*a maior parte das vezes até nos esquecemos que podemos utilizar a Internet no nosso gabinete, porque normalmente não está a funcionar. Infelizmente, todos os meses descontam do meu salário duas mil e quinhentas nairas de taxas de acesso à Internet*".

O acesso à Internet na Universidade II é agravado pelo facto de esta se situar numa zona rural. É difícil para o pessoal utilizar os serviços de Internet autofinanciados fornecidos pelos fornecedores de serviços de telefonia móvel. Consequentemente, os funcionários que residem na capital de um Estado vizinho, situada a cerca de cinquenta quilómetros da universidade, utilizam os serviços de dados Internet dos fornecedores de serviços de telefonia móvel apenas quando estão em casa.

As questões relacionadas com o acesso limitado à Internet também afectam a Universidade I e a Universidade III. Na Universidade I, observei que os estudantes e o pessoal nunca utilizavam a biblioteca eletrónica. Durante uma conversa com o funcionário das TIC responsável pela biblioteca eletrónica, ele revelou que "*Se o acesso à Internet for fornecido aqui [biblioteca eletrónica] a toda a hora, haverá problemas nos gabinetes. Não temos largura de banda suficiente para servir toda a gente ao mesmo tempo*". A maioria dos académicos da Universidade I complementa o acesso à Internet fornecido pela universidade com a subscrição de serviços de dados da Internet fornecidos por fornecedores de serviços de telemóveis. Têm a vantagem adicional de a Universidade I estar situada num centro urbano. A situação na Universidade III é semelhante à da Universidade I e da Universidade II. Os funcionários queixam-se de que utilizam sobretudo serviços pessoais de Internet que compram a fornecedores de serviços de telefonia móvel. É possível que a unidade de TIC tenha implementado a política de depósito que exige que os depositantes enviem os seus documentos para as TIC, porque a ligação à Internet na universidade pode não suportar o depósito remoto em RI. À semelhança da Universidade I, a Universidade III também raciona a largura de banda disponível na Internet. Consequentemente, áreas prioritárias como o edifício administrativo, os gabinetes e instalações do ICT e áreas selecionadas da universidade usufruem mais de conetividade à Internet do que outras unidades que não são consideradas áreas prioritárias. Infelizmente, esta política é conhecida apenas por alguns privilegiados. Daqui resulta que o fator de barreira do paradoxo, o acesso limitado à Internet, tem um efeito adverso na inovação das RI.

4.5.6 Fonte de alimentação não fiável

Uma questão relacionada é a da falta de fiabilidade do fornecimento de energia. A Universidade III é a que mais sofre com a falta de fiabilidade do fornecimento de energia, em comparação com a Universidade I e a Universidade II. Através da observação, verifiquei que a Universidade I e a Universidade II se esforçam por fornecer energia eléctrica aos membros das suas comunidades durante as horas de trabalho e durante a noite. Por exemplo, a Universidade II fornece energia eléctrica das 8:00 às 16:00 horas. O pessoal deve terminar o seu dia de trabalho até às 16h30m. À noite, a universidade fornece eletricidade entre as 19 e as 23 horas. A universidade esforça-se por fornecer eletricidade durante doze horas por dia. Na Universidade I, uma vez que as residências do pessoal não estão previstas no campus universitário, o fornecimento de eletricidade à noite é limitado às residências dos estudantes entre as 19 e as 22 horas. A universidade esforça-se por fornecer energia eléctrica durante as horas de trabalho sem qualquer especificação formal. A ideia subjacente à prioridade dada ao fornecimento de energia eléctrica durante as horas de trabalho foi esclarecida pela Decana de Ciências da Universidade I. Ela revela que " *...se não houver fornecimento de energia, as pessoas não podem trabalhar. A universidade sabe disso; vai continuar a pagar às pessoas que não estão a trabalhar".* "A mesma explicação foi dada pela bibliotecária-chefe da Universidade II*: "A Universidade tem de fazer alguma coisa para fornecer energia eléctrica. Se não o fizerem, como é que o meu pessoal vai trabalhar? Como é que vão catalogar e classificar? Como é que vão utilizar as instalações no terreno?"* Na Universidade III, o fornecimento de eletricidade não estava tão disponível como na Universidade I e na Universidade II. Para além do edifício administrativo, apenas a biblioteca e a unidade de TIC dispunham de alimentação eléctrica durante um dia de trabalho. As outras unidades da universidade deparavam-se com um fornecimento de energia pouco fiável. As unidades académicas e administrativas que não estão na lista de áreas prioritárias são incentivadas a comprar pequenos geradores de 2500KV para aumentar o fornecimento de energia fornecido pelo governo e pela universidade. Consequentemente, o pessoal tem uma fonte de energia limitada para trabalhar durante o horário de trabalho. O fornecimento limitado de energia também tem um impacto negativo na inovação das RI na Universidade III, uma vez que os funcionários que não estão habituados a trabalhar com a Internet nos seus gabinetes raramente se lembram da inovação das RI, mesmo quando têm conhecimento dela. Nos momentos em que têm acesso à Internet, dedicam-se sobretudo à procura de informação e raramente pensam em acrescentar algo à informação existente na Internet. Isto deve-se ao facto de, ao longo do tempo, terem desenvolvido o hábito de utilizar a fonte de alimentação disponível para descarregar o que necessitam para a sua investigação e não para carregar documentos para as RI ou outras informações para fins oficiais. Foram feitas observações semelhantes na Universidade I, uma vez que as rotinas de fornecimento de energia são semelhantes às da Universidade III.

4.5.7 Escassez de fundos de investigação

O terceiro fator de barreira paradoxal que foi observado no decurso deste estudo é a escassez de fundos para a investigação. Embora não existam universidades que satisfaçam plenamente as necessidades de investigação, as situações nas universidades dos casos são consideradas paradoxais porque contrariam os objectivos e as pretensões das universidades. A Universidade I, por exemplo, não disponibilizou quaisquer fundos para financiamento da investigação. No entanto, disponibiliza fundos de viagem para os interessados em participar em acções de formação e conferências no estrangeiro. No decurso deste estudo, foi revelado que apenas três dos seus funcionários beneficiaram dos fundos de viagem desde que estes foram instituídos, cerca de seis anos antes da realização desta investigação. Por conseguinte, não existe uma disposição formal para o financiamento de viagens académicas, como afirma a universidade. Na Universidade II, os fundos de investigação provêm das receitas obtidas através das propinas e das taxas de serviço pagas pelos estudantes. A universidade não dispõe de outras fontes externas de financiamento da investigação. Embora o organismo religioso que a possui forneça fundos para despesas relacionadas com o desenvolvimento de infra-estruturas e aumente o dinheiro disponível para pagar salários, não fornece fundos para investigação, bolsas de estudo e viagens académicas. Isto limita o montante que a universidade pode disponibilizar aos académicos para investigação e viagens. Embora a universidade não o considere como tal, a insuficiência de fundos constitui uma barreira à inovação das RI, limitando o número de investigações efectuadas na universidade e, consequentemente, o número de artigos que poderiam ser produzidos e depositados nas RI. Este cenário é semelhante ao da Universidade III. A produtividade da investigação da Universidade III é fraca, o que não é surpreendente, tendo em conta que apenas alguns funcionários beneficiaram de fundos de investigação disponibilizados pelo governo através do Fundo TET. A maior parte da investigação realizada pelos académicos da universidade é suportada por fundos pessoais. Isto resulta em estudos de investigação de baixa qualidade, incompletos e/ou com atrasos no cronograma. A insuficiência de fundos para a investigação tem vários efeitos prejudiciais na inovação das RI, porque desmoraliza os académicos e torna o ambiente de investigação improdutivo. Consequentemente, nega às universidades a oportunidade de implementar o depósito obrigatório dos resultados da investigação nas RI. Isto também prolonga a falta de conteúdos locais na Internet, tornando-a centrada nos países desenvolvidos.

4.6 Elaboração teórica das conclusões do segundo estudo

4.6.1 Lógicas institucionais: instituições sociais, comerciais e híbridas

As lógicas institucionais adoptadas por qualquer organização determinam a forma como esta vê as coisas e o conjunto de pressupostos que orientam as decisões que toma (Friedland & Alford, 1991). Thornton & Ocasio (2008) argumentam que as lógicas institucionais são *"padrões históricos socialmente construídos de práticas materiais, pressupostos, valores, crenças e regras através dos quais os indivíduos produzem e reproduzem a sua substância material, organizam o tempo e o espaço e produzem significado para a sua realidade social (p. 804)"*. Isto aponta para a existência de três tipos de lógicas institucionais, nomeadamente, lógicas institucionais sociais, comerciais e híbridas (Grendler, 2004). Ao longo dos anos, o pressuposto de que as universidades são instituições sociais tem sido posto em causa por várias transformações sociais. Estas transformações sociais são informadas por políticas que permitem que organizações privadas e religiosas, organizações governamentais, bem como indivíduos e governos influenciem as actividades das universidades (Akalu, 2014; Erinosho, 2013/2014; McDowell, 2007; Comissão Europeia, 2005). A transformação das universidades também culminou numa mudança na sua estrutura de propriedade. A permissão de indivíduos e organizações não governamentais para serem proprietários de universidades desafiou a crença tradicional de que as universidades devem ser geridas com lógicas institucionais sociais (Wit, 2015; Lozano, Lukman, Lozano & Huisingh, 2013; Okebukola, 2015; 2006). Resultou na comercialização dos diplomas, da investigação, bem como do ensino e da aprendizagem nas universidades (Okebukola, 2015; Akalu, 2014; Nielsen, 2014).

Estas transformações deram origem a estudos que identificaram a provável existência de três tipos de universidades, nomeadamente, as universidades que funcionam com lógicas institucionais sociais, as que funcionam com lógicas institucionais comerciais e as que funcionam com lógicas institucionais híbridas - uma combinação de lógicas institucionais comerciais e sociais (Brint & Carr, 2017; Fochler, 2016; Rothaermel, Agung & jiang, 2007; Evers, 2005; Owen-Smith, 2003). Na realidade, porém, não existe uma universidade que funcione com uma única lógica institucional (Brint & Carr, 2017; Bruns,

2013, Jay, 2013; Thornton & Ocasio, 1999). A observação foi corroborada neste estudo, pois tanto as universidades privadas quanto as públicas estudadas adotaram lógicas institucionais híbridas para construir socialmente as realidades da inovação em RI. A compreensão das lógicas institucionais que orientam as universidades permite que as partes interessadas estejam conscientes e compreendam as forças subjacentes às suas escolhas de decisão. Consequentemente, ao avaliar o papel das lógicas institucionais na inovação das RI, este estudo revela as forças sociais por detrás das escolhas de decisão das três universidades estudadas no que respeita à inovação das RI. Várias decisões tomadas, direta ou indiretamente, em relação à inovação das RI foram determinadas pelas lógicas institucionais das universidades que estão na base da(s) decisão(ões) em questão. Normalmente, estas decisões teriam sido vistas como normais e naturais se não fossem questionadas em relação às lógicas institucionais (Johanson & Vikkuri, 2017; Thronton, 2004; Owen-Smith, 2003).

Ao interpretar os factores que motivam as decisões tomadas pelas universidades do caso com as lógicas institucionais que as informam, expõe factores sociais mais amplos que informam a forma como constroem socialmente as realidades da inovação em RI. Por exemplo, sendo uma universidade pública que, presumivelmente, funciona com lógicas institucionais sociais, esperava-se que os objectivos de inovação em RI da Universidade Ill fossem motivados pela necessidade de utilizar a inovação em RI para satisfazer serviços e necessidades sociais. Por outro lado, o objetivo de inovação em RI da universidade é impulsionado pela necessidade de ganhar prestígio e, com efeito, garantir legitimidade e benefícios económicos através de subsídios (Ezema, 2013; Nwagwu, 2013; Broody & Harnad, 2005; Chan & Costa, 2005; Crow, 2002). A universidade envolveu-se na inovação em RI com o objetivo de se tornar visível e ganhar prestígio suficiente para se tornar uma universidade aclamada internacionalmente (Asogwa & Ugwashiuwu, 2016; Okebukola, 2013). A universidade partiu do princípio de que a inovação em RI melhoraria a sua possibilidade e a do seu pessoal académico de colaborar com académicos "no estrangeiro". Partiu-se do princípio de que as RI facilitariam as colaborações de investigação com académicos internacionais no Ocidente, onde as perspectivas de acesso a bolsas de investigação tangíveis são elevadas (Altbach, *et al.,* 2011). Partiu-se também do princípio de que as RI permitiriam à universidade e ao seu pessoal académico ter um nome reconhecido nos círculos internacionais (Asogwa & Ugwuishiwu, 2016; Okebukola, 2011; Stromquist, 2007).

A Universidade III foi motivada a adotar a inovação em RI pela proclamação da

NUC dos benefícios da inovação em RI para as universidades e os académicos nigerianos. O impulso da NUC para que as universidades nigerianas se esforçassem por se tornarem internacionalmente aclamadas foi motivado pela exigência do GFN de que os fundos gastos nas universidades nigerianas fossem justificados pela sua competitividade na classificação global das universidades (Okebukola, 2011; Amuwo, 2000; CRHEN, 1991). A posição do GFN foi inspirada por ideias propagadas pela UNESCO, pelo Banco Mundial e pela ONU em sucessivas reuniões sobre o tema do ensino universitário nos países em desenvolvimento (Jones, 2007; Birdsall, 1996). A sequência de acontecimentos levou a lógicas institucionais contraditórias e à incongruência de objectivos, uma vez que o GFN também assegura que a Universidade III mantém a maior parte das suas lógicas institucionais sociais que, infelizmente, não influenciaram positivamente a inovação das RI. O GFN garante que a Universidade III promove a sua tradição de ensino universitário gratuito.

A literatura existente sobre lógicas institucionais sugere que o mercado (universidade global e paisagens industriais), a corporação (a própria Universidade III), o estado (FGN e os seus quadros regulamentares que incluem o NUC), as profissões (académicos) e a comunidade (a combinação destas partes interessadas dentro de configurações sociais definidas) se combinam para influenciar os factores que determinam a inovação em RI na Universidade III (Thronton, *et al.*, 2012; Thornton, 2004). Surpreendentemente, as lógicas sociais institucionais que a Universidade III implementa principalmente não a encorajaram a definir objectivos de inovação em RI que implicam a utilização de RI para distribuir a informação sobre o desenvolvimento local (Ukwoma & Moles, 2017; Ezema, 2013).

A Universidade III vive a incongruência de objectivos porque as suas realidades socialmente construídas de inovação em RI também pressionam para a implementação de lógicas institucionais comerciais. As forças sociais que impulsionam a inovação das RI na Universidade III são, portanto, informadas por lógicas institucionais híbridas. A organização híbrida foi definida como uma organização com incongruência de objectivos e lógicas institucionais contraditórias devido à variedade de fontes de financiamento e a diferentes formas de controlo económico e social (Brint & Carr, 2017; Johanson & Vakkuri, 2017; Fochler, 2016). Para gerir os desafios financeiros, a Universidade III adopta lógicas institucionais comerciais, criando uma variedade de fontes de receitas geradas internamente. Infelizmente, a universidade não viu a inovação em RI como uma tecnologia que se encaixa diretamente em seus programas de comercialização. Utilizar a RI para ganhar visibilidade e prestígio e, consequentemente, obter colaboração e fundos para a investigação parece estar de acordo com os objectivos comerciais da universidade. A universidade, no entanto, tinha como certo que a inovação em RI não pode apoiar o seu programa de comercialização. Os académicos que estavam interessados na inovação em RI porque podiam obter colaboração em investigação e fundos através dela não viam também a ligação entre os seus objectivos e o ganho económico. Isto revela que as organizações podem funcionar sem prestar atenção ao impacto das lógicas institucionais que utilizam para construir as realidades que orientam as suas acções.

O FGN apoia mais o objetivo de utilizar as RI para obter prestígio, colaboração na investigação e fundos do que o objetivo de utilizar a inovação das RI para apoiar a distribuição de informações sobre o desenvolvimento local. Este cenário alinha-se com a ideia de que as organizações enfrentam os desafios da incongruência de objectivos como resultado de diferentes formas de pressões económicas e sociais que emanam das partes interessadas (Brint & Carr, 2017; Fochler, 2016; Jay, 2013; Thornton, *et al.,* 2012). Outro exemplo relacionado com a Universidade III é o facto de todas as revistas em papel publicadas na universidade funcionarem como revistas de acesso fechado. Cada revista estipula taxas de autor que devem ser pagas pelos autores antes de os seus artigos serem publicados. Embora isto não seja problemático, a falta de planos da universidade para depositar os artigos, uma vez publicados, como pós-impressão no RI é problemática. Impede que o RI da universidade sirva como um ponto de distribuição adicional para os artigos publicados nas revistas, dado que as revistas são revistas tradicionais de acesso fechado (De Lange, 2011; Lamont, 2009; Simon & Mahan, 1969).

A Universidade I e a Universidade II, sendo universidades privadas que assumidamente funcionam com lógicas institucionais comerciais, também têm experiências semelhantes que as descrevem como organizações híbridas. O facto de a inovação em RI defender a livre distribuição do conhecimento científico teve um impacto negativo na sua vontade de a promover (Kim, 2010; Ferreira, *et al.,* 2008; Davis & Connolly, 2007; Crow, 2002). A Universidade I e a Universidade II teriam embarcado em projectos de inovação em RI se esta fosse vista como uma tecnologia que pudesse promover os seus objectivos de comercialização e cumprir os requisitos de acreditação (Akalu, 2014; Okebukola, 2009; Smith, *et al.,* 2003). Apesar de adoptarem a lógica dominante das instituições comerciais, a Universidade I e a Universidade II estavam envolvidas em programas que teriam beneficiado da interpretação das realidades de inovação em RI com lógicas institucionais sociais (Utulu & Akadri, 2014; Nwagwu, 2013; Ghosh & Das, 2007;

Chan & Costa, 2005). As duas universidades fornecem fundos aos académicos para apoiar estudos de investigação que investigam problemas locais. A lógica que sustenta a disponibilização de fundos para estudos de investigação assenta na promoção da legitimidade das universidades (Saeidi, *et al.*, 2015; Carroll. 1991; Aupperle, Carroll & Hatfield, 1985). No entanto, não viam as RI como uma ferramenta viável para distribuir os resultados destes estudos e assim apoiar o desenvolvimento. Decepcionantemente, na sua incapacidade de perceber o papel potencial da inovação em RI na promoção da legitimidade institucional, as universidades trabalharam contra a inovação em RI. A forma como a legitimidade das duas universidades privadas foi interpretada em relação à inovação em RI não as fez ver a importância da inovação em RI para a obtenção de legitimidade. Embora a ligação entre o acesso à informação sobre o desenvolvimento e a taxa de desenvolvimento da sociedade contemporânea esteja a tornar-se mais forte (Machlup, 2014; Opoku-Mensah, 2007; Powell & Snellman, 2004), as principais partes interessadas na Nigéria não começaram a utilizar a medida em que as universidades apoiam o desenvolvimento com conhecimentos científicos para determinar a sua legitimidade.

As observações acima revelam que as universidades tomaram como certo que as RI não podem ser utilizadas para promover a sua comercialização e legitimidade. Corroboram os pressupostos persistentes sobre os benefícios das RI na literatura existente, que muitas vezes não incluem o seu potencial para promover o desenvolvimento (Zaid & Okiki, 2014; Oduwole, 2013; Wyk & Mostert, 2011). Os principais estudos realizados nos países em desenvolvimento, nomeadamente na Nigéria, sugerem que a inovação em RI é sobretudo útil para promover a visibilidade e o prestígio das universidades (Utulu & Akadri, 2014; Zaid & Okiki, 2014; Oduwole, 2013). Os que propõem que se trata de uma tecnologia com potencial para promover a distribuição de informação sobre o desenvolvimento não explicaram como é que isso pode ser conseguido e como é que os pressupostos actuais o dificultam (Ukwoma & Mole, 2017; Ezema, 2013; Nwagwu, 2013; Oduwole, 2013). A experiência adquirida durante o estudo mostra que a adoção de lógicas institucionais híbridas pelas universidades do caso tem um grande impacto nas formas como elas constroem socialmente os benefícios da inovação em RI. A implementação de lógicas institucionais pelas universidades dos casos foi influenciada pelas vozes das partes interessadas dominantes no panorama académico nigeriano. As partes interessadas dominantes determinaram a evolução e a interpretação de cada lógica institucional. Isto põe em causa certos sistemas de crenças sobre a inovação dos SI. Existem sistemas de crenças que levam as partes interessadas a pensar que a compreensão dos factores internos e externos é suficiente para expor a vasta gama de factores que influenciam a inovação dos SI (Sahay & Mukherjee, 2015; Avgerou, 2013; Lyttinen & Newman, 2008). Dado que as lógicas institucionais influenciam a forma como as organizações encaram a inovação dos SI, é imperativo identificar como estas evoluem e como as suas interpretações são derivadas. Como demonstrado neste estudo, os objectivos de inovação em RI definidos pelas universidades do caso foram determinados pelas lógicas institucionais promovidas principalmente pelo FGN e pela NUC. De acordo com as conclusões deste estudo e com os conhecimentos da literatura existente:

> *Proposição I: É provável que as lógicas institucionais constituam factores de barreira à inovação das RI nas universidades da Nigéria (e noutros contextos de países em desenvolvimento).*

4.6.2 Aderência à orientação tradicional da gestão universitária

A Universidade como Sistema Fechado e a Filosofia da Cidade e da Bata

A natureza das universidades tornou-se controversa no passado recente. Se os antecedentes históricos relacionados com a evolução das universidades e a sua liberdade em relação a influências externas forem comparados com as realidades actuais, torna-se claro que as universidades se transformaram muito. É esta transformação que parece ser controversa para as universidades, uma vez que acomoda práticas que eram consideradas inadequadas no passado (Guerrero, *et al.,* 2015; Yonezawa & Shimmi, 2015). Apesar do clamor pela autonomia, a evolução dos governos, das organizações privadas e dos indivíduos como proprietários de universidades transformou o modo de funcionamento das universidades (Altbach, 2015; Akalu, 2014). A autonomia das universidades tem sido amplamente discutida na literatura existente, tanto na dimensão da incursão do governo como na influência das agências de financiamento nas tendências e resultados da investigação (Akalu, 2014; Nielsen, 2014). No entanto, as universidades continuam a acreditar que permitir que as partes interessadas externas influenciem a sua tomada de decisões é uma aberração. Por outras palavras, ainda se agarram a alguns pressupostos de sistemas fechados quando interpretam os fenómenos que rodeiam as suas realidades quotidianas. Nas ciências organizacionais, as organizações são vistas como sistemas fechados ou abertos (Scott & Davis, 2015). O uso do termo "fechado" indica que o sistema é construído para não acomodar influências de entidades externas a ele. Por outro lado, os sistemas abertos são construídos para acomodar influências de entidades externas (Kuhl, 2017; Scott & Davis, 2015).

A publicação académica é uma das áreas em que as universidades tentam defender-se da incursão externa, utilizando sistemas fechados e pressupostos de bata e cidade (Gavazzi, *et al.* 2014; Bruning, *et al.*, 2006; Baker-Minkel, *et al.*,2004). É concebido como um fenómeno que tem a ver apenas com os académicos (Murray, 2013). A colaboração entre universidades e editoras comerciais na produção de conhecimento científico não é vista como uma prática que se opõe ao sistema fechado e às filosofias de cidade e cidade. Isto independentemente da agitação dos académicos contra as editoras comerciais que resultou na evolução da iniciativa de acesso aberto (Lynch, 2003; Crow, 2002; Harnad, 2001). Os principais interessados continuam a acreditar que o modelo tradicional de publicação académica garante que as universidades têm o controlo total da publicação académica. Este pressuposto incentiva as partes interessadas a continuar a ignorar as posições apresentadas pelos promotores da iniciativa de acesso aberto (por exemplo, Crow, 2002). A literatura sobre inovação em RI tem-se preocupado em propagar uma compreensão do funcionamento do modelo tradicional de publicação contra o sistema fechado e as filosofias da cidade e da cidade. Tem argumentado que os editores comerciais determinam a produção de conhecimento científico e as universidades que provavelmente terão acesso a eles (Utulu & Akadri, 2014; Oduwole, 2013; Wyk & Mostert, 2011; Palmer, *et al.*, 2008; Westell, 2006).

Surpreendentemente, a filosofia de inovação das RI que se baseia nas partes interessadas dentro das universidades não foi totalmente aceite. Dado que apoia a auto-distribuição da propriedade intelectual das universidades, adapta-se melhor à ideia de que as universidades são sistemas fechados e aos pressupostos que promovem a noção de cidade e de propriedade (Lynch, 2003; Davis & Connolly, 2007). Infelizmente, a filosofia tradicional de orientação da gestão universitária, que vê as universidades como sistemas fechados, não tem sido utilizada para concetualizar a inovação em RI. Parece que a ideia de que as universidades são sistemas fechados aponta, portanto, para a inclinação das partes interessadas para pensarem que as ocorrências nas universidades são exclusivamente determinadas por factores internos às universidades. Por exemplo, todos os sujeitos de investigação neste estudo partilham a crença de que os factores de barreira à inovação em RI são inerentes às universidades. Acreditam que as partes interessadas na inovação em RI se limitam à gestão universitária, aos académicos, aos bibliotecários, ao pessoal administrativo e ao pessoal das TIC. Assim, quando tentam identificar os desafios da inovação em RI, identificam frequentemente os desafios que estão ligados aos grupos de partes interessadas que são considerados partes interessadas na inovação em RI.

Negligenciam o papel das ideias sobre inovação em RI que derivam de fontes externas, como conferências, workshops e formações organizadas por outras organizações. Embora isto indique que a literatura existente sobre inovação em RI é construída com base no pressuposto de que todos os intervenientes na inovação em RI são associados, abre espaço para questionar a adequação das ideias utilizadas para moldar socialmente a inovação em RI. Há duas lições importantes que os investigadores e profissionais de SI podem aprender com este estudo. Em primeiro lugar, o estudo mostra que a natureza das universidades e os pressupostos que as orientam podem influenciar a inovação dos SI. Há alguns estudos que avaliaram a inovação tecnológica nas universidades que não consideraram questões relacionadas com o sistema fechado e com as filosofias de cidade e de cidade (Ayoubi & Khalifa, 2015; Eze, *et al.*, 2013; Vasileiou, *et al.*, 2012; Ehikhamenor, 2003). Em segundo lugar, este estudo informa os estudiosos e profissionais de SI que estão interessados em compreender o papel dos factores institucionais na inovação dos SI nas organizações (Marabelli & Galliers, 2017; Linderoth, 2014; Ghaffarian, 2011; Jones & Karsten, 2008). Isso mostra que deve ser dada atenção não apenas ao tipo de fatores institucionais identificados, mas, mais importante, também à forma como as partes interessadas interpretam os fatores institucionais em relação à inovação em SI. Isto implica que existem lacunas nos estudos existentes sobre SI. Com base na literatura existente e nas conclusões das minhas experiências com as universidades em causa:

> *Proposição II: As suposições de que as universidades são fechadas e separadas das organizações e indivíduos fora delas são susceptíveis de constituir factores de barreira à inovação em RI nas universidades na Nigéria (e noutros países em desenvolvimento).*

Modelo tradicional de publicação académica

A terceira variável que foi identificada como a forma como a adesão à orientação tradicional da gestão universitária impacta a inovação em RI nas universidades do caso é a adesão ao modelo tradicional de publicação académica. Pode dizer-se que o principal objetivo das universidades é a produção e a propagação do conhecimento científico. As universidades orgulham-se desta responsabilidade social e têm utilizado tudo o que está ao seu alcance para proteger a integridade dos processos que culminam na produção e distribuição do conhecimento científico (Abrizah, *et al.*, 2010; Arnold, 2009; Russel, 2008). A colaboração entre as universidades e as editoras comerciais no modelo tradicional de publicação académica foi bem explicitada. São cerca de seis os factores que compõem o ciclo de vida da publicação académica, nomeadamente a criação, o registo, a verificação, a certificação, a produção e a divulgação. Os académicos ocupam-se de três destas funções, nomeadamente, criação, verificação e certificação, enquanto os editores comerciais se ocupam do registo, da produção e da divulgação (Utulu & Akadri, 2014; Russel, 2008; Poschl, 2004). É importante notar que, num contexto histórico, estas seis funções da publicação académica foram introduzidas em diferentes fases da evolução da publicação académica. Por exemplo, está registado na literatura existente que a história da publicação académica remonta às cartas manuscritas que os académicos partilhavam entre si como forma de se informarem mutuamente sobre os novos resultados da investigação (Townsend, 2003). Este ato evoluiu para abordagens mais sofisticadas, a última das quais é o sistema de publicação eletrónica de revistas (Peek & Newby, 1996). Assim, quando a iniciativa de acesso aberto nasceu, os seus proponentes agitaram-se sobre as limitações que afectam o sistema tradicional de publicação de acesso fechado (Harnad & Broody, 2004; Crow, 2002; Harnad, 2001).

Os académicos consideraram que os editores comerciais estão a defraudar as universidades e outros utilizadores de conhecimentos científicos devido ao custo de aquisição de conhecimentos científicos. No entanto, o sistema mantém-se porque as universidades acreditam que o modelo tradicional de publicação em acesso fechado garante a produção e a divulgação de conhecimentos científicos de qualidade. Para as universidades, o modelo de publicação de acesso aberto, em comparação com o modelo de publicação tradicional, deixa muitas perguntas sem resposta sobre a qualidade e a integridade das publicações (Yiotis, 2013; Solomon & Bjork, 2012; Bjork, 2004). Assim, embora a acessibilidade do conhecimento tenha sido o principal fator de motivação por detrás da publicação em acesso aberto, verificou-se que esta fica aquém dos procedimentos rigorosos utilizados na produção de conhecimento científico quando comparada com o modelo tradicional de publicação em acesso fechado (Abrizah, *et al.,2010;* Palmer *et al.*, 2008; Howcroft, 2004). O facto de as principais funções das RI girarem em torno da criação, produção e disseminação de conhecimento científico levou as partes interessadas, cujos pressupostos são moldados pelo modelo tradicional, a questionar a sua validade. Na inovação das RI, esperava-se que a criação de conhecimento científico ficasse nas mãos dos académicos, enquanto a produção e a disseminação ficavam nas mãos dos bibliotecários com o apoio técnico do pessoal das TI (Utulu & Akadri, 2014; Palmer *et al.*, 2008; Crow, 2002). No entanto, como dois aspectos importantes da publicação académica tradicional, nomeadamente a verificação e a certificação, não foram incorporados na inovação das RI, os académicos tornaram-se cépticos quanto à sua viabilidade como modelo de publicação académica (Abrizah, *et al.*, 2010; Utulu & Akadri, 2014; Davis & Connolly, 2007).

Os académicos participam na publicação académica para alargar as fronteiras do conhecimento e, tradicionalmente, estabeleceram sistemas de recompensa que estão ligados à publicação académica (Abrizah, *et al.*, 2010; Davis & Connolly, 2007). As recompensas atribuídas à publicação académica incluem a nomeação, a titularidade e a promoção dos académicos. Além disso, os académicos são também classificados com base em parâmetros como o fator de impacto elevado, o número de citações e o número de publicações. Dado que todos estes parâmetros estão associados à publicação académica tradicional, são também utilizados para avaliar em que medida se pode atribuir à inovação das RI o estatuto de publicação académica. A implicação disto é que, para qualquer proposta de mudança social, em especial a baseada em SI, é necessário avaliar e compreender todos os factores que a motivam. É igualmente importante compreender os factores socioculturais, económicos e políticos em que se baseia a antiga perspetiva que se pretende alterar. Os resultados deste estudo mostram que a inovação das RI não teve êxito nas universidades em causa devido à perspetiva sociocultural, económica, política e tecnológica em que se baseia. Não se trata de dizer que as perspectivas estavam erradas, mas sim que são radicalmente diferentes do modelo em que se baseia a publicação académica tradicional (Utulu & Akadri, 2014; Abrizah, *et al.*, 2010; Davis & Connolly, 2007).

Por conseguinte, as partes interessadas precisam de compreender tanto a perspetiva antiga como a nova para poderem avaliar adequadamente como iniciar a mudança impulsionada pelos SI. No passado, a literatura sobre a mudança impulsionada pelos SI centrou-se na atenção das partes interessadas na compreensão dos contextos sociais e na forma como o novo SI se enquadra (Sahay & Mukherjee, 2015; Lyttinen & Newman, 2008). Muito pouco é dito sobre a compreensão das forças sociais, económicas e políticas que promovem a popularidade de um SI existente que é considerado para mudança, como feito neste estudo. Este facto tem implicações nos estudos sobre SI que avaliam o papel da adequação SI-organização na inovação dos SI. A maioria dos estudos sobre SI que analisam a adequação SI-organização avalia a adequação a partir de perspectivas operacionais. Este estudo mostra a necessidade de uma segunda perspetiva de adaptação SI-organização, nomeadamente, uma perspetiva sociocultural. Não há dúvida de que os SI transportam alguns pressupostos culturais (Avgerou, 2010; Heeks, 2010). Se esta noção servir de base, a revelação deste estudo sobre o impacto da adequação entre as orientações das RI e da gestão universitária tradicional na inovação das RI deve ser considerada um fator importante tanto pelos profissionais como pelos académicos. Nas universidades em questão, os académicos mostraram-se cépticos quanto à qualidade dos materiais de RI porque o processo pelo qual são produzidos não corresponde aos seus pressupostos sobre o que constitui uma produção adequada de conhecimentos académicos. Os factores sociais, económicos e políticos que promovem a adesão contínua ao modelo de publicação tradicional também promoveram este ceticismo. Estes factores sociais, económicos e políticos de fundo giram em torno dos sistemas de recompensa que estão associados ao modelo de publicação tradicional, mas de que os participantes na inovação das RI não podem usufruir. Com base nos conhecimentos adquiridos na literatura existente e nos resultados desta investigação:

Proposição III: A adesão ao modelo tradicional de publicação académica pelas universidades na Nigéria é suscetível de impedir a inovação em RI.

4.6.3 Factores de barreira do paradoxo

Um argumento popular na literatura sobre ISDC é que os projectos de SI nos países em desenvolvimento não atingem muitas vezes os objectivos que lhes foram fixados devido às condições socioculturais, políticas e económicas neles existentes (Avgerou, 2010; Walsham & Sahay, 2006). Estas condições que dificultam a inovação dos SI manifestam-se sob a forma de pobreza, escassez de conhecimentos necessários para a inovação dos SI e ambiente empresarial desfavorável, entre outros (Avgerou, 2010; 2008; Heeks, 2010). As universidades do caso revelaram três barreiras à inovação em matéria de RI que estão ligadas às afirmações anteriores sobre as barreiras tradicionais à inovação em matéria de SI nos países em desenvolvimento. As barreiras são o acesso limitado à Internet, o fornecimento de energia não fiável e os fundos de investigação inadequados (Akalu, 2014; Ehikhamenor, 2003; Amuwo, 2000). Análises anteriores de ambientes de negócios em países em desenvolvimento mostram que eles são caracterizados pela inadequação do fornecimento de energia, acesso limitado a fundos, problemas de transporte e condições sociofísicas e tecnológicas geralmente pobres (Lechman, 2015; Khavul & Bruton, 2013). Daqui decorre que os ambientes empresariais nos países em desenvolvimento sufocam as universidades que neles tentam empenhar-se na inovação em RI (Utulu & Akadri, 2014; Oduwole, 2013; Ghosh & Das, 2007). Ou seja, as condições económicas, socioculturais, sociofísicas e tecnológicas das universidades do caso são fracas em resultado do panorama empresarial/académico nigeriano (Okebukola, 2015; Osagie, 2009; Ehikhamenor, 2003; Amuwo, 2000; Banjo, 1997; Sanda, 1992). Estas condições verificam-se nas universidades do caso, independentemente do facto de serem privadas ou públicas.

Os factores de paradoxo identificados neste estudo foram assim designados porque persistem, independentemente dos padrões de desempenho elevado que os proprietários das universidades em causa estabeleceram. Os proprietários das universidades dos casos, tendo estabelecido o objetivo de se tornarem universidades aclamadas internacionalmente, não forneceram os recursos necessários (Altbach, 2015; Okebukola, 2015; Amadi, 2011; Sanda, 1992). Por exemplo, o governo não disponibilizou os recursos necessários para satisfazer as necessidades de investigação da Universidade III, apesar de ter incumbido os académicos de realizarem investigação de elevada qualidade e de a publicarem em revistas de elevada qualidade. Também incumbe a universidade de competir de forma significativa no ranking global de universidades contra outras universidades mais bem financiadas e aclamadas internacionalmente. Este tem sido um problema antigo no sistema universitário nigeriano (Okebukola, 2015; Erinosho, 2013/2014; Osagie, 2009; Amuwo, 2000; Sanda, 1991; Banjo, 1997; NUC, 1983). Esperava-se que o advento da universidade privada fosse uma solução para este problema (Amadi, 2011; Osagie, 2009; Owolabi, 2000). No entanto, as condições nas duas universidades privadas não eram diferentes das da universidade pública. As missões definidas para as duas universidades privadas são semelhantes às missões definidas para a universidade pública estudada (Okebukola, 2015; Ajadi, 2010; Akpotu & Akpochafo, 2009). Os proprietários das duas universidades privadas também procuram o reconhecimento internacional da sua investigação e inovação para se lançarem nos círculos internacionais. No entanto, este objetivo não foi apoiado com recursos, uma vez que as universidades se debatiam com um acesso limitado à Internet e ao fornecimento de energia. As universidades racionaram o acesso à Internet e o fornecimento de energia eléctrica às unidades académicas e a outras unidades, de acordo com o valor e a prioridade que lhes eram atribuídos, o que sugere que algumas unidades eram consideradas mais importantes do que outras. Isto indica que os factores de barreira do paradoxo identificado são socialmente construídos. O problema do acesso à Internet e do fornecimento de energia eléctrica nos países em desenvolvimento tem sido referido na literatura existente (Dada, 2006). A relação entre o acesso à Internet e o fornecimento de energia e a produtividade da investigação dos académicos também foi referida (Duque, *et al.*, 2005; Ehikhamenor, 2003). Estes estudos, no entanto, não elucidaram as partes interessadas de que os problemas identificados eram socialmente construídos.

Em qualquer sociedade, o acesso à Internet está ligado à disponibilidade de largura de banda e às infra-estruturas criadas pelo governo em colaboração com organizações privadas. Embora a infraestrutura da Internet na Nigéria tenha sido criada pelo governo e pelo sector privado e possa ser descrita como bastante competitiva (Dada, 2006), as universidades privadas não dispõem dos recursos necessários para fornecer uma infraestrutura e uma conetividade adequadas à Internet nos seus campus (Okebukola, 2015; Zhen-Wei Qiang, 2010; Petrazzini & Kibati, 1999). O problema do acesso à Internet e do fornecimento de energia eléctrica nos países em desenvolvimento também foi bem estudado na disciplina de ISDC (Bulman & Fairlie, 2016; Wallsten, 2005; Petrazzini & Kibati, 1999). No entanto, tal como noutros contextos, estes estudos não discutiram os factores que têm impacto na forma como as organizações dos países em desenvolvimento pensam em abordar as questões do acesso à Internet à luz deste desafio. Neste estudo, a construção social das universidades do caso em torno do acesso à Internet foi um problema fundamental para a inovação das RI. Por exemplo, o cibercafé comercial criado pela Universidade III teve acesso prioritário ao fornecimento de energia e a mais largura de banda da Internet porque os custos destes recursos eram cobertos pelas taxas de utilização. Estes cenários indicam que a escassez de energia eléctrica e de acesso à Internet é socialmente construída, ou seja, é criada pelo homem. Nas duas universidades privadas, as áreas consideradas importantes para a realização das missões essenciais das universidades foram consideradas áreas prioritárias para o acesso à Internet e o fornecimento de energia eléctrica. Estas missões fundamentais giram em torno do cumprimento dos requisitos dos NUC, independentemente do facto de os requisitos poderem não estar diretamente ligados a ganhos comerciais. As universidades do caso utilizaram abordagens de custo-benefício e de requisitos sociais para determinar a distribuição do fornecimento de energia eléctrica e do acesso à Internet. Isto corrobora as afirmações da literatura existente de que a Internet deve ser tratada como um recurso económico e uma comodidade social nos países em desenvolvimento (Guo, *et al.*, 2007; Kiiski & Polijola, 2002). Os resultados deste estudo mostram que os pressupostos de que a Internet é um recurso económico ou uma comodidade social são socialmente construídos.

A implicação deste facto para os estudos sobre ISDC é fundamental. No passado, os estudiosos da ISDC apenas identificaram factores socioeconómicos e políticos que dificultam a inovação dos SI (Leachman, 2014; Braa, *et al.*,2007a; Dada, 2006; Heeks, 2002). No entanto, não analisaram o papel das partes interessadas na construção social desses desafios. Observa-se que as construções sociais determinaram a emergência dos factores de paradoxo identificados neste estudo. Por conseguinte, os académicos e os profissionais de SI devem prestar atenção às realidades socialmente construídas pelas partes interessadas e às realidades de implementação dos SI que são peculiares aos países em desenvolvimento. No caso das universidades, as realidades socialmente construídas da vida quotidiana em torno da inovação das RI determinaram os factores de barreira do paradoxo, ou seja, o acesso inadequado à Internet, o fornecimento de energia não fiável e os fundos de investigação inadequados, que impedem a inovação das RI. Consequentemente, tendo em conta a revelação na literatura existente e os conhecimentos adquiridos nos contextos empíricos deste estudo, proponho o seguinte:

> *Proposição IV: É provável que os factores de barreira do paradoxo constituam factores de barreira à inovação das RI nas universidades dos países em desenvolvimento.*

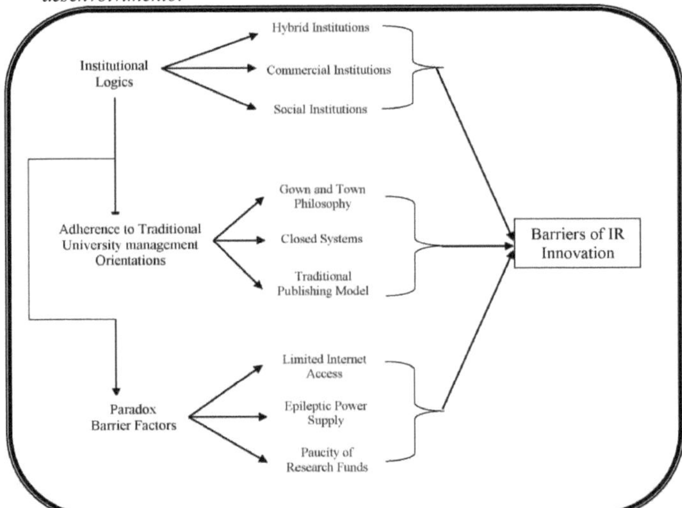

Figura 4.1: Dinâmica dos factores de barreira à inovação em RI ao nível organizacional

4.7 Conclusão do segundo estudo

Este estudo foi dedicado à avaliação dos factores que determinam a inovação em RI a nível organizacional nas universidades dos países em desenvolvimento, utilizando exemplos da Nigéria. O estudo baseou-se na seguinte questão de investigação: como é que as actividades de indivíduos e organizações fora do contexto universitário constituem uma barreira à inovação em RI na Nigéria? Identificou as lógicas institucionais como um fator primordial na inovação das RI nos países em desenvolvimento. Identificou também o papel do governo, das agências governamentais, das organizações e dos indivíduos que não fazem parte das comunidades universitárias na determinação do modo como as lógicas institucionais evoluem e, efetivamente, têm impacto na inovação das RI. Dado que o pensamento dos intervenientes na inovação das RI foi determinado pelas lógicas institucionais adoptadas pelas universidades, as lógicas institucionais tornam-se então um determinante primário da inovação das RI. As lógicas institucionais promoveram o aparecimento de factores de paradoxo e a forma como foram interpretados pelas partes interessadas nas universidades em questão. Asseguraram também que as universidades aderissem às orientações tradicionais de gestão universitária e mantivessem a convicção de que as universidades são sistemas fechados onde prevalece a filosofia da cidade. Os factores de barreira do paradoxo, incluindo o acesso inadequado à Internet, o fornecimento de energia eléctrica pouco fiável e os fundos de investigação inadequados, foram socialmente construídos como resultado de outras necessidades que as universidades devem satisfazer. Invariavelmente, estas necessidades foram determinadas pelas lógicas institucionais utilizadas para interpretar as realidades ligadas às necessidades. Este estudo identifica vários factores que têm impacto na inovação das RI nas universidades dos países em desenvolvimento. Relaciona a inovação em RI com lógicas institucionais contraditórias, incongruência de objectivos e pressões provenientes do interior e do exterior das universidades. As revelações do estudo alargam os conhecimentos disponíveis na disciplina de implementação dos SI sobre o conjunto de factores que têm impacto na inovação dos SI a nível organizacional. O estudo oferece explicações sobre o modo como os factores a nível organizacional podem promover factores a nível individual. Tanto o Estudo 1 como o Estudo 2 mostram que os factores institucionais e organizacionais determinam as opiniões dos intervenientes (conhecimento tácito) sobre a inovação das RI. Mostram que as partes interessadas nas universidades em causa são condicionadas por factores inerentes aos níveis institucional e organizacional. As conclusões do Estudo 1 e do Estudo 2 fornecem a base para explicar a evolução do conhecimento tácito e o modo como este pode ser gerido, tal como especificado no Capítulo 5.

Capítulo 5 : Estudo empírico 3

Avaliação a nível individual

Quadro para a implementação de uma gestão eficaz do conhecimento tácito nos SI

Inovação

Resumo

Este estudo foi realizado com o objetivo de propor um quadro para a implementação de uma gestão eficaz do conhecimento tácito durante a inovação dos SI. Baseou-se na revelação do importante papel do conhecimento tácito na inovação dos SI ao nível individual. O estudo foi efectuado no contexto da inovação dos SI, sendo os SI um tipo de SI utilizado para promover o acesso aberto ao conhecimento científico. O estudo adopta uma abordagem de investigação indutiva e interpretativa. Os dados qualitativos foram recolhidos através de observação participativa e de entrevistas não estruturadas em profundidade. Os dados recolhidos foram analisados através da técnica de análise temática de dados. A análise dos dados mostra que existem dois tipos de conhecimento tácito de inovação em RI detidos pelos sujeitos de investigação, nomeadamente, conhecimento tácito de inovação em RI discreto e partilhado. O estudo mostra que o conhecimento tácito de inovação em RI discreto é de dois tipos: conhecimento tácito de inovação em RI de baixa ordem e de alta ordem, enquanto o conhecimento tácito de inovação em RI partilhado é também de dois tipos: conhecimento tácito de inovação em RI coletivo e de senso comum. O estudo revela que uma gestão eficaz do conhecimento tácito pode ajudar a transformar o conhecimento tácito discreto em conhecimento tácito partilhado da inovação em matéria de RI e, consequentemente, promover a inovação em matéria de RI. O estudo desenvolve um modelo que explica como a gestão eficaz do conhecimento tácito pode ser feita para apoiar a inovação dos SI. Contribui para as disciplinas de implementação de SI, ISDC e gestão do conhecimento.

Palavras-chave: Gestão do Conhecimento Tácito, Repositório Institucional, Implementação de SI;

Sistemas de informação nos países em desenvolvimento, gestão do conhecimento; senso comum

Não é a montanha que conquistamos, mas a nós próprios - Edmund Hilary

5.1 Introdução

O papel da gestão do conhecimento tácito na inovação dos SI não tem recebido a devida atenção, apesar da importância da gestão do conhecimento para as organizações contemporâneas, com diversos intervenientes envolvidos no processo. O conhecimento tácito foi definido como o tipo de conhecimento que é idiossincrático e não codificado; é armazenado na cognição humana (mente) e actuado sem reflexão (Argyris, 1995; Nonaka & Takeuchi, 1995; Schutz & Luckmann, 1989; Polanyi, 1969). Como um SI, a inovação em RI é afetada pelas experiências sociais e afiliações profissionais dos envolvidos (Abrizah, *et al.*, 2010; Palmer, *et al.*, 2008). Isto sugere que a inovação em RI é suscetível de ser afetada por diferenças no conhecimento tácito detido pelas partes interessadas. Um conjunto crescente de literatura sobre a importância da gestão do conhecimento para o sucesso da implementação dos SI também aponta para o possível papel da gestão do conhecimento tácito na inovação das RI (Gasston & Halloran, 1999). Se as revelações disponíveis na literatura existente sobre o papel da gestão do conhecimento na inovação dos SI forem suficientes, a necessidade de desenvolver um quadro para uma gestão eficaz do conhecimento tácito para ajudar a inovação das RI não pode ser demasiado enfatizada (Halloran, 2008; Schultze & Leidner, 2002). Este apelo é também corroborado pelo consenso alcançado pelos académicos na disciplina de gestão do conhecimento sobre o papel fundamental do conhecimento tácito na inovação dentro das organizações (Venkitachalam & Busch, 2012). Reconhecendo a importância do conhecimento tácito, Lam (2000) propôs dois tipos de conhecimento tácito, nomeadamente, o conhecimento tácito incorporado e o conhecimento tácito incorporado, que promovem a inovação nas organizações. Shamsie & Mannor (2013) também identificam e propõem dois tipos de conhecimento tácito, a saber, o conhecimento tácito discreto e o conhecimento tácito coletivo, que apoiam o desempenho organizacional. Apesar destas proposições, não existe um quadro para a gestão do conhecimento tácito que possa ser referenciado pelas partes interessadas durante a inovação dos SI. Esse quadro é necessário, uma vez que as decisões tomadas em tempo real durante a inovação dos SI são principalmente espontâneas e baseadas no conhecimento tácito (Light & Howcroft, 2010; Hansen, Rose & TjoRnehoJ, 2004).

Os dados empíricos recolhidos durante este estudo, através de entrevistas aprofundadas e da observação participativa, mostram que qualquer esforço significativo para criar um quadro para a gestão do conhecimento tácito tem de abordar quatro tipos de conhecimento tácito, nomeadamente, baixo

conhecimento tácito de ordem, de ordem superior, coletivo e de senso comum. Neste estudo, considera-se que o conhecimento tácito se apresenta sob a forma de ideias sobre acontecimentos ou fenómenos. Essas ideias estão contidas nas mentes dos indivíduos. Este estudo revela que estas ideias existem sob quatro formas diferentes. Em primeiro lugar, as ideias que se encontram num ponto em que não podem ser articuladas pelas pessoas em causa constituem conhecimento tácito de baixa ordem. Em segundo lugar, as ideias que se encontram num ponto em que podem ser articuladas, ou seja, podem ser descritas pela pessoa que as tem na sua mente, são conhecimento tácito de ordem superior. Em terceiro lugar, as ideias que se encontram num ponto em que têm um significado uniforme entre os membros de um grupo, dado que foram articuladas (discutidas) entre si, são conhecimento tácito coletivo. Em quarto lugar, as ideias que foram tomadas como garantidas a nível do grupo, que se tornaram a norma e que são aplicadas pelos membros do grupo sem questionamento são conhecimento tácito de senso comum. Para que o conhecimento tácito seja considerado partilhado, deve haver uniformidade na forma como as pessoas em causa vêem, descrevem e discutem as ideias nele contidas. Por conseguinte, tanto o conhecimento tácito coletivo como o conhecimento tácito de senso comum são categorias de conhecimento tácito partilhado. A diferença entre os dois, tal como identificada neste estudo, é que o conhecimento tácito coletivo contém ideias que não foram tomadas como garantidas, enquanto o conhecimento de senso comum contém ideias que foram tomadas como garantidas.

Este estudo relata uma avaliação empírica realizada com o objetivo de desenvolver um quadro para uma gestão eficaz do conhecimento tácito na inovação dos SI. O estudo apresenta exemplos de três universidades na Nigéria e mostra que a gestão eficaz do conhecimento tácito inclui quatro elementos (processos). Os elementos são: (1) identificar e compreender como é que os indivíduos têm as ideias (conhecimento tácito) que defendem; (2) identificar e compreender os processos através dos quais as ideias passam do ponto em que não podem ser articuladas para o ponto em que podem ser articuladas; (3) iniciar interações e diálogos planeados para promover a discussão das ideias a nível do grupo; (4) iniciar a implementação sustentada das ideias em tempo real para promover a negociação colectiva de significados que são assumidos ao longo do tempo. O estudo explica como os quatro tipos de conhecimento tácito e os quatro elementos de criação de conhecimento tácito constituem o núcleo da gestão do conhecimento tácito nas organizações. Mostra que a falta de compreensão dos processos necessários para transformar o conhecimento tácito de inovação em RI de baixa ordem em conhecimento tácito de senso comum durante a inovação em RI resulta numa gestão ineficaz do conhecimento tácito da inovação em RI. Este estudo dá resposta à seguinte questão de investigação: *Como deve ser gerido o conhecimento tácito dos intervenientes relevantes para ter um impacto positivo na inovação das RI nas universidades nigerianas?*

5.2 Revisão da literatura

Na maioria dos casos, a inovação em RI nas universidades não envolve a construção de um artefacto de SI. Pelo contrário, envolve a inovação de artefactos de SI de fonte aberta já disponíveis (por exemplo, DSpace, Eprint e Fedora) para promover o acesso aberto à propriedade intelectual de uma universidade (Ifijeh, 2014; Wyk & Mostert, 2011; Harnad & Broody, 2004). A inovação em RI envolve a preparação de uma universidade para adotar a iniciativa de acesso aberto para gerir a sua propriedade intelectual, de modo a que a sua comunidade, a sociedade imediata e a comunidade global possam ter livre acesso a ela (Penfield, 2015; Utulu & Akadri, 2014; Shearer, 2013). Dado que, no passado, os editores comerciais eram os únicos responsáveis pela publicação de conhecimento académico, a inovação em RI também envolve a construção da perceção das partes interessadas sobre a viabilidade e a validade da RI (Palmer, *et al.*, 2008; Davis & Connolly, 2007). Isto implica que a inovação em RI implica persuadir as partes interessadas dos benefícios que a comunidade global obteria se as universidades assumissem as responsabilidades de registar, verificar, certificar e disseminar gratuitamente o conhecimento científico (Zaid & Okiki, 2014; Kim, 2010; & Broody & Harnad, 2005). Implica também esclarecer as partes interessadas sobre o papel das bibliotecas académicas na inovação das RI e as suas implicações positivas na luta para quebrar o monopólio de que gozam atualmente as editoras comerciais (Penfield, 2015; Oduwole, 2013; Abrizah, *et al.,* 2010; Bosch & Harnad, 2005; Lynch, 2003). A inovação das RI, portanto, toca duas questões fundamentais que exigem uma gestão eficaz do conhecimento tácito: a reinvenção da forma como as partes interessadas vêem a publicação académica e a necessidade de criar pontos de vista comuns (conhecimento tácito partilhado) entre as partes interessadas sobre a razão pela qual a inovação das RI é fundamental para o avanço da distribuição do conhecimento científico.

Dada a natureza da inovação das RI, é necessária uma gestão eficaz do conhecimento tácito para unificar os pontos de vista dos bibliotecários, académicos, administradores, pessoal de TI e uma série de outras partes interessadas na inovação das RI (Utulu & Akadri, 2014; Kim, 2010; Davis & Connolly, 2007). A gestão eficaz do conhecimento tácito oferece a oportunidade de evitar conflitos que dificultam o êxito da inovação das RI. Por exemplo, os bibliotecários académicos lutam persistentemente para convencer o corpo docente da sua capacidade de gerir adequadamente o conhecimento científico utilizando as RI. Também se esforçam por convencer outras partes interessadas que vêem a gestão do conhecimento académico a partir de perspectivas tradicionais de que podem gerir eficazmente as RI de modo a atenuar os actuais desafios da distribuição do conhecimento científico (Oduwole, 2013; Wyk & Mostert, 2011; Broody & Harnad, 2005). As experiências actuais mostram que o êxito da inovação em RI exige que toda a comunidade universitária desenvolva uma compreensão colectiva das recompensas da inovação em RI, do seu impacto nas práticas tradicionais e das suas implicações globais para as universidades. Isto é necessário para a aceitação colectiva da inovação em RI como uma forma viável e válida de distribuir o conhecimento científico (Pinfield, *et al.,* 2014; Oduwole, 2013).

No centro dos pontos de vista contraditórios que bloqueiam a inovação em RI nas universidades, em especial nas dos países em desenvolvimento, está a gestão do conhecimento. Uma análise atenta dos conflitos revela que grande parte deles resulta do tipo de pontos de vista sobre a inovação das RI (conhecimento tácito) detidos pelas partes interessadas. Este facto corrobora as ideias da literatura de que as diferenças de enquadramento, orientações e valores são problemas frequentes de inovação em TI nas universidades (Khoo & Hall, 2013; Olsen, *et al.,* 2013). Os trabalhos académicos que avaliaram os problemas de inovação em TI a partir da perspetiva dos quadros, orientações e valores derivaram os seus argumentos de base do trabalho de Polanyi sobre o conhecimento tácito (Polanyi, 1969). A disciplina de gestão estratégica (Nonaka & Takeuchi, 1995) e, no passado recente, o campo dos SI (Kudaravalli, *et al.,* 2017; Kulkarni, Ravindran & Freeze, 2006) continuaram a mostrar a importância do conhecimento tácito para a organização bem-sucedida e a inovação dos SI. Blackler (1993), no entanto, argumentou que existiam pensamentos que eram como o que Polanyi chamou de conhecimento tácito antes que as ideias de Polanyi sobre o conhecimento tácito fossem propagadas. Bons exemplos são os trabalhos de Alfred Schutz (Schutz, 1954; 1953; 1951) sobre a fenomenologia da vida quotidiana, que informaram a construção social da realidade de Berger e Luckmann (1967). A exposição de Alfred Schutz sobre a experiência, a prática, a ação, o trabalho e o mundo da vida representa, em grande medida (Schutz, 1954; Schutz

& Luckmann, 1989), o que Polanyi e os académicos contemporâneos no domínio da gestão do conhecimento designam por conhecimento tácito (Nonaka & Takeuchi, 1995; Polanyi, 1966). Por exemplo, Schutz & Luckmann (1989) defendem que o mundo da vida é "*uma realidade que é dominada pela ação e a realidade que - e sobre a qual - a nossa ação falha... é válido que nos envolvamos nela agindo e a mudemos pelas nossas acções... [é] a província da realidade... que encontramos diretamente... (p.1).*" Os pensamentos de Schutz e Luckmann captam a centralidade dos argumentos apresentados sobre a natureza do conhecimento tácito ao longo dos anos (por exemplo, Tsouka, 2005; Lam, 2000; Nonaka, 1994; Argyris & Schon, 1978; Polanyi, 1969).

Independentemente das diferenças de pontos de vista sobre o conhecimento tácito, três grandes escolas de pensamento promovem os estudos sobre a gestão do conhecimento. Estas escolas tentaram fornecer enquadramentos para a concetualização e gestão do conhecimento. A primeira das escolas é a abordagem cognitiva da gestão do conhecimento. Esta escola é defendida por académicos que consideram o cognitivismo racional e o cognitivismo social como a base da gestão do conhecimento nas organizações. No centro dos pressupostos das escolas do cognitivismo racional e social está a ideia de que a criação e a utilização do conhecimento têm a ver com a criação de representações na mente organizacional. Espera-se que essas representações descrevam adequadamente as realidades que ocorrem fora da mente organizacional. Argyris & Schon (1978), académicos proeminentes da escola cognitivista, forneceram um quadro para descrever as representações e as realidades, identificando dois tipos de teorias que orientam as acções organizacionais. As teorias são, nomeadamente, a teoria adoptada e a teoria em uso. Bandura (1986), outro académico proeminente da escola cognitivista, também utilizou a sua teoria da aprendizagem social para explicar como as pessoas determinam os seus modelos, ou seja, aqueles com quem querem ser semelhantes. Estes exemplos baseiam-se na correspondência entre a realidade e a representação, ou seja, como fazer corresponder a teoria defendida (representação) e a teoria em uso (realidade).

A gestão do conhecimento tácito é, por conseguinte, considerada como a capacidade de criar representações que descrevam as realidades de forma apropriada e adequada. Argyris e Schon defendem que isto implica a criação de políticas, rotinas e sistemas de trabalho que correspondam às formas de pensar dos actores organizacionais (teoria em uso). O problema desta abordagem à gestão do conhecimento tácito é a dualidade, ou seja, a separação entre pensamento e ação (representações e realidades). Além disso, os estudiosos que desenvolveram estas escolas de pensamento não especificaram a génese e a evolução do conhecimento tácito. Assim, a gestão do conhecimento tácito começa no meio do parque, omitindo aspectos fundamentais que têm a ver com as experiências em primeira mão (informalidade e acidentalidade) na criação do conhecimento tácito. Neste estudo, a informalidade implica experiências adquiridas (ou seja, conhecimento tácito criado) através de actos não estruturados e espontâneos. A acidentalidade implica experiências adquiridas (ou seja, conhecimento tácito criado) sem aviso prévio e sem planeamento.

A segunda escola no campo da gestão do conhecimento é a teoria da empresa baseada no conhecimento, que tenta melhorar a teoria da base de recursos dos factores da empresa que determinam o desempenho das empresas. Nonaka e Spender são os principais actores desta escola de pensamento (Nonaka & Takeuchi, 1995; Nonaka, 1994). Embora Nonaka e os seus colegas não se tenham centrado principalmente no conhecimento tácito, as suas propostas apresentaram o conhecimento tácito como uma componente muito importante da gestão do conhecimento. Por exemplo, o quadro SECI começa com o conhecimento tácito e termina com o conhecimento tácito. Isto quer dizer que acreditavam na existência de dois tipos de conhecimento, nomeadamente o conhecimento tácito e o conhecimento explícito (Krogh, *et al.,* 2012; Nonaka & Takeuchi, 1995). Assim, a gestão do conhecimento envolve a identificação do conhecimento tácito, a sua externalização e socialização e a sua combinação com o conhecimento explícito. O ponto alto da proposição da teoria da empresa baseada no conhecimento é a combinação do conhecimento tácito com o conhecimento explícito para criar um conhecimento superior que acaba como conhecimento tácito. Espera-se que este novo conhecimento tácito seja interiorizado depois de ter sido utilizado durante um longo período de tempo. A negligência da forma como o conhecimento tácito é formado, apesar de se discutir como pode ser exteriorizado e socializado, é uma lacuna fundamental na teoria. Tal como na escola cognitiva, a informalidade e a acidentalidade são omitidas na gestão do conhecimento. A escola é também criticada por separar o pensamento da ação e por argumentar que o conhecimento não é um produto da ação humana (Lyttinen & Newman, 2008; Patriotta, 2003).

A diferença entre a posição de Nonaka e dos seus colegas sobre a gestão do conhecimento e o quadro de gestão do conhecimento tácito proposto neste estudo é que a proposta apresentada neste estudo se centra inteiramente na gestão do conhecimento tácito. O estudo não analisou a dinâmica envolvida na combinação do conhecimento tácito com o conhecimento explícito, apesar de reconhecer que o conhecimento tácito pode ser criado e combinado com o conhecimento explícito. O quadro desenvolvido neste estudo centra-se na criação de conhecimento tácito através de meios informais, acidentais e formais, bem como na sua implementação e evolução ao longo do tempo. O quadro identifica a possibilidade de as organizações se envolverem em acções planeadas, tais como reuniões, formações, actividades de partilha de informações, etc., a fim de criar e gerir o conhecimento tácito. Identifica também a frequência das oportunidades de criar conhecimento tácito de forma informal e acidental. Consequentemente, o quadro de gestão do conhecimento tácito proposto neste estudo centra-se na forma como o conhecimento tácito é criado e como se transforma desde a fase em que não pode ser articulado, passando pela fase em que pode ser articulado, até à fase em que é coletivamente detido e assumido.

Esta proposta aproxima-se das defendidas pela escola de pensamento da tecnociência, que inclui a abordagem situada, a construção social do conhecimento e a sociologia do conhecimento. É, no entanto, diferente porque se centra diretamente na gestão do conhecimento tácito, que a escola tecnocientífica vê como uma parte do quadro mais vasto. Das três grandes sub-escolas da escola de pensamento tecnocientífico, a abordagem situada trata principalmente da gestão do conhecimento tácito nas organizações, embora a misture com a criação de conhecimento explícito (práticas documentadas) (Lave, 1988). O construcionismo social, que se ramifica em duas escolas independentes, nomeadamente a construção social da tecnologia e a modelação social da tecnologia, trata da forma como a tecnologia é inventada e utilizada em contextos sociais mais alargados (Howcroft, *et al.,* 2004; Edge, 1988; Armacost, 1985). A sociologia do conhecimento evolui a partir de uma tradição académica que está interessada em explorar a criação, utilização e gestão do conhecimento como uma empresa científica (McCarthy, 2005; Merton, 1972). O ponto de viragem destas escolas reside no facto de acreditarem que a criação de conhecimento não pode ser separada das acções humanas (Mulkay, 2014; Barnett, 1999). Por exemplo, a abordagem situada defende que o conhecimento é criado a partir de experiências derivadas da ação (Marin, Cordier & Hameed, 2016).

Isto é ligeiramente diferente da teoria da formação social do conhecimento, cujos argumentos foram desencadeados pela natureza da tecnologia e pela necessidade de fornecer um modelo adequado para a invenção e inovação tecnológicas. Tanto a construção social da tecnologia como a formação social da tecnologia defendem que a tecnologia não é determinada, mas sim socialmente construída (Pinch & Bijker, 1984; 1987), o que implica que as acções tomadas para a invenção e utilização da tecnologia são cuidadosamente determinadas e implementadas com base nos sentimentos humanos. O conhecimento tácito, tal como proposto por estas escolas, representa os pensamentos dos intervenientes sobre a invenção e a utilização da tecnologia. A gestão do conhecimento tácito fornece as bases para a elaboração de políticas e a regulação de práticas que orientam a invenção, a inovação e a utilização da tecnologia (Howcroft, *et al.*, 2004; Edge, 1995). As ideias propagadas por estas escolas influenciaram os estudos sobre SI que tentaram explicar os factores que determinam a inovação e a utilização dos SI (Bailey & Ngwenyama, 2016; Orlikowski & Scott, 2015; Shen, Lyytinen & Yoo, 2015). Há uma forte afirmação de que essas escolas acreditam na união entre pensamento e ação; também identificam a informalidade e a acidentalidade na gestão do conhecimento. A limitação inerente às proposições apresentadas pelas escolas sobre a gestão do conhecimento é que não se explica a criação do conhecimento tácito e sua evolução até o nível de ser tomado como garantido. A escola tecnocientífica também foi criticada pela sua incapacidade de desenvolver um quadro específico, comparável ao desenvolvido pela teoria da base de conhecimento da empresa, para gerir o conhecimento (Patriotta, 2003).

Apesar das ricas percepções sobre a gestão do conhecimento na literatura existente, existem limitações fundamentais na forma como a gestão do conhecimento tácito tem sido projectada ao longo dos anos (por exemplo, Rosario, *et al.*, 2015; Shamsie & Mannor, 2013; Lam, 2000; Nonaka & Takeuchi, 1995). As limitações prendem-se com a inadequação das explicações existentes sobre os processos através dos quais o conhecimento tácito é criado e evolui de um ponto em que não pode ser articulado, até ao ponto em que pode ser articulado, se torna coletivamente detido e é tomado como garantido a nível do grupo. Isto significa que não existe uma explicação adequada sobre a forma como o conhecimento tácito discreto (de baixa e alta ordem) é criado e como se transforma em conhecimento tácito partilhado (coletivo e de senso comum). Não obstante, as três grandes escolas de pensamento da gestão do conhecimento e as subdisciplinas que lhes estão associadas ajudaram a desenvolver duas tradições epistemológicas: a epistemologia da posse e a epistemologia da prática (Orlikowski, 2010; Lyytinen & Newman, 2008; Cook & Brown, 1999). As duas epistemologias apoiam o pressuposto de que o conhecimento tácito pode ser detido por um indivíduo ou coletivamente por uma equipa, grupo e/ou organização. Afirmam também que o conhecimento tácito pode ser adquirido através da (re)procura ou da realização de actividades da vida quotidiana (Krogh, *et al.*, 2012; Lyttinen & Newman, 2008; Patriotta, 2003; Bourdieu, 1977).

As epistemologias forneceram os pressupostos de fundo que informaram a concetualização do conhecimento tácito neste estudo e, consequentemente, a base para o quadro de gestão do conhecimento tácito proposto. Forneceram a base para colocar a seguinte questão: o conhecimento tácito é uma posse ou uma prática? Nas universidades do caso, por exemplo, a maioria dos académicos não considerou a inovação em RI como uma plataforma viável de gestão do conhecimento académico. Consideram que a inovação em RI se baseia em pressupostos desenvolvidos individualmente que não foram adequadamente reflectidos nos contextos das universidades em causa. Isto deve-se ao facto de a maioria dos membros das universidades em causa ter criado o conhecimento tácito de baixa ordem que detinham através do acesso acidental a informações e experiências. Não houve uma partilha planeada de informações e experiências de inovação em RI que pudesse desencadear reflexões e acções conjuntas nas universidades dos casos. Esta observação nas universidades dos casos fornece provas do ponto de vista de que a criação e a transformação do conhecimento tácito derivam das práticas e indica que a compreensão da criação do conhecimento como uma prática exige uma reflexão profunda. Embora a perceção do conhecimento como prática tenha motivado Nonaka & Takeuchi (1995) a recomendar a socialização do conhecimento tácito dentro das organizações, eles não se engajaram em uma reflexão adequada para aprofundar o argumento da realidade que envolve o conhecimento como prática. Ao identificar a importância da externalização e da socialização da gestão do conhecimento, Nonaka e Takeuchi afirmam indiretamente que a forma adequada de criar e gerir o conhecimento é através da prática colectiva. Este estudo apresenta um quadro que mostra que práticas como o acesso planeado e não planeado a informações e experiências, interações e diálogos são fundamentais para a gestão do conhecimento tácito. As práticas planeadas são aquelas que são deliberadamente montadas e orientadas para um objetivo definido, ou seja, a gestão do conhecimento tácito da inovação das RI. Este estudo mostra que tais práticas, quando realizadas de forma consistente, são susceptíveis de desencadear novos comportamentos no sentido da gestão do conhecimento tácito.

Ao longo dos anos, alguns académicos de SI têm encarado a gestão do conhecimento na perspetiva do conhecimento como prática. Estes académicos apresentam fortes argumentos a favor do potencial da epistemologia do conhecimento como prática para apoiar a geração de conhecimento para a inovação dos SI (van der Hoorn & Whitty, 2015; Scott & Sewchurran, 2008; Introna & Whittaker, 2003; Mingers, 2001). Consequentemente, os estudos sobre SI que examinam como as práticas de inovação em SI são prejudicadas por visões conflituosas identificam como isso resulta em práticas conflituosas (Marabelli & Galliers, 2017; Orenga-Rogla & Chalmeta, 2017; Bailey & Ngwenyama, 2013). Embora estes estudos não o sugiram diretamente, uma gestão ineficaz do conhecimento tácito promove conflitos durante a conceção e a inovação dos SI (Kudaravalli, *et al.*, 2017; Scott & Sewchurran, 2008). A implicação é que qualquer quadro de gestão do conhecimento tácito que seja considerado adequado deve dar crédito às práticas. Deve dar crédito ao facto de que o conhecimento é criado através de acções humanas e que as acções humanas estão inseridas em práticas.

5.3 Contextos organizacionais do estudo três

As observações do estudo mostraram que a maior parte dos investigadores das universidades em questão possuíam conhecimento tácito de inovação em RI de baixa ordem, ou seja, o seu conhecimento tácito de inovação em RI não podia ser articulado. No entanto, alguns investigadores possuíam conhecimento tácito de inovação em RI de ordem elevada, o que lhes permitia articular o seu conhecimento, embora as suas ideias sobre inovação em RI fossem ainda muito idiossincráticas. O conhecimento tácito de inovação em RI de baixa ordem e de alta ordem são os principais tipos de conhecimento tácito que existiam nas universidades do caso. Consequentemente, foi muito difícil para as universidades atingirem com sucesso os seus objectivos de inovação em RI. Na Universidade I, por exemplo, o objetivo era que a biblioteca promovesse a sensibilização e a aceitação da inovação em RI entre todos os intervenientes na biblioteca universitária e em toda a universidade. A biblioteca universitária confrontou-se com o desafio de sensibilizar todas as partes interessadas e obter a sua cooperação durante a inovação das RI. Na Universidade II, o objetivo era aumentar a compreensão do objetivo da inovação das RI entre as principais partes interessadas e obter o seu apoio. Na Universidade III, o objetivo era obter a participação de todas as partes interessadas da universidade na deposição de recursos nas RI e na sua utilização para promover a visibilidade da universidade. No entanto, as observações do estudo mostram que os objectivos não foram alcançados porque as universidades em causa não conseguiram implementar um quadro eficaz de gestão do conhecimento tácito. Isto teria permitido à universidade identificar e compreender como é criado o conhecimento tácito da inovação das RI e como pode ser transformado para se tornar coletivamente detido e assumido.

5.4 Método de investigação

5.4.1 Filosofia da investigação

Este estudo é orientado pela filosofia do interpretativismo. Por outras palavras, assume que não existe outra realidade para além daquela que é socialmente construída (Ngwenyama,

2014; Burrell e Morgan, 1979). Os fenómenos identificados neste estudo são assumidos como sendo socialmente construídos, criados pelo homem e temporais (Saunders, *et al.*, 2009; Cavana, Delahaye e Sekaran, 2001; Weick, 1983). Assim, as lógicas institucionais, as pressões externas, a memória organizacional e os factores de barreira de paradoxo são assumidos como sendo socialmente construídos e temporais (Checkland & Holwell, 1998; Deetz, 1996; Walsham, 1995). O estudo conceptualiza os seus sujeitos como aqueles que criam e dão significados e interpretações às barreiras à inovação das RI identificadas neste estudo.

Dado que o primeiro estudo revelou factores de barreira à inovação em matéria de RI "invulgares" em resultado da adoção da abordagem de investigação indutiva, a abordagem foi também utilizada no segundo estudo. Optei por adotar a abordagem de investigação indutiva porque acredito que existem ainda mais factores clandestinos de barreira à inovação em RI que não foram detectados no primeiro estudo. O segundo estudo valida ainda mais as noções da literatura existente sobre o poder da abordagem de investigação indutiva para facilitar o desenvolvimento de novas teorias (Gioia, Corley & Hamilton, 2013, Collins e Hussey, 2003). Consequentemente, a abordagem de investigação indutiva permitiu-me identificar factores adicionais de barreira à inovação em RI: pressão externa de indivíduos e organizações, lógicas institucionais conflituosas, memória organizacional e factores de barreira de paradoxo. Isto permitiu-me encontrar novas explicações para os factores de barreira à inovação em RI.

5.4.2 Considerações éticas específicas

Não se registaram casos de questões éticas específicas levantadas por qualquer sujeito de investigação durante o Estudo 2.

5.4.3 Processo de investigação

Etapa 1: Decidi qual a questão de investigação que irá orientar o estudo três, a fim de responder plenamente aos desafios do conhecimento tácito que foram revelados nos estudos um e dois. O estudo três foi orientado pela seguinte questão de investigação: *Como é que o conhecimento tácito dos intervenientes relevantes deve ser gerido para ter um impacto positivo na inovação em RI nas universidades nigerianas?*

Passo 2: Decidi qual a amostra a avaliar no estudo três e a técnica de amostragem a adotar para a selecionar. Decidi que, tal como nos estudos um e dois, todas as categorias de pessoal das universidades em causa, ou seja, académicos, bibliotecários, pessoal administrativo e pessoal de TI, seriam incluídas na amostra do estudo. Decidi também utilizar a técnica de amostragem "bola de neve" para poder selecionar, entre as amostras de investigação disponíveis, as mais relevantes para o estudo. Por conseguinte, as entrevistas efectuadas neste estudo foram emergentes. Por outras palavras, cada sujeito foi escolhido com base na informação dada por outros sujeitos sobre a sua relevância para o estudo. Durante cada entrevista, ouvi atentamente as informações que poderiam servir para indicar o próximo sujeito a ser incluído no estudo.

Etapa 3: Realizei trinta e quatro (34) entrevistas com trinta e quatro sujeitos de investigação que foram selecionados com base na técnica de amostragem bola de neve. As entrevistas não foram estruturadas e, por conseguinte, foram discussões emergentes entre os sujeitos de investigação e eu sobre questões relacionadas com a pergunta de investigação. As perguntas feitas também foram determinadas por sessões de entrevista anteriores. As sessões de entrevista serviram também para clarificar e confirmar questões apresentadas por outros sujeitos de investigação. A entrevista foi registada eletronicamente e em notas de campo.

Etapa 4: Efectuei a análise dos dados das entrevistas utilizando o software ATLAS ti. Também confirmei com os sujeitos da investigação para obter a sua opinião final sobre questões que pareciam pouco claras e controversas.

Etapa 5: Fiz um resumo do estudo três e concluí que os factores de barreira à inovação em matéria de RI identificados nos estudos um, dois e três são suficientes para orientar o estudo quatro, que é dedicado à realização de acções.

5.4.4 Entrevistas

Adoptei a entrevista em profundidade para recolher dados qualitativos, o que me permitiu envolver-me com os sujeitos de investigação e desvendar questões fundamentais sobre a questão de investigação. Dado que a entrevista aprofundada está associada à investigação intensiva de pequenas amostras, escolhi uma amostra suficientemente pequena para satisfazer os requisitos deste método de investigação (Boyce e Neale, 2006). Complementei as entrevistas aprofundadas com entrevistas não estruturadas para facilitar ainda mais a recolha de informações novas. As entrevistas não estruturadas foram espontâneas e emergentes e, como tal, as questões discutidas com os sujeitos de investigação evoluíram naturalmente. As sessões de entrevista duraram entre quarenta e cinco e sessenta minutos.

Tabela 3.4.1: Categorias e número de entrevistas

Categories	Participants	No. of Interviews
Academic Administrators	Deans	6
	Heads of Department	5
Staff	Academics	10
	Non-Academic Administrators	3
	Librarians	10
Total Number of Interviews		34

5.4.5 Observação de participantes

A observação participante ocorre quando os investigadores mergulham nas experiências da vida quotidiana dos sujeitos de investigação. Acredita-se que as questões culturais e sociais são melhor estudadas e compreendidas desta forma. A observação participativa pode ser feita abertamente ou numa situação encoberta. De acordo com Spradley (2016), a observação participativa tem a ver com a participação em actividades locais, ou seja, actividades da vida real das pessoas em estudo, fazendo perguntas, observando os acontecimentos à medida que se desenrolam, tomando notas de campo, rastreando a genealogia e entrevistando informadores. Becker & Geer (1957) defendem que a observação participativa permite a recolha da forma mais completa de dados para estudos sociológicos. A observação participativa permitiu-me participar nas experiências da vida quotidiana dos sujeitos de investigação nas três universidades. Durante este estudo, passei um total de quatro meses em simultâneo nas universidades em causa, o que me permitiu observar, realizar entrevistas de investigação aprofundadas, assistir a eventos, assistir a palestras universitárias, visitar informadores-chave e tomar notas de campo.

5.4.6 Processo de análise de dados

Neste estudo, o tipo de conhecimento tácito detido pelos sujeitos de investigação foi determinado através de uma avaliação do grau de alinhamento dos seus conceitos de RI e inovação em RI com os da literatura existente. A exatidão dos conceitos foi determinada pela capacidade dos sujeitos de investigação para descreverem claramente as RI e a sua inovação de uma forma que esteja alinhada com a literatura. Isto implica a medida em que as suas expressões contêm afirmações geralmente aceitáveis (derivadas da literatura). Foram identificados temas nos guiões de entrevista que indicavam os conceitos dos sujeitos de investigação sobre as RI e a inovação das RI. A medida em que os conceitos dos sujeitos de investigação sobre RI e inovação em RI se alinhavam com os conceitos derivados da literatura foi utilizada para determinar se tinham conhecimento tácito de inovação em RI de baixa ordem, alta ordem, coletivo ou de senso comum.

5.5 Conclusões empíricas

5.5.0 Introdução

O conhecimento tácito é dominante entre os factores que determinam as opiniões e disposições dos indivíduos relativamente aos fenómenos sociais, incluindo a inovação dos SI. Este estudo mostra que os pontos de vista e as disposições das universidades de casos em relação à inovação das RI são determinados por dois tipos de conhecimento tácito, nomeadamente, discreto (conhecimento tácito de baixa e alta ordem) e partilhado (conhecimento tácito coletivo e de senso comum). As observações do estudo mostram que os diversos conhecimentos tácitos de um indivíduo determinam a forma como este encara novos fenómenos e realidades. Por exemplo, os sujeitos de investigação têm conhecimentos tácitos diversos sobre a publicação de conhecimentos científicos antes da sua introdução à inovação das RI. Este conhecimento tácito foi interiorizado e tomado como garantido ao longo do tempo e, consequentemente, influencia a sua visão da inovação das RI.

5.5.1 Conhecimento tácito de baixa ordem

O primeiro tipo de conhecimento tácito identificado nos contextos de investigação é o que designei por *conhecimento tácito de inovação de RI de baixa ordem,* um dos dois tipos de conhecimento tácito discreto identificados neste estudo. É criado com base em informações e experiências privilegiadas, obtidas principalmente através de fontes informais e acidentais. A informação privilegiada (e as experiências) são produtos da partilha impulsiva de informação (e de experiências da vida real). A razão pela qual os conhecimentos tácitos de inovação de RI de baixa ordem não podem ser articulados deve-se ao facto de não serem estruturados e idiossincráticos e de não lhes serem dadas sérias considerações. A Diretora de Ciências da Universidade I, por exemplo, não conseguiu explicar o que significa inovação em RI quando questionada sobre a sua opinião sobre o assunto. Respondeu com uma pergunta: *"É a manutenção de recursos locais na biblioteca para que as pessoas possam ter acesso a eles facilmente?"* É possível que tenha mencionado a biblioteca porque fui apresentada a ela pela bibliotecária chefe. Também é possível que ela tenha tido a ideia porque, no início das minhas conversas com ela, indiquei que as RI são um dos planos que a biblioteca tem em preparação. No decurso das minhas discussões com ela, fiquei a saber que ela ouviu falar de RI através de "informação privilegiada". A sua opinião sobre as RI surgiu acidentalmente quando estava a preencher um formulário fornecido por uma agência de financiamento. No entanto, não melhorou a sua compreensão da inovação em RI porque não obteve o financiamento e não teve oportunidade de refletir ou falar mais sobre RI. Desde a experiência com a agência de financiamento, não teve outra experiência que a pudesse ter incentivado a aprender sobre RI.

Semelhante a este é o caso de um académico da Faculdade de Direito da Universidade I que também possuía conhecimentos tácitos de inovação em RI de baixa ordem e, como resultado, relacionou RI com 'Africana'. Africana são colecções especiais de bibliotecas nigerianas, constituídas por publicações sobre África e publicações da autoria de africanos. Ela recorda: "*Já ouvi falar disso [RI], mas não consigo dar-vos uma definição concreta. Trata-se de uma coleção especial de uma universidade*". Tomou conhecimento da Africana na biblioteca da universidade, onde havia uma secção dedicada à mesma. Esta observação representa um caso em que um indivíduo cria conhecimento tácito de baixa ordem com base em informação privilegiada obtida através de uma experiência real não planeada. Os dois cenários acima mencionados são semelhantes aos da Universidade II, uma vez que a maioria dos académicos, pessoal de TI, bibliotecários e pessoal administrativo da universidade utiliza informação privilegiada para concetualizar o "repositório institucional". Por exemplo, um funcionário administrativo revela que *"O termo é auto-explicativo. Tem a ver com o reposicionamento (sic) dos materiais de uma instituição (sic).* "

A maioria dos investigadores da Universidade III também possui conhecimentos tácitos de inovação em RI de baixa ordem. Um dos docentes da universidade afirma que "*para mim, o repositório institucional serve para distribuir informação na biblioteca. O Pró-Reitor de Planeamento Académico fala dele de vez em quando*". A menção do Reitor do Planeamento Académico ao RI de vez em quando indica que se trata de informação privilegiada obtida informalmente. O pessoal académico não ouviu falar de inovação em RI noutras circunstâncias até à sessão de entrevista que tive com ele. Consequentemente, ele não tinha refletido anteriormente sobre a inovação em RI. Além disso, o conhecimento tácito de baixa ordem era mais profundo entre o pessoal administrativo. Por exemplo, o Diretor da Faculdade de Ciências opina: *"Acho que não sei muito sobre o repositório institucional. Tudo o que sei é que esse tipo de coisas tem a ver com a disponibilização de informação para investigação. Lembro-me que o reitor falou disso numa reunião com os professores há muito tempo"*. Este é um cenário em que a informação privilegiada é obtida em contextos formais. O cenário da Universidade III é sinónimo dos da Universidade I e da Universidade II, uma vez que a maioria tomou conhecimento da inovação das RI através de informação privilegiada. Os cenários descritos nas universidades de caso mostram que a informação privilegiada e as experiências são fundamentais para a criação do conhecimento tácito da inovação em RI. A informação e as experiências privilegiadas envolvem interações, discussões e actividades que não estavam primariamente orientadas para o fornecimento de informação sobre inovação em RI. Assim, o conhecimento tácito de baixa ordem é diferente de outros tipos de conhecimento tácito porque não pode ser articulado.

5.5.2 Conhecimento tácito de ordem superior

O conhecimento tácito de inovação em RI de ordem superior envolve a capacidade dos sujeitos de investigação para falar sobre RI, ou seja, articular os seus pontos de vista sobre a inovação em RI. O conhecimento tácito de inovação em RI de alta ordem resulta de reflexões mentais sobre as informações básicas que os indivíduos têm sobre a inovação em RI. As reflexões mentais que promovem a criação de conhecimento tácito de inovação em RI de alta ordem são motivadas pela partilha de informação planeada sobre inovação em RI. A partilha de informação é referida como planeada porque é deliberada e repetidamente levada a cabo para melhorar a visão das partes interessadas sobre a inovação em RI através da reflexão mental. No caso das universidades, poucos sujeitos de investigação exibiram conhecimento tácito de inovação em RI de ordem elevada devido ao acesso repetido a informação sobre inovação em RI. Esta informação permitiu-lhes envolverem-se numa reflexão mental que, por sua vez, lhes permitiu articular o que sabem sobre a inovação em RI. Este cenário é diferente dos cenários anteriores, em que os investigadores utilizaram as duas palavras do termo "repositório institucional" e a sua interpretação do que eu estava a fazer nas suas universidades para assumir o significado de inovação em RI.

Apesar da criação de conhecimento tácito de inovação em RI de alta ordem como resultado do acesso à informação e das reflexões mentais, as visões dos sujeitos de investigação sobre a inovação em RI são ainda largamente idiossincráticas. Isto deve-se ao facto de a partilha de informação planeada e as experiências planeadas serem dirigidas a indivíduos e não a grupos. O acesso informal e acidental repetido a informação sobre inovação em RI também levou à criação de conhecimento tácito de alta ordem sobre inovação em RI, afirmando que o principal requisito para a criação de conhecimento tácito de alta ordem é o acesso repetido à informação. Alguns bibliotecários, académicos e pessoal de TI das universidades em questão apresentaram conhecimento tácito de inovação em RI de alta ordem como resultado de experiências e informações repetidas. No entanto, a sua compreensão limitava-se a perspectivas pessoais, uma vez que resultavam de reflexões a nível individual. Na Universidade I, por exemplo, dos nove bibliotecários, três possuíam conhecimentos tácitos de inovação em RI de alta ordem. Consequentemente, não foram consideradas as necessidades e questões mais amplas que podem afetar outras partes interessadas durante a inovação das RI. Os três bibliotecários incluem o bibliotecário chefe, o bibliotecário encarregado da inovação em RI na universidade e uma bibliotecária cujo marido dirige uma empresa de consultoria que promove a inovação em RI na Nigéria. O bibliotecário chefe desenvolveu conhecimentos tácitos de ordem superior durante a sua participação num programa de bolsas de estudo no Reino Unido. As suas experiências são informais e acidentais porque a bolsa não foi concebida para a formação em inovação em RI. Ele articula as suas opiniões sobre inovação em RI da seguinte forma "*O repositório institucional é, em parte, uma resposta a alguns dos problemas que as bibliotecas começaram a enfrentar em resultado do aumento do custo das revistas académicas.*" Uma vez que os seus pontos de vista resultam de conhecimentos tácitos idiossincráticos de inovação em RI de alta ordem, afirma que a inovação em RI é necessária devido aos "... *problemas que as bibliotecas começaram a enfrentar...*" Não apreciou o papel que outras partes interessadas, como os académicos, o pessoal de TI e os administradores, poderiam desempenhar na inovação das RI.

A bibliotecária cujo marido está envolvido em consultoria de inovação em RI em universidades nigerianas articula o seu entendimento de RI de uma forma semelhante. Ela desenvolveu a sua perceção da inovação em RI com base nas suas discussões com o marido. A partilha repetida de informação com o marido deu-lhe a oportunidade de se envolver nas reflexões mentais que levaram à criação de conhecimento tácito de inovação em RI de alta ordem. Assim, ela argumenta que as RI são: "*como uma base de dados para alguns documentos, como manuscritos, documentos antigos e, por vezes, teses e dissertações*". A sua definição capta os recursos básicos das RI, nomeadamente os pré-impressos e os pós-impressos, cujo acesso as RI foram inventadas para proporcionar. Contudo, limita a inovação em RI à oferta de serviços de informação em bibliotecas. Este cenário também apresenta um exemplo em que o conhecimento tácito de alta ordem é criado através de informações e experiências privilegiadas. Isto deve-se ao facto de não se esperar que a inovação em RI seja discutida em casa.

O bibliotecário responsável pela inovação em RI também articulou a inovação em RI de forma semelhante. Opinou que a inovação em RI, ".*como é globalmente conhecida, é a propriedade intelectual de todas as universidades que é gerida por bibliotecários"*. Ele assume que os seus pontos de vista são globais, como resultado das experiências que adquiriu como estudante de pós-graduação na biblioteca da escola. As suas leituras sobre inovação em RI enquanto estudante de pós-graduação levaram-no a percecionar a sua definição como "a visão global". Este cenário também apresenta um exemplo de como o conhecimento tácito de alta ordem sobre inovação em RI é derivado de forma informal e acidental. Isto porque, durante os seus estudos, as RI eram mencionadas de passagem e não constituíam um tema importante do currículo. Em vez disso, em algumas ocasiões, as questões relativas à inovação em RI foram mencionadas como exemplos nas aulas. Infelizmente, apesar do facto de as opiniões expressas pelos três bibliotecários serem semelhantes, todos eles viam a inovação em RI de forma diferente devido às diferenças nas fontes de informação privilegiada e nas experiências através das quais adquiriram o seu conhecimento sobre RI. Este facto confirma a razão pela qual o conhecimento tácito de alta ordem pode permanecer idiossincrático e pode conduzir a conflitos de interesses nas organizações.

Um bom exemplo do conflito de interesses pode ser deduzido do bibliotecário responsável pela inovação em RI quando lhe foi pedido que comentasse as razões pelas quais a inovação em RI estagnou na Universidade I. Afirmou: "*Sei o que fazer para promover o repositório institucional aqui. Só estou a ser paciente para que o bibliotecário da universidade [bibliotecário principal] não pense que estou a subverter a sua autoridade"*. O bibliotecário chefe e o bibliotecário responsável pela inovação em RI têm dificuldade em compreender-se mutuamente porque o seu conhecimento tácito sobre inovação em RI está ao nível do conhecimento tácito de alta ordem e não ao nível do conhecimento tácito coletivo. O que pretendem alcançar com a inovação das RI ainda é de natureza idiossincrática. Este conflito persiste porque não criaram a oportunidade para interações e diálogos planeados sobre a inovação das RI, que é necessária para a criação de conhecimento tácito coletivo. As interações e os diálogos planeados proporcionam a oportunidade de reflexões colectivas e de negociação dos pontos de vista sobre a inovação das RI detidos pelas partes interessadas, para que os pontos de vista existentes sobre a inovação das RI se transformem de pontos de vista idiossincráticos em pontos de vista colectivos.

Na Universidade III, os principais intervenientes, nomeadamente o secretário, o vice-reitor, o responsável pelas TIC e um par de académicos possuíam conhecimentos tácitos de inovação em RI de alto nível. Tinham o privilégio de aceder repetidamente a informações e experiências sobre inovação em RI nas universidades onde trabalhavam anteriormente. A intenção de implementar as RI foi impulsionada pelo vice-reitor, pelo secretário e pelo chefe da unidade de TIC que, durante as interações e diálogos planeados, chegaram a um acordo sobre o facto de as RI poderem ajudar a aumentar a visibilidade e o prestígio da universidade. Este cenário é um bom exemplo de como criar conhecimento tácito coletivo e de como o conhecimento tácito coletivo pode ajudar a inovação das RI. No entanto, não é o ideal, uma vez que envolve apenas três funcionários da universidade. O conhecimento tácito coletivo só pode ser criado entre os "convidados para a mesa" das interações e diálogos. Quanto maior for o número de pessoas envolvidas nas interações e diálogos, maior será o conhecimento tácito coletivo. Por outro lado, limitar o número de pessoas envolvidas nas interações e diálogos durante a inovação das RI resulta numa divisão entre as diferentes partes interessadas. Na Universidade III, a gestão das RI foi afetada por uma divergência entre a unidade de TIC e a biblioteca universitária. Um dos bibliotecários envolvidos no conflito argumentou: *"Não podemos trabalhar com eles numa coisa que é totalmente da nossa conta"*. Dada a tensão entre o pessoal de TI e os bibliotecários, o chefe da unidade de TIC queixou-se: *"Não sei porque é que eles [os bibliotecários] não querem assumir a gestão do RI, já demos formação a toda a gente, talvez precisem de nova formação."*

5.5.3 Conhecimento tácito coletivo

Enquanto as informações e experiências privilegiadas resultam na criação de conhecimento tácito de inovação em RI de baixa ordem, as reflexões mentais que resultam do acesso repetido a informações e experiências de inovação em RI levam à criação de conhecimento tácito de inovação em RI de alta ordem. Como o conhecimento tácito de alta ordem pode ser articulado por um indivíduo, pode ser transformado em conhecimento tácito coletivo de inovação em RI através de interações e diálogos planeados a nível de grupo. É provável que seja criado um conhecimento tácito coletivo de inovação em RI a nível universitário quando uma universidade encoraja os intervenientes na inovação em RI a envolverem-se em interações e diálogos planeados. As interações e diálogos planeados permitem-lhes discutir conflitos e dissensões e negociar coletivamente os pontos de vista e pressupostos da inovação em RI. Todas as acções necessárias para a criação de conhecimento tácito de inovação em RI de baixa ordem (informação e experiências privilegiadas) e de conhecimento tácito de inovação em RI de alta ordem (acesso repetido a informação e experiências) devem ser realizadas uma após a outra e combinadas com interações e diálogos planeados para que seja criado conhecimento tácito coletivo de inovação em RI.

As três universidades do caso não conseguiram desenvolver conhecimento tácito coletivo de inovação em RI porque não conseguiram implementar estas acções. Na Universidade I, o bibliotecário-chefe refere que, se precisar de entrar em contacto com os académicos, irá reunir-se com "*...o vice-reitor, que dará instruções aos reitores...*" para falar com os académicos. Não tem planos para promover a partilha de informações e a experiência em tempo real da inovação em RI, o que poderia promover a reflexão mental entre as partes interessadas. Se tivesse facilitado melhor a partilha de informação, as experiências em tempo real e as interações e diálogos planeados no que diz respeito à inovação em RI, a comunidade universitária teria sido capaz de negociar coletivamente os seus pontos de vista sobre a inovação em RI. Embora a Universidade II não tivesse planos formais para iniciar a inovação em RI, a incapacidade da universidade para criar conhecimento tácito coletivo sobre inovação em RI é um impedimento adicional. Um bibliotecário revela que: "*não podemos sair por aí e falar sobre o repositório institucional porque a maioria de nós na biblioteca não sabe muito sobre isso*". O Diretor de Planeamento Académico argumenta que "*com base no que disse, o repositório institucional vai ajudar-nos a cumprir algumas das nossas missões. O problema é como levar toda a gente a participar*".

A criação de conhecimento tácito coletivo permaneceu ilusória para as universidades do caso, porque é necessário criar conhecimento tácito de inovação em RI de alta ordem antes que possa haver conhecimento tácito coletivo de inovação em RI. Por conseguinte, o grau de sucesso registado nas universidades é limitado. Os académicos, os bibliotecários e o pessoal de TI tinham visões diferentes da inovação em RI. Os bibliotecários viam-na como um serviço de biblioteca e de informação que deveria ser gerido pela biblioteca. O pessoal das TIC via-a como um serviço de fornecimento de informação a toda a universidade que podia ser utilizado para atingir objectivos mais amplos, como a promoção da imagem da universidade a nível mundial através da classificação webométrica e, por conseguinte, era da sua competência. Os académicos consideraram-na uma tecnologia capaz de promover a divulgação do seu trabalho de investigação, pelo que deveria ser inovada para permitir o depósito remoto a partir dos seus gabinetes. Um académico argumenta que "*deviam obrigar-nos a apresentar os trabalhos a partir dos nossos gabinetes, em vez de insistirem para que os levemos a alguém da unidade TIC para que os apresente em nosso nome"*. O diretor das TIC argumenta que *"temos de proteger a universidade do embaraço do plágio e dos direitos de autor que pode resultar se as pessoas forem autorizadas a depositar os seus trabalhos diretamente"*. Estas são algumas das muitas áreas conflituosas de inovação em RI registadas nas universidades do caso. Estas dissensões persistiram porque as universidades não promoveram as interações e os diálogos que teriam permitido a estas principais partes interessadas negociar e chegar a um conhecimento tácito coletivo de inovação em RI.

5.5.4 Bom senso

O quarto tipo de conhecimento tácito da inovação em matéria de RI que é suscetível de ser criado em resultado de uma gestão eficaz do conhecimento tácito dos intervenientes é o senso comum da inovação em matéria de RI. As observações mostram que a criação de senso comum exige uma aplicação planeada e sustentada da inovação das RI em tempo real. É provável que isto conduza ao desenvolvimento de interpretações coletivamente negociadas e assumidas das realidades da inovação das RI ao longo do tempo. A observação mostra ainda que não foi possível à Universidade I e à Universidade II criar um senso comum de inovação em matéria de RI, uma vez que tal exige um projeto de inovação em matéria de RI em curso que forneça a plataforma para a implementação em tempo real da inovação em matéria de RI durante um longo período de tempo. É a implementação em tempo real, planeada e sustentada coletivamente, que proporciona a oportunidade de negociar coletivamente os significados atribuídos às realidades da inovação em RI. Surpreendentemente, a Universidade III tem um RI funcional, mas não foi capaz de criar um senso comum de inovação em RI. Isto mostra que o facto de ter um RI funcional não significa que a universidade em questão tenha sido capaz de criar um senso comum de inovação em RI. A inexistência de um senso comum de inovação em RI ameaçou a sustentabilidade da inovação em RI na Universidade III. Afectou o grau de aceitação e o número de recursos que nela foram depositados no momento do estudo. As implicações deste facto na gestão do conhecimento tácito da inovação em RI são enormes. Em primeiro lugar, mostra que, para que as ideias de inovação em RI atinjam o nível de conhecimento tácito partilhado, as actividades relacionadas com elas devem ser amplamente promovidas em toda a universidade. Isto encorajaria os membros da comunidade a envolverem-se em interações e diálogos planeados sobre a inovação em RI. Em segundo lugar, todos os intervenientes devem experimentar e participar coletivamente na inovação das RI em curso em tempo real. A experiência e a participação colectivas permitir-lhes-ão negociar significados e interpretações de questões relacionadas com a inovação das RI.

As conclusões do estudo levantam a suspeita de que a maioria das universidades dos países em desenvolvimento cujas RI constam das listas globais de RI não têm, provavelmente, um senso comum de inovação em RI. A implicação deste facto é que as RI ainda não foram incorporadas nas rotinas destas universidades. Um exemplo pode ser retirado da experiência de um docente da Universidade III que se queixou: "*Não sei o que é RI nesta universidade. Ninguém fala disso ... Ouvi falar disso em seminários e espero que possamos desenvolver um*". Um funcionário administrativo argumentou *um funcionário administrativo argumentou: "é tudo sobre os académicos, o pessoal administrativo não tem nada a ver com o repositório institucional... sim, a minha dissertação pode ser depositada nele, mas continuo a achar que é para os académicos... nunca estamos envolvidos no H.*" Um bibliotecário também argumentou que "*aqui nesta universidade, o repositório institucional destina-se às TIC. Deixem-nas geri-lo e também vender as ideias a toda a universidade... a biblioteca não é encorajada a participar*". Estes três exemplos mostram dissensões entre as partes interessadas, indicando que a inovação do RI partilhou conhecimento tácito que não foi criado na Universidade III, embora esta tenha um RI funcional. Em conclusão, este estudo revela que o conhecimento tácito de inovação em RI de baixa ordem é necessário para que os intervenientes ganhem consciência do RI, ou seja, para aprenderem sobre ele. O conhecimento tácito de inovação em RI de alta ordem permite que as partes interessadas se articulem e discutam sobre a inovação em RI. O conhecimento tácito de inovação colectiva em matéria de RI permite que os intervenientes inovem coletivamente em matéria de RI, enquanto o conhecimento tácito de inovação em matéria de RI de senso comum promove a sustentabilidade da inovação em matéria de RI.

5.6 Elaboração teórica dos resultados

Uma questão importante que requer urgentemente a atenção das partes interessadas nas áreas da gestão do conhecimento e dos SI é a seguinte: como é criado o conhecimento tácito? Esta questão não foi adequadamente respondida nas teorias disponíveis sobre a gestão do conhecimento. Na abordagem do cognitivismo social à gestão do conhecimento, por exemplo, embora Bandura mostre como as pessoas determinam quem devem tomar como modelo, não explicou adequadamente como derivam as ideias que informam esta decisão (Bandura, 2014; 1986). Assim, as noções da abordagem cognitivista do conhecimento e da organização parecem sugerir que as pessoas chegam espontaneamente ao conhecimento tácito. Omitiu os processos sociais de seleção entre representações alternativas e a forma como os processos sociais determinam a seleção final. Isto é visível nos estudos posteriores de Argyris & Schon (1978) e Argyris (por exemplo, Argyris, 1995; 1991) que explicam a luta enfrentada pelas organizações no seu esforço para alinhar a teoria adoptada com a teoria em uso. Não existe uma explicação adequada sobre os processos sociais que levam à criação da teoria adoptada e da teoria em uso. Este estudo fornece explicações sobre a forma como os actores organizacionais chegaram à teoria em uso que aplicaram para implementar práticas de inovação em RI. O estudo identificou informações e experiências privilegiadas como fontes de conhecimento tácito que determinaram a forma como os intervenientes adoptaram a inovação das RI. A maioria dos sujeitos de investigação teve conhecimento informal e acidental das RI ao preencher formulários, ao falar com colegas e familiares e em conferências, workshops e programas de bolsas que não se destinavam principalmente à inovação das RI. Este acesso privilegiado à informação e às experiências levou à criação de conhecimento tácito sobre inovação em RI.

A lacuna na contabilização de como o conhecimento tácito é criado também é visível na teoria da empresa baseada no conhecimento, onde Nonaka e seus colegas argumentam a importância do conhecimento tácito para a inovação (Rosario, *etal.,* 2015; Rebeiro, 2013; Krogh, *et al.,* 2012). Mesmo dentro das abordagens situadas como contexto formativo, comunidade de prática e sistema de atividade, a gênese do que se torna formativo, prática e sistema de atividade não foi adequadamente explicada (Foote & Halawi, 2018; Lanzara, 2016; Wenger, 2011; Ciborra & Lanzara, 1994; Blackler, 1993; 1992). Em seu esforço para traçar os processos pelos quais o conhecimento (tecnologia) se institucionaliza, a postura da tecnociência também não deu conta adequadamente da gênese do conhecimento tácito (Orenga-Rogla & Chalmeta, 2017; Robey, *et al.,* 2013; Leonardi, 2012). Na teoria ator-rede, o foco principal é identificar todas as partes interessadas e como elas chegam a tomar questões relacionadas à inovação tecnológica como garantidas, mas não como o conhecimento tácito é criado no processo (Elder-Vass, 2015; Sayes, 2014). Este estudo fornece uma resposta válida à pergunta: como é criado o conhecimento tácito? Mostra como o acesso privilegiado à informação e à experiência resulta na criação de conhecimento tácito de baixa ordem.

As implicações para a gestão do conhecimento tácito são significativas. Em primeiro lugar, mostra a importância de os gestores do conhecimento tácito compreenderem como as partes interessadas criam o conhecimento tácito, uma vez que as fontes do conhecimento tácito determinam a sua natureza. Em segundo lugar, mostra a importância de partilhar informações sobre os SI e de dar às partes interessadas a oportunidade de experimentar na prática os processos de inovação dos SI em todas as fases. É necessário proporcionar um acesso planeado à informação e às experiências, porque a falta de informação e de experiências privilegiadas pode conduzir a uma perceção inadequada e negativa da SI por parte das partes interessadas. A gestão do conhecimento tácito implica, portanto, a identificação das possíveis fontes de informação e experiências privilegiadas que podem determinar o tipo de conhecimento tácito que as partes interessadas criam sobre o SI em questão. Ao negligenciar as fontes e a génese do conhecimento tácito, a maioria dos estudos sobre SI não foi capaz de fornecer informações sobre o modo como a criação de conhecimento tácito pode ser gerida. Em consequência, a gestão do conhecimento tácito foi apresentada como espontaneamente emergente. A gestão do conhecimento tácito é também assumida como um esforço orientado para transformar o conhecimento tácito em conhecimento explícito (Hoehle & Venkatesh, 2015; Halloran, 2008; Tanriverdi, 2005). Tendo em conta os conhecimentos da literatura existente e os descobertos nos contextos deste estudo:

> *Proposição I: A gestão eficaz do conhecimento tácito é suscetível de ser alcançada se as universidades dos países em desenvolvimento compreenderem que a informação e as experiências privilegiadas conduzem à criação de conhecimento tácito de inovação em RI de baixa ordem.*

Este estudo mostra ainda como o conhecimento tácito de inovação em RI de baixa ordem se transforma em conhecimento tácito de inovação em RI de alta ordem como resultado do acesso repetido à informação e às experiências e reflexões mentais. Apesar de os sujeitos de investigação trabalharem nas mesmas unidades e/ou universidades, o seu nível de acesso à informação e o tipo de experiências que têm relativamente à inovação em RI são diferentes. Isto afectou a medida em que são capazes de se envolverem nas reflexões mentais necessárias para transformar o conhecimento tácito de inovação em RI de baixa ordem em conhecimento tácito de inovação em RI de alta ordem. Também influenciou a sua capacidade de articular a sua compreensão da inovação em RI. Os três elementos (acesso à informação, acesso às experiências e reflexões mentais) da gestão do conhecimento tácito que foram identificados como cruciais para a criação de conhecimento tácito de inovação em RI de alta ordem são todos visíveis nas teorias existentes sobre a gestão do conhecimento. Por exemplo, a correspondência entre as representações e a realidade fora da mente organizacional requer esses três elementos de transformação do conhecimento tácito (Argyris, 2017: Bandura, 2014). O mesmo acontece com a externalização, a socialização e a combinação do conhecimento tácito, conforme propagado na teoria da empresa baseada no conhecimento (Rosario, *et al.*, 2015; Zheng, *et al.*, 2010). As abordagens tecnocientíficas da gestão do conhecimento também dão crédito a esses três elementos (Orenga-Rogla & Chalmeta, 2017; Wenger, 2011; Patriotta, 2003). Isto porque o contexto formativo, a comunidade de prática e o sistema de actividades são formados como resultado do acesso à informação e às experiências, e das reflexões mentais.

A lacuna nas teorias disponíveis está relacionada com a abrangência das explicações fornecidas sobre como o acesso à informação e às experiências promove reflexões mentais que, por sua vez, permitem que os atores organizacionais criem conhecimento tácito de alta ordem. Estudos anteriores colocam ênfase nas estruturas organizacionais formais e na capacidade das organizações de usar regras e regulamentos como mecanismos para promover a externalização e a socialização do conhecimento tácito (Shamsie & Mannor, 2013; Krogh, *et al.*, 2012; Nonaka & Toyama, 2005). Isto resulta tecnicamente na separação entre pensamentos e acções, uma prática que tem sido criticada na literatura existente (Orlikowski, 2010; Morgan, 2007; Senge, 2006; Weick, 1983). Os estudos sobre SI que seguem este pressuposto parecem apresentar uma abordagem do tipo "regra do polegar" para a forma como o conhecimento tácito pode ser manipulado na inovação dos SI (Kudaravalli, *et al.*, 2017; Halloran, 2008; Iversen, *etal.*, 2004). Os autores desses trabalhos veem os processos de combinação do conhecimento tácito com o conhecimento explícito como estruturados, previsíveis, formais e organizados. Na maioria das vezes, apresentam a combinação do conhecimento tácito com o conhecimento explícito durante a inovação dos SI como eventos. Estas perspectivas têm sido criticadas por alguns autores de SI (Avgerou, 2010; Howcroft & Light, 2010; Orlikowski, 2010) que mostram as implicações das lacunas nos estudos de gestão do conhecimento (por exemplo, Krogh, *et al.*, 2012; Zheng, *et al.*, 2010; Nonaka & Takeuchi, 1995) sobre a forma como os académicos de SI conceptualizam a gestão do conhecimento como processos sociais.

Neste estudo, o papel da informalidade e da acidentalidade na aquisição da informação e das experiências que os actores organizacionais utilizam para transformar o conhecimento tácito de baixa ordem em conhecimento tácito de alta ordem da inovação em RI mostra que as organizações precisam de se envolver na partilha sustentada de informação e de experiências se quiserem alcançar uma gestão eficaz do conhecimento tácito. O estudo mostra que as estruturas organizacionais formais podem formar barreiras à partilha contínua de informações durante a inovação em RI e destaca a importância de um programa de partilha de informações deliberadamente montado para que a gestão eficaz do conhecimento tácito possa ser alcançada durante a inovação em SI (Lee, *et al.*, 2016; Shao, *et al.*, 2016; Liu, *et al.*, 2015). Um dos principais problemas com que se depara o conhecimento tácito, tal como revelado no estudo, é a tendência para categorizar grupos privilegiados como as principais partes interessadas na inovação dos SI. Isto conduziu a dissensões na forma como a inovação em RI foi conceptualizada e a conflitos de interesse entre diferentes grupos profissionais nas universidades do caso. Estas revelações fornecem às partes interessadas exemplos de barreiras a ter em conta quando se tenta implementar a gestão do conhecimento tácito durante a inovação dos SI. Mostram também os processos através dos quais cada um dos problemas identificados evolui para outros problemas. Este tipo de explicação sobre o papel da gestão do conhecimento tácito na inovação dos SI e nos estudos sobre a gestão do conhecimento não foi fornecido no passado.

Tendo em conta as experiências adquiridas nos contextos de investigação e os conhecimentos disponíveis na literatura existente:

> *Proposição II: É provável que se consiga uma gestão eficaz do conhecimento tácito se as universidades dos países em desenvolvimento compreenderem como a partilha planeada de informações e experiências e as reflexões mentais promovem a criação de conhecimento tácito de alta ordem.*

Um desafio premente para a gestão do conhecimento tácito é a criação de conhecimento tácito coletivo. Este desafio está no centro das três grandes escolas de pensamento que influenciaram a implementação da gestão do conhecimento ao longo dos anos. A ideia de criar representações e de as fazer corresponder às realidades mostra que a criação de conhecimento tácito coletivo está no centro da escola cognitiva de gestão do conhecimento. As noções propagadas na escola culminam na criação de uma compreensão colectiva tanto das representações como das realidades (Barley, Treem & Kuhn, 2018; Foote & Halawi, 2018; Argyris, 2017; 1995; Bandura, 1986). Isso também aparece na teoria da empresa baseada no conhecimento, onde foi explicado o processo pelo qual o conhecimento pode chegar a um ponto de ser mantido coletivamente no nível do grupo (Rosario, *et al.*, 2015; Krogh, *et al.*, 2012; Zheng, *et al.*, 2010). A exploração da gestão do conhecimento por Nonaka e seus colegas é motivada pela necessidade de comunicar coletivamente as questões organizacionais às partes interessadas, ou seja, de criar conhecimento tácito coletivo.

Isto também se estende aos esforços feitos nas abordagens situadas para compreender a natureza dos contextos formativos, das comunidades de prática e dos sistemas de atividade. De facto, os contextos formativos, as comunidades de prática e os sistemas de atividade são conhecimentos colectivos que foram tomados como garantidos (Lanzara, 2016; Patriotta, 2003; Ciborra & Lanzara, 1994). Na tecnociência, a ideia de conhecimento tácito coletivo também pode ser deduzida. A construção social da tecnologia, a modelação social da tecnologia e a sociologia do conhecimento visam dar respostas a questões relativas ao processo pelo qual a tecnologia é socialmente construída e modelada e o conhecimento se torna coletivamente aceite numa comunidade de cientistas, respetivamente (Schantz & Seidel, 2011; Howcroft & Light, 2010; Howcroft, *et al.*, 2004; Latour, 1987; Ben-David & Sullivan, 1975). Todas as escolas de gestão do conhecimento e as suas subdisciplinas estudam a forma como o conhecimento pode ser gerido para que chegue a um ponto em que seja detido coletivamente a nível do grupo. No entanto, existem poucos quadros (por exemplo, Wenger, 2011; Nonaka & Takeuchi, 1995) para a gestão do conhecimento tácito, particularmente a criação de conhecimento tácito coletivo, dificultando assim a gestão da inovação nas organizações, incluindo as envolvidas na inovação dos SI (Hoehle & Venkatesh, 2015; Tanriverdi, 2005).

Este estudo mostra que, embora a inovação em RI seja desejável nas universidades do caso, as divergências na concetualização da inovação em RI constituíram uma barreira significativa. Em contextos de países em desenvolvimento, incluindo as universidades do caso, considera-se que a inovação em RI diz respeito principalmente à gestão universitária e à unidade de TIC. Consequentemente, a inovação em RI é socialmente moldada para promover o prestígio das universidades através da classificação webométrica, em vez de colmatar o fosso de conhecimento existente (Asogwa & Ugwuishiwu, 2016; Abrizah, *et al.*, 2010). Na maioria dos casos, os bibliotecários têm uma consideração secundária, enquanto os académicos e outras partes interessadas são vistos como utilizadores cujas opiniões não são necessárias durante a inovação (Shearer, 2013; Westell, 2006). Este cenário realça a necessidade do desenvolvimento de conhecimento tácito coletivo. O conhecimento tácito coletivo da inovação em RI só pode ser criado quando todas as partes interessadas têm a oportunidade de dialogar e interagir sobre o assunto. Os resultados deste estudo revelam que essas interações e diálogos devem ser planeados e coordenados para a criação de conhecimento tácito coletivo sobre inovação em RI. Infelizmente, a construção social da tecnologia e a abordagem situada parecem sugerir que as pessoas, em qualquer contexto social, podem construir tecnologia sem um plano formal (Kudaravalli, *et al.*, 2017; Hoehle & Venkatesh, 2015; Blackler, 1993). Os estudiosos da disciplina não explicaram completamente como as tensões sociais evoluem e dificultam os processos de construção colectiva e de modelação da tecnologia. As experiências deste estudo esclarecem a importância de traçar as origens das tensões sociais e a sua evolução em diferentes fases de inovação. Também mostra a importância de proporcionar às partes interessadas a oportunidade de se envolverem em interações e diálogos relativamente à inovação dos SI para a criação de conhecimento tácito coletivo sobre a inovação dos SI. A capacidade das organizações para transformar o conhecimento tácito de alta ordem em conhecimento tácito coletivo é determinada pela sua capacidade de proporcionar tais oportunidades. Em consequência dos conhecimentos disponíveis na literatura existente e das experiências adquiridas nos contextos de investigação:

> *Proposição III: É provável que as universidades dos países em desenvolvimento consigam uma gestão eficaz do conhecimento tácito da inovação em RI se implementarem interações e diálogos planeados para criar conhecimento tácito coletivo da inovação em RI.*

Na disciplina de gestão do conhecimento, os insights dos estudos sociais da tecnologia são frequentemente usados para explicar como a tecnologia se torna duradoura e institucionalizada (Patriotta, 2003). Por outras palavras, os académicos neste campo tentam traçar genealogicamente o processo através do qual o conhecimento é criado, aceite, promulgado, tomado como garantido e descartado (Schantz & Seidel, 2011; Latour, 1987 Ben-David & Sullivan, 1975). Outros géneros de gestão do conhecimento, nomeadamente a teoria cognitiva e a teoria da empresa baseada no conhecimento, também promovem noções que indicam que se espera que a gestão do conhecimento promova o conhecimento até ao nível em que este possa ser considerado garantido. Por exemplo, quando Nonaka e os seus colegas utilizaram o termo "internalização", estavam a promover um sistema de gestão do conhecimento capaz de ajudar as organizações a tomar a sua base de conhecimentos como garantida. Isto é muito importante porque os conhecimentos que foram tomados como garantidos são aplicados sem reflexão e constituem a base das acções (Zhao, 2004; Nanaka & Takeuchi, 1995; Schutz & Luckmann, 1989). A disciplina de SI também destacou a necessidade de os inovadores de SI desenvolverem formas pelas quais as partes interessadas de SI possam ser estimuladas a tomar a inovação de SI como garantida (Foote, & Halawi, 2018; Lanzara, 2016; Hoehle & Venkatesh, 2015; Howcroft, *et al.*, 2004).

A maioria dos estudos sobre SI que propuseram o estímulo dos inovadores para internalizar os processos de inovação em SI, no entanto, são baseados na avaliação da variância. Isto significa que avaliaram a relação entre as variáveis independentes e dependentes identificadas (por exemplo, Hoehle & Venkatesh, 2015). Consequentemente, ignoram os processos através dos quais as variáveis evoluem, são aceites e se tornam duradouras ao ponto de serem tomadas como garantidas. Avgerou (2013) aponta várias limitações dos estudos sobre SI que se basearam na avaliação da variância. Langley *et al.* (2013) fornecem informações sobre como rastrear os processos sociais de forma a permitir a exposição das suas histórias, períodos evolutivos e como se tornam aceites. Bailey & Ngwenyama (2013) oferecem um bom exemplo de como os académicos de SI podem rastrear processos sociais de forma a expor as suas histórias, períodos evolutivos e a forma como as partes interessadas passam a considerar os SI como garantidos. Os conhecimentos obtidos através deste estudo apresentam processos e explicações dos desafios que impedem as universidades do caso de criar um senso comum de inovação em RI.

No centro destes desafios está a atuação em tempo real, ou seja, a participação em tempo real na inovação e utilização das RI. Observou-se que a participação em tempo real (utilização e participação na inovação) promove o desenvolvimento de um significado negociado coletivamente. Uma vez que as partes interessadas da Universidade III não utilizaram o seu RI, foi difícil para a universidade criar um senso comum de inovação do RI. As partes interessadas não tiveram oportunidade de negociar coletivamente os significados em torno da inovação das RI em tempo real. O estudo mostra que o senso comum só pode ser criado quando as partes interessadas interagem, dialogam e se empenham na implementação em tempo real da inovação das RI a nível do grupo. Apresenta a materialidade dos SI em ação, algo que existe nos conhecimentos e práticas tácitos dos intervenientes. Isto é diferente da materialidade dos SI proposta por Robey, *et al.* (2013), Leonardi (2012) e Jiang, Klein & Shepherd (2001). Este estudo apresenta, portanto, a oportunidade de colocar questões sobre até que ponto o senso comum de inovação em RI foi desenvolvido em universidades que o inovaram em contextos de países em desenvolvimento. As respostas às perguntas sobre a criação de senso comum em matéria de SI podem revelar em que medida a inovação em matéria de SI envolve as partes interessadas. Em consequência dos conhecimentos obtidos na literatura existente e dos obtidos nos contextos de investigação:

> *Proposição IV: A gestão eficaz do conhecimento tácito da inovação em RI é suscetível de ser alcançada se as universidades dos países em desenvolvimento se empenharem na promulgação sustentada em tempo real e nas negociações colectivas dos significados associados às realidades da inovação em RI para criar*

o senso comum da inovação em RI.

O quadro de conhecimento tácito derivado deste estudo é apresentado no modelo abaixo.

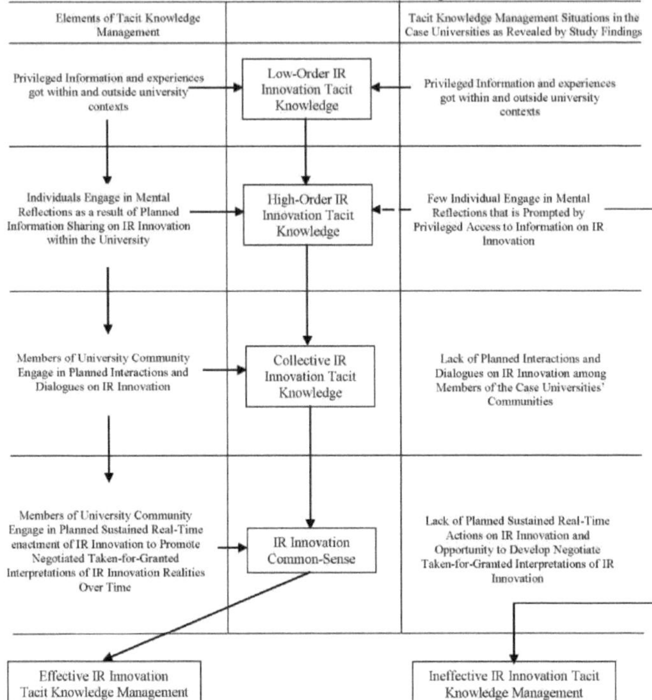

Figura 5.1: Dinâmica dos factores de inovação das RI a nível individual

A implicação do modelo de investigação apresentado neste estudo sobre a teoria e a prática da gestão do conhecimento na inovação dos SI é que identificou as fontes do conhecimento tácito. Por outras palavras, o modelo indica que o conhecimento tácito não emerge espontaneamente, mas sim como resultado de determinados processos. Surge frequentemente devido a um acesso privilegiado à informação e a experiências privilegiadas. Por conseguinte, é importante que os inovadores investiguem e compreendam a forma como evoluem as informações de base e as experiências das partes interessadas dos SI que informam a criação de conhecimentos tácitos. Por sua vez, este conhecimento ajuda a identificar os problemas de inovação e as suas potenciais soluções. O modelo também fornece informações teóricas e práticas que mostram a importância de os inovadores da SI desenvolverem actividades planeadas de partilha de informações e de todas as partes interessadas estarem envolvidas na implementação da SI em tempo real. A partilha de informações, as experiências, as interações, os diálogos e a aplicação em tempo real dos SI permitem a criação de um senso comum de inovação dos SI, facilitando o desenvolvimento de interpretações e significados negociados das realidades de inovação dos SI, que conduzem à internalização colectiva. Por conseguinte, o modelo derivado do estudo fornece informações sobre questões fundamentais relacionadas com a forma como os pressupostos assumidos sobre os SI são negociados ao longo do tempo. Isto, por sua vez, fornece um quadro de gestão do conhecimento tácito acionável que pode ser implementado durante a inovação dos SI. Mostra que a inovação dos SI não é uma atividade pontual, mas um conjunto de processos sociais que são socialmente construídos e moldados durante longos períodos de tempo.

5.8 Conclusão do Estudo Três

Este estudo dá resposta à seguinte questão de investigação: como deve ser gerido o conhecimento tácito dos intervenientes relevantes para ter um impacto positivo na inovação das RI? Ao fazê-lo, o estudo mostra que a gestão do conhecimento tácito da inovação em RI requer a transformação do conhecimento tácito de conhecimento tácito discreto em conhecimento tácito partilhado. Mostra que o acesso a uma variedade de pontos de vista sobre a inovação em RI entre os intervenientes resulta no desenvolvimento de conhecimento tácito de inovação em RI de baixa ordem. O acesso não planeado à informação e às experiências são fontes fundamentais de conhecimento tácito de baixa ordem. Para que o conhecimento tácito de baixa ordem evolua para um conhecimento tácito de inovação em RI de alta ordem, é necessário um acesso repetido à informação e a reflexões mentais. O estudo esclarece que a externalização e a socialização do conhecimento tácito são críticas, uma vez que, na maioria das vezes, o conhecimento tácito de baixa ordem derivado do acesso não planeado à informação e às experiências não corresponde às realidades organizacionais devido à sua natureza idiossincrática. No entanto, as reflexões mentais a nível individual levam à criação de conhecimento tácito de ordem superior, que continua a ser idiossincrático. Consequentemente, existem dois tipos de conhecimento tácito discreto de inovação em RI, nomeadamente, conhecimento tácito de inovação em RI de baixa e de alta ordem. O estudo expande a dinâmica da gestão do conhecimento tácito proposta na disciplina de gestão estratégica, ou seja, a socialização e a externalização do conhecimento tácito. Descreve a génese do conhecimento tácito de baixa ordem e a sua evolução para o conhecimento tácito de alta ordem, um ponto em que o conhecimento tácito pode ser articulado. Além disso, o estudo mostra a ligação entre o conhecimento tácito discreto e partilhado; a externalização e a socialização do conhecimento tácito resultam da criação de conhecimento tácito coletivo de inovação em RI através de interações e diálogos planeados. Por último, o estudo mostra que a adoção sustentada e a interpretação negociada da inovação em RI promovem a criação de um senso comum de inovação em RI. O estudo fornece informações sobre as caraterísticas do conhecimento tácito e sobre a forma como este pode ser compreendido e gerido para promover a inovação em matéria de SI. Este estudo redefine a gestão do conhecimento tácito, expondo o processo envolvido na transformação do conhecimento tácito, desde o conhecimento tácito de baixa ordem, passando pelo conhecimento tácito de alta ordem e pelo conhecimento tácito coletivo, até ao senso comum. Foram identificados e explicados os quatro elementos acionáveis da transformação do conhecimento tácito, que são o acesso não planeado a informações e experiências, a partilha planeada de informações, as interações e diálogos e a participação sustentada em tempo real na inovação dos SI. O estudo conceptualiza a inovação dos SI como gestão do conhecimento tácito.

Capítulo 6: Resumo dos contributos da investigação de doutoramento

6.1 Contribuições teóricas e práticas

Os três estudos relatados nesta tese reúnem três contextos fundamentais que são frequentemente avaliados separadamente quando se consideram os factores que determinam a inovação dos SI. Mostram que os factores de barreira à inovação em RI com que as universidades estão a lidar emanam dos contextos global, local e organizacional. Nas universidades em questão, os três contextos promovem conjuntamente factores de barreira à inovação em RI a nível institucional, organizacional e individual. Neste estudo, os contextos globais implicam contextos que ultrapassam as fronteiras nacionais locais e que se estendem por diferentes países em todo o mundo. O contexto local indica os contextos nacionais, ou seja, o contexto sociofísico nacional imediato onde as universidades estão localizadas. Os contextos locais abrangem diferentes categorias de actores sociais e organizações dentro de uma fronteira nacional. Os contextos organizacionais implicam os contextos internos de cada uma das universidades caso, que incluem os membros da comunidade de cada universidade caso e as estruturas organizacionais das universidades caso. Os contextos organizacionais também incluem processos que são peculiares a cada universidade, particularmente no que se refere à inovação em RI. Os conhecimentos resultantes deste estudo expõem as limitações dos estudos que se centraram apenas nos contextos institucionais. Estes estudos deixam de fora factores de nível organizacional e individual. Mostram também as limitações dos estudos que se centraram apenas no nível organizacional ou no nível individual, sem considerar os efeitos combinados dos três níveis. Existem, por exemplo, estudos sobre SI que avaliaram as tendências de globalização que afectam os SI a nível institucional (Martinson, 2016; Narula, 2014; Galliers & Meadows, 2003). Nestes estudos, foram negligenciados os efeitos combinados das tendências globais, dos factores locais e dos factores organizacionais na inovação dos SI aos níveis organizacional e individual.

A crescente cultura entre os académicos de SI para analisar a forma como as lógicas institucionais influenciam a inovação dos SI coincide com a tendência para separar as avaliações feitas sobre a inovação dos SI a nível organizacional do nível institucional e individual (por exemplo, Andoh-Baido, 2017; Linderoth, 2014). A maioria desses estudos sobre SI, sendo informados pela teoria institucional, presta atenção estrita aos contextos organizacionais e não considera o papel dos eventos que ocorrem em contextos globais. Outro conjunto de estudos sobre SI que tem vindo a ganhar terreno ao longo dos anos são os que avaliam o papel da gestão do conhecimento nos SI inovação; no entanto, não avaliam como os fatores a nível institucional e organizacional se combinam para influenciar a inovação dos SI a nível individual (Foote, & Halawi, 2018; Aurum *et al.*, 2008; Tanriverdi, 2005). Se os insights derivados no Estudo 3 sobre o papel da gestão do conhecimento tácito são algo a seguir, isso mostra que os estudiosos da SI precisam prestar atenção aos fatores nos níveis institucional e organizacional que determinam as práticas de criação de conhecimento durante a inovação da SI. Ao reunir os conhecimentos obtidos nos três estudos, conclui-se que a gestão eficaz do conhecimento tácito é determinada por factores inerentes aos níveis institucional, organizacional e individual. Conclui-se que as visões que se tornam incorporadas através da externalização, socialização e aplicação sustentada em tempo real são determinadas por uma variedade de factores que ocorrem a nível institucional, organizacional e individual (Zheng, *et al.*, 2010; Krogh, *et al.,2012;* Nonaka & Takeuchi, 1995).

Os factores identificados a nível institucional incluem as tendências de globalização, a transformação das universidades e as condições das bibliotecas universitárias. Os factores a nível organizacional incluem as lógicas institucionais, os factores de barreira paradoxal e a adesão a orientações de gestão tradicionais. A nível individual, os elementos de gestão do conhecimento tácito são identificados como indicadores de uma gestão eficaz do conhecimento tácito. Estes elementos incluem o acesso privilegiado à informação e às experiências, as reflexões mentais, as interações e os diálogos planeados e a aplicação planeada e sustentada em tempo real. A diferença na visão dos intervenientes sobre a inovação em matéria de RI a nível individual é determinada por factores a nível institucional, organizacional e individual. Embora os factores de barreira à inovação em RI identificados na disciplina sejam os que ocorrem nas universidades, o impacto da gestão do conhecimento tácito não foi abordado na literatura existente. Por outras palavras, os estudiosos das RI continuam a centrar-se nos factores que emanam do nível organizacional, deixando de fora os factores a nível institucional e individual. Consequentemente, os académicos e os profissionais têm-se empenhado em implementar resoluções de inovação sem abordar os factores que têm origem nos níveis institucional e individual.

No passado recente, alguns estudos sobre SI apontam superficialmente para os efeitos combinados de factores institucionais, organizacionais e individuais na inovação dos SI (Sahay & Mukherjee, 2015; Braa, *et al.*,2007b; Adelakun, 2005; Al-Gahtani, 2003). Um estudo de Linderoth (2014), por exemplo, avaliou o impacto das lógicas institucionais promovidas por factores de nível organizacional na inovação dos SI e mostrou que as operações internas das organizações que se esforçam por inovar os SI podem ser determinadas por outras organizações que, por sua vez, influenciam a inovação dos SI. Estes estudos, no entanto, não expuseram a forma como os factores institucionais, organizacionais e individuais determinam a evolução das lógicas institucionais que influenciam a inovação dos SI. Ao identificar tendências de globalização, como o forte desejo de inovação das TIC, fontes múltiplas (e contraditórias) de sensibilização para as RI e a adoção de factores de sucesso inadequados para a inovação das RI, este estudo mostra que os factores a nível institucional influenciam a evolução das lógicas institucionais que determinam a inovação dos SI. O estudo chama a atenção das partes interessadas para a forma como os inovadores em matéria de SI podem obter ideias de inovação em matéria de SI em todo o mundo, em resultado do fácil acesso à informação e da circulação de pessoas através das fronteiras internacionais. O estudo confirma as posições teóricas na área da disciplina da globalização relevantes para os estudos e a prática dos SI (por exemplo, Steger, 2009; Giddens, 1991).

Ao longo dos anos, as abordagens sociotécnicas e construtivistas dos SI ajudaram os estudiosos dos SI a aceitar o facto de os actores organizacionais nem sempre operarem em estruturas organizacionais formais (Ngwenyama & Nielsen, 2014; Avgerou, 2013; Lyytinen & Newman, 2008; Orlikowski, 2006). As estruturas sociais informais são fontes vitais de transformações organizacionais induzidas pelos SI. No entanto, estes estudos sobre SI não forneceram todas as explicações necessárias para compreender como as estruturas sociais informais são apoiadas por uma combinação de factores a nível institucional, organizacional e individual. A maior parte deles concentra-se em factores inerentes ao nível organizacional, deixando de fora o papel das tendências da globalização, como o acesso a ideias múltiplas (e contraditórias), que determinam a inovação dos SI na forma como os indivíduos pensam e agem. No Estudo 1, por exemplo, o acesso a diversas ideias resultou numa procura descoordenada de inovação nas TIC nas universidades do caso. A procura de inovação nas TIC foi considerada descoordenada porque as universidades dos casos embarcaram na inovação nas TIC com base em testemunhos provenientes de todo o mundo e sem considerar os recursos de que dispunham. A procura descoordenada de inovação nas TIC resultou também num aumento dos custos de funcionamento das universidades. O estudo revela ainda relações entre o acesso a ideias diversas, a procura descoordenada de inovação nas TIC, o custo de funcionamento das universidades e a adoção de um novo modelo de gestão. Todos estes factores são indicadores de factores de SI a nível institucional.

Numa perspetiva mais ampla, o estudo mostra como os factores de nível institucional determinaram os factores de nível organizacional, incluindo as lógicas institucionais, a adesão às orientações tradicionais da gestão universitária e os factores da barreira do paradoxo. Além disso, mostra que os factores de nível institucional determinam as lógicas institucionais que, por sua vez, influenciam a construção social dos factores de barreira do paradoxo.

Em geral, o estudo contribui para a compreensão dos profissionais e académicos da inovação dos SI, revelando informações novas e fundamentais sobre a influência dos factores institucionais, organizacionais e individuais na inovação dos SI. A adesão das universidades às orientações tradicionais de gestão é um exemplo de como as organizações lutam para manter algumas das suas orientações de gestão, apesar das pressões para efetuar mudanças. As universidades de todo o mundo obtêm a sua reputação e aceitação a partir de algumas práticas assumidas que são conhecidas globalmente. Tanto o Estudo 1 como o Estudo 2 expõem as forças que influenciam a institucionalização e a desinstitucionalização que ocorrem nas universidades, bem como noutras organizações, para além do que é originalmente conhecido. Os dois estudos fornecem uma visão do envolvimento dos intervenientes dos SI com os níveis institucional e organizacional e como este envolvimento promove a retenção de práticas organizacionais que determinam a inovação dos SI. Enquanto o Estudo 2 mostra que a institucionalização ocorre a nível organizacional, o Estudo 1 fornece informações sobre o papel dos factores a nível institucional na promoção da manutenção ou rejeição de práticas institucionalizadas.

O isomorfismo foi identificado no passado como um fator que promove a evolução, a retenção e/ou o descarte de lógicas institucionais. A maioria dos relatos de isomorfismo na literatura existente não prestou, no entanto, atenção suficiente à forma como é promovido por ocorrências a nível institucional (Powell & DiMaggio, 2012; Leiter, 2005). Mais uma vez, ambos os Estudos 1 e 2 mostram que a combinação das disciplinas da globalização e das teorias institucionais tem um forte potencial para fornecer novas respostas às questões que os académicos de SI têm tentado responder sobre a forma como os factores institucionais e organizacionais têm impacto na inovação dos SI. Um bom exemplo pode ser retirado das exposições sobre os factores de paradoxo no Estudo 2. Enquanto as revelações sobre os factores de barreira de paradoxo indicam que eles são socialmente construídos de acordo com a disciplina do construcionismo social (Avgerou, 2013; Orlikowski, 2010; Mumford, 2006; Howcroft, *et al.*, 2004), os factores de nível institucional determinam como eles foram socialmente construídos (Steger, 2009; Fiss &

Hirsch, 2005; Giddens, 1991; Held, *et al.*, 1999). Isto explica como as tendências da globalização determinam o que se passa nas organizações locais. Expõe que um determinado SI pode ser socialmente construído de diferentes maneiras em diferentes contextos, como resultado das variações nas informações que as partes interessadas têm sobre o SI. Isto amplia os conhecimentos de estudos como o realizado por Sahay & Mukherjee (2015), chamando a atenção das partes interessadas para o facto de os factores a nível organizacional serem determinados por factores a nível institucional. Os factores a nível institucional e organizacional determinam em conjunto a inovação dos SI. Esta nova exposição teórica e prática expande a lista de factores que os inovadores de SI procuram quando decidem sobre a natureza e os efeitos dos factores de barreira à inovação de SI.

No Estudo 3, onde os factores a nível individual foram o foco principal, a visão dos indivíduos sobre a inovação das RI foi identificada como sendo um determinante principal da inovação dos SI. A maioria dos estudos sobre SI que avaliam os factores a nível individual na inovação dos SI concentra-se em descobrir o papel das estruturas organizacionais e sociais. Um grande número de estudos abordou o impacto das estruturas sociais informais na inovação dos SI (Liu, *et al.*, 2015; Ngwenyama & Nielsen, 2014). Os estudos sobre SI que são informados por temas de gestão do conhecimento fornecem insights sobre como as estruturas sociais informais impactam a gestão do conhecimento durante a inovação dos SI. Estes estudos foram informados por mudanças teóricas que promovem a reconceptualização dos SI como socialmente construídos e os intervenientes dos SI como actores sociais racionais (Mumford, 2006; Lamb & Kling, 2003; Orlikowski & Broudi, 1991; Weick, 1983). Sem prestarem atenção às estruturas sociais informais, estes estudos abordam a gestão do conhecimento na perspetiva da gestão do conhecimento tácito, investigando a forma como as partes interessadas chegam às suas opiniões sobre a inovação dos SI. Também abordam a forma como os inovadores dos SI podem garantir que os pontos de vista das partes interessadas são geridos de forma eficaz para que sejam uniformes e duradouros.

A força motriz do Estudo 3 é a convicção de que os intervenientes inovam os SI de acordo com a forma como os vêem. Esta noção foi promovida por pressupostos sobre os factores que influenciam a construção social da inovação das RI. Dado que os pontos de vista são conhecimento tácito, o Estudo 3 apresenta um quadro de gestão do conhecimento tácito que delineia os passos que podem ser dados para compreender como a gestão do conhecimento tácito da inovação dos SI pode ser implementada para garantir que o conhecimento tácito dos SI seja coletivamente detido pelas partes interessadas. A gestão do conhecimento baseou-se originalmente na criação, partilha e utilização de conhecimentos válidos a nível organizacional. A validade do conhecimento é determinada pela sua aceitação (democraticamente através da negociação ou pela força) pelos actores sociais (Bailey & Ngwenyama, 2016; Rosario, *et al.*, 2015; Krogh *et al.*, 2012; Zheng, *et al.*, 2010). A gestão do conhecimento tácito do SI proposta no Estudo 3 passa pela identificação das fontes de conhecimento tácito, dos factores que determinam a sua transformação efectiva e da forma como este pode ser mantido coletivamente ao nível do grupo. Por outras palavras, o estudo 3 faz uma avaliação a nível individual dos factores que têm impacto na inovação dos SI. As suas conclusões mostram que os pontos de vista dos indivíduos são fundamentais para o êxito da inovação dos SI, porque os actores organizacionais podem agir coletivamente ou de forma idiossincrática, em função desses pontos de vista. Os estudos 1 e 2, no entanto, mostram que os factores a nível individual, como os pontos de vista sobre a inovação dos SI, derivam dos níveis institucional e organizacional. Mostram que as fontes de conhecimento tácito são inerentes aos níveis institucional e organizacional. Esta revelação responde à seguinte questão, que não foi suficientemente abordada no passado: como é que os intervenientes desenvolveram os pontos de vista (conhecimento tácito) que têm sobre os SI?

A combinação de conhecimentos nas disciplinas de globalização, teoria institucional e gestão do conhecimento expõe fontes prováveis de conhecimento tácito. Expõe o papel da informalidade e da acidentalidade na gestão do conhecimento tácito. Isto porque, para os actores organizacionais, é muito provável que os contextos fora dos contextos organizacionais sejam informais. A teoria e a prática da gestão do conhecimento tácito derivadas deste estudo realçam a importância dos factores institucionais, organizacionais e individuais. Esta é uma contribuição teórica e prática significativa, uma vez que a gestão do conhecimento tácito envolve a criação e a transformação do conhecimento tácito de discreto para partilhado (Rosario, *et al.*, 2015, Zheng, *et al.,2010;* Lam, 2000; Nonaka, 1994), em que o conhecimento tácito discreto está ao nível individual e o conhecimento tácito partilhado está ao nível organizacional. As fontes de conhecimento tácito são também inerentes ao nível institucional. A contribuição expande os quadros de gestão do conhecimento propostos pelas três grandes escolas de gestão do conhecimento ao longo dos anos (Patriotta, 2003; Argyris, 1995; Ciborra & Lanzara, 1994; Blackler, 1993; Bandura, 1986). Para tornar acionável o quadro de gestão do conhecimento tácito proposto neste estudo, foram propostos quatro elementos, a saber: informação e experiências privilegiadas, reflexão mental, interações e diálogos planeados e aplicação planeada em tempo real. Estes quatro elementos estão integrados nos níveis institucional, organizacional e individual da inovação dos SI. A combinação dos três estudos fornece posições teóricas e práticas únicas que são benéficas para os investigadores e profissionais de SI que compreendem e implementam estes elementos de gestão do conhecimento tácito. Também mostra que os factores nos três níveis, institucional, organizacional e individual, são fundamentais para a inovação dos SI. Tal como outros estudos efectuados no passado, os três estudos não são exaustivos. No entanto, os conhecimentos teóricos e práticos obtidos através deles têm o potencial de estimular novos estudos que abordarão mais factores inerentes aos níveis institucional, organizacional e individual que afectam a inovação dos SI. O modelo abaixo apresenta o resultado da série de estudos relatados nesta tese de forma diagramática.

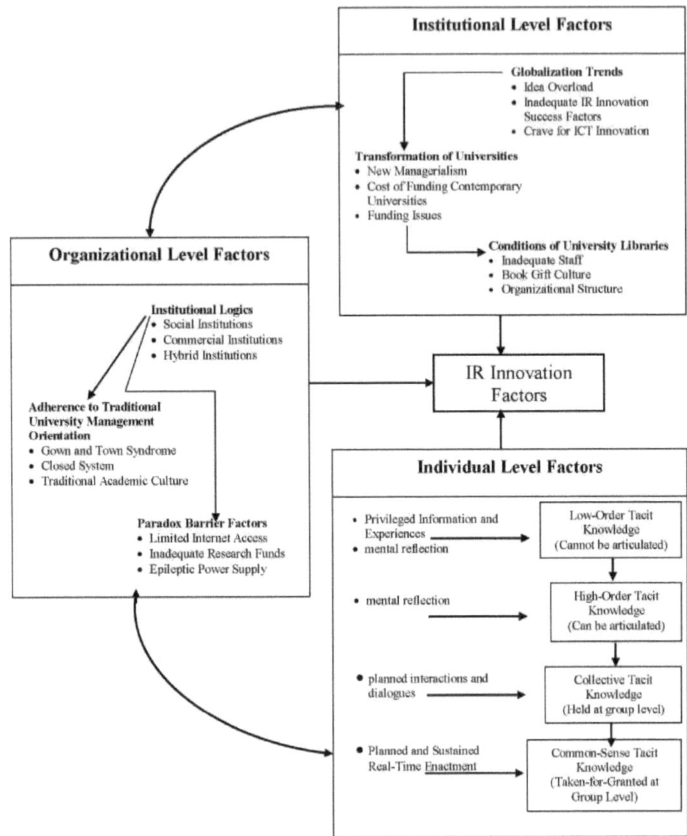

Figura 6.1: Dinâmica combinada dos factores de inovação das RI aos níveis institucional, organizacional e individual

6.2 Contribuição metodológica

Na maioria das vezes, os estudiosos de SI fazem referência às metodologias de investigação que podem ser adoptadas no terreno (Orlikowski & Baroudi, 1991; Lee, 1989). Fazem referência à necessidade de compreender como isso é determinado por pressupostos ontológicos e epistemológicos que orientam os estudos de SI (Ngwenyama, 2014; Deetz, 1996; Weick, 1983). Neste estudo, o objetivo era desenvolver uma teoria relevante para o contexto e ter impacto na prática. O método de investigação de estudo de caso (Lee, 1989) foi adotado para permitir a realização dos objectivos da investigação. Foi complementado pelo poder da abordagem de investigação indutiva para promover o desenvolvimento de novos conhecimentos teóricos. A combinação do método de investigação de estudo de caso e da abordagem de investigação indutiva oferece a oportunidade de satisfazer as exigências dos académicos da ISDC (1) para criar teorias específicas às condições dos países em desenvolvimento, e (2) para realizar estudos mais relevantes na prática nos países em desenvolvimento (Avgerou, 2008; Walsham & Sahay, 2006). Quatro elementos da metodologia de investigação, nomeadamente, o método de investigação de estudo de caso, a abordagem de investigação indutiva, a filosofia interpretativa, a entrevista aprofundada não estruturada e as fontes de dados de arquivos foram combinados para fornecer o quadro metodológico necessário para alcançar o desenvolvimento de uma teoria e de conhecimentos práticos específicos do contexto. A implicação disto é que o resultado dos três estudos apresentados nesta tese indica que o processo de investigação mais adequado a adotar para garantir a obtenção de posições teóricas novas e específicas do contexto é a combinação de diferentes técnicas metodológicas. No passado, o poder de todas estas técnicas foi explicado individualmente. Assim, uma metodologia de investigação que combine o método de estudo de caso, o raciocínio indutivo, a filosofia interpretativa, a entrevista aprofundada não estruturada e a recolha de dados em arquivos pode oferecer novas vantagens aos investigadores que procuram contribuir com novas posições teóricas para os fenómenos dos SI. Assim, a metodologia híbrida adoptada neste estudo constitui uma contribuição metodológica para o domínio dos ISDC.

6.3 Conclusão geral

O principal objetivo deste estudo é dar um contributo teórico e prático para a disciplina de implementação de SI. O estudo também alcançou uma terceira contribuição fundamental, uma contribuição metodológica. A questão que serviu de base ao estudo foi a seguinte: que condições contribuem para a lentidão da inovação em RI nas universidades nigerianas? O RI é um tipo de SI utilizado para implementar o acesso aberto ao conhecimento científico produzido pelas universidades. A inovação lenta em RI, no contexto deste estudo, indica uma inovação em RI que não foi concluída dentro do período de tempo previsto para o efeito. O reduzido número de universidades de países em desenvolvimento que constam da lista global de universidades que inovaram em matéria de RI motivou este estudo. Este facto foi agravado pela escassez de estudos sobre SI realizados nas universidades. Tendo em conta a complexidade dos contextos sociotécnicos dos países em desenvolvimento, o estudo envolveu avaliações aos níveis institucional, organizacional e individual, de modo a expor perspectivas teóricas e práticas sobre a influência dos três níveis na inovação dos SI. Três estudos, cada um dos quais abordando um dos três níveis de avaliação identificados, forneceram informações sobre as barreiras à inovação dos SI, utilizando exemplos de inovação das RI em três universidades de um país em desenvolvimento. O estudo 1 fornece informações sobre a forma como as barreiras à inovação dos SI evoluem a nível institucional. Identifica as tendências da globalização, a transformação das universidades e as condições das bibliotecas universitárias como constituindo barreiras à inovação das RI. O segundo estudo avaliou factores a nível organizacional e descreveu a evolução de três factores de barreira à inovação em RI, nomeadamente, a lógica institucional, a adesão a orientações tradicionais de gestão universitária e factores de barreira paradoxais. O terceiro estudo mostrou que, a nível individual, a incapacidade de gerir o conhecimento tácito constitui um fator de barreira à inovação em matéria de SI. O estudo identificou o acesso privilegiado à informação e às experiências, as reflexões mentais, as interações e diálogos planeados e a aplicação planeada em tempo real da inovação das RI como os quatro elementos necessários para uma gestão eficaz do conhecimento tácito. Os três estudos em conjunto mostram que os factores inerentes aos níveis institucional, organizacional e individual se combinam para constituir factores de barreira à inovação em RI. Por conseguinte, mostra que a tentativa feita pelos inovadores dos SI para descobrir e explicar os factores que surgem durante a inovação dos SI deve ter em consideração os três níveis. Justifica que a natureza da sociedade contemporânea exige a utilização de múltiplas posições teóricas e metodológicas para a avaliação da inovação dos SI. Os três estudos fornecem respostas a estas três questões de investigação: *Estudo 1:* Quais são as barreiras à inovação dos SI nas universidades nigerianas e como é que essas barreiras evoluíram? *Estudo 2:* Como é que as actividades de indivíduos e organizações fora do contexto universitário constituem barreiras à inovação em RI nas universidades nigerianas? *Estudo 3:* Como é que o conhecimento tácito das partes interessadas relevantes deve ser gerido para ter um impacto positivo na inovação em RI nas universidades nigerianas? Os estudos começaram por identificar os factores de barreira à inovação em RI e, em seguida, forneceram explicações para a sua evolução, as suas interações e implicações na inovação em RI. As respostas à questão de investigação colocada no Estudo 3 resultaram na proposta de um quadro de gestão do conhecimento tácito que oferece uma explicação sobre como enfrentar os desafios que evoluem a nível individual. O estudo cumpre três objectivos fundamentais: a identificação dos factores de barreira à inovação em RI, a explicação dos factores de barreira à inovação em RI e o fornecimento de um quadro de resolução que pode ser utilizado para resolver os factores de barreira a nível individual. De um modo geral, o estudo deu contributos teóricos, metodológicos e práticos para a implementação dos SI e, mais especificamente, para a disciplina de ISDC.

Bibliografia

Aaltonen, K., & Kujala, J. (2016). Towards an improved understanding of project stakeholder landscapes. *Jornal Internacional de Gestão de Projectos, 34(8),* 1537-1552.

Abecker, A., Bernardi, A., Hinkelmann, K., Kühn, O., & Sintek, M. (2014). *Técnicas para sistemas de informação de memória organizacional.* Saarlandische Universitats-Und Landesbibliothek.

Abrizah, A. (2010). Pilotagem de um repositório institucional numa universidade de investigação intensiva: estratégias de recrutamento de conteúdos e o papel da biblioteca. Actas da 3rd Conferência Internacional sobre Bibliotecas Digitais. Disponível em: dspace.fsktm.um.edu.my Acedido em 8 de maio de 2015

Adam, L. (1998). Dar à Internet uma voz africana: expandir o conteúdo africano é tão importante como alargar o acesso. *Africa Recovery,* 12(3), 8.

Adelakun, O. (2005). Offshore IT outsourcing to emerging economies-analysis of readiness vs attractiveness (Externalização de TI offshore para economias emergentes - análise da preparação versus atratividade). In A. Bada andn A. Okunoye (Eds.), IFIPWG9.4, 8th International Working Conference: Enhancing Human Resources Development through ICT (Melhorar o desenvolvimento dos recursos humanos através das TIC). Abuja, Nigéria.

Adeyemo, J. (2000). The demand for higher education and employment opportunities in Nigeria. In: *The dilemma of post-colonial universities,* Yann Lebeau & Mobolaji Ogunsanya (Eds.), Ibadan: IFRA/African Book Builderes, pp.: 241-265.

Aguolu, C. & Aguolu, I. (1998). Scholarly publishing and Nigerian universities (A publicação académica e as universidades nigerianas). *Journal of scholarly publishing, 29*(2), 118.

Ahmed, A. (2007). Open access: towards bridging the digital divide-policies and strategies for developing countries [Acesso livre: para colmatar o fosso digital - políticas e estratégias para os países em desenvolvimento]. *Information Technology for Development,* 13, 337-361.

Aina, L. (2005). The impact and visibility of Nigerian-based scholarly journals in the international scholarly community (O impacto e a visibilidade das revistas académicas nigerianas na comunidade académica internacional). In: Improving the quality of library and information science journals in West Africa: a stakeholders' conference, Alemna, A. Aina, L. & Mabawonku, I (eds.), University of Ibadan, Nigeria, December 7-8, pp. 81-92.

Ajadi, T. (2010). Universidades privadas na Nigéria - os desafios futuros. *Revista Americana de Investigação Científica,* 7, 15-24.

Ajayi, S. (2006). Christian mission and evolution of the culture of mass education in Western Nigera. *Revista de Filosofia e Cultura,* 3(2), pp.: 33-56.

Akabayashi, H. & Naoi, M. (2004). Porque é que não existe Harvard entre as universidades privadas de Janpanese? Econometric Society 2004 for Eastern Meetings, 729.

Akalu, G. (2014). Ensino superior na Etiópia: expansão, garantia de qualidade e autonomia institucional. *Higher Education Quarterly,* 68(4), 394-415.

Akpotu, N. & Akpochafo, W. (2009). An analysis of factors influencing the upsurge of private universities in Nigeria (Análise dos factores que influenciam o aumento das universidades privadas na Nigéria). *Jornal de Ciências Sociais,* 18(1), 21-27.

Alavi, M., Yoo, Y. & Vogel, D. (1997). Using information technology to add value to management education. *Academy of Management Journal, 40*(6), 1310-1333.

Albrow, M., & King, E. (Eds.). (1990). *Globalization, knowledge and society: readings from international sociology.* Sage.

Aldrich, H. (1992). Paradigmas incomensuráveis? Sinais vitais de três perspectivas. In: M Reed & M. Hughes (Eds.) *Rethinking organization: new diretions in organization theory and analysis.* (pp.: 17-45), Londres: Sage Publications.

Al-Gahtani, S. (2003). Adoção de tecnologias informáticas na Arábia Saudita: Correlatos dos atributos de inovação percebidos. *Information Technology for Development,* 10(1), 57-69.

Alkhaldi, A., Yusof, Z., & Ab Aziz, M. (2011). Medição do impacto da cultura nacional (NCI) a nível individual: A Conceptual Model For Capturing The NCI On Knowledge Sharing Via Video-Conferencing. *Journal of Knowledge Management Practice, 12(4).*

Allen S. (1979). Understanding, re-organization of divisionalizzed companies. *Academy of Management Journal,* 22, 641-671.

Altbach, P. (2013). Avançar a economia do conhecimento nacional e global: o papel das universidades de investigação nos países em desenvolvimento. *Estudos sobre o ensino superior, 38*(3), 316-330.

Altbach, P. (2015). Os custos e benefícios das universidades de classe mundial. *Ensino Superior Internacional,* 33.

Altbach, P. *et al.,* (2011). *O caminho para a excelência académica: The making of world-class research universities.* Banco Mundial.

Alvesson, M. (1993). As organizações como retórica: empresas de conhecimento intensivo e a luta contra a ambiguidade. *Journal of Management Studies,* 30(6), pp.: 997-1015.

Amadi, M. (2011): *Questões actuais e tendências no ensino superior nigeriano.* Lagos: Vitaman Educational Books.

Amstrong, M. (2014). Modelos de gestão de repositórios institucionais que apoiam a disseminação da investigação do corpo docente. *OCLC Systems & Services,* 30(1), 43-51.

Amuwo, K. (2000). O discurso das elites políticas sobre o ensino superior na Nigéria. In: *The dilemma of post-colonial universities,* Y. Lebeau & M. Ogunsanya (eds), (pp.: 1-26), Ibadan: IFRA/ABB.

Andersson, A., & Hatakka, M. (2010). Aumentar a interatividade no ensino à distância: Case studies Bangladesh and Sri Lanka. *Information Technology for Development, 16*(1), 16-33.

Andoh-Baidoo, F. (2017). Teorização específica do contexto na investigação em TIC4D. *Tecnologia da Informação para o Desenvolvimento,* 23(2), 195-211.

Ani, O. (2005). Evolução das bibliotecas virtuais na Nigéria: mito ou realidade? *Journal of Information Science,* 31(1), pp.: 67-70.

Ani, O., Esin, J. & Edem, N. (2005). Adoção das tecnologias da informação e da comunicação (TIC) nas bibliotecas académicas. *The Electronic Library,* 23(6), pp.: 701708.

Antell, K., Foote, J. Turner, J., & Shults, B. (2014). Lidando com dados: Science librarians' participation in data management at Association of Research Libraries institutions. *College & Research Libraries, 75*(4), 557-574.

Anugom, F. (2016). Acreditação e Garantia de Qualidade das Universidades Nigerianas: The Management Imperative. *Acreditação e Garantia da Qualidade, 1,* 10005544.

Anunobi, C. & Okoye, I. (2008). O papel das bibliotecas académicas no acesso universal a recursos impressos e electrónicos nos países em desenvolvimento. *Library Philosophy and Practice (e-journal).*

Argote, L. (2012). *Aprendizagem organizacional: criando, retendo e transferindo conhecimento.* New York: Springer Science & Business Media.

Argote, L. e Miron-Spektor, E. (2011). Aprendizagem organizacional: da experiência ao

conhecimento. *Organization Science,* 22(5), pp.: 1123-1137.
Argyris, C. & Schon, D. (1978). Aprendizagem organizacional; uma perspetiva da teoria da ação. Reading: Addison-Wesley Publishing Company.
Argyris, C. (1991). Ensinar pessoas inteligentes a aprender. *Harvard Business Review,* maio-junho, pp.: 99-109.
Argyris, C. (1995). Ciência da ação e aprendizagem organizacional. *Journal of Managerial Psychology,* 10 (6), pp.: 20-26.
Argyris, C. (2003). Altering theories of learning and action: an interview with Chris Argris by Mary Crossan. *Academy of Management Executive,* 17 (2), pp.: 40-46.
Argyris, C. (2017). Ser humano e ser organizado. Em *American Bureaucracy* (pp. 1726). Routledge.
Argyris, C. Putnam, R. e Smith, D. (1985). Ciência da Ação: Concepts, Methods, and Skills for Research and Intervention. Sanfrancisco: Jossey-Bass Inc. Publishers.
Armacost, M. (1985). A controvérsia Thor-Júpiter. In: D. MacKenzie & J. Wajcman (eds.), *the social shaping of technology,* Milton Keynes: Open University Press.
Arnold, D. (2009). Integrity under attack: the state of scholarly publishing (Integridade sob ataque: o estado da publicação académica). *SIAM news* 42(10), 2-3.
Arocena, R., Goransson, B., & Sutz, J. (2015). Políticas de conhecimento e universidades nos países em desenvolvimento: Desenvolvimento inclusivo e a "universidade desenvolvimentista". *Tecnologia na sociedade, 41,* 10-20.
Arzberger, P., Schroeder, P., Beaulieu, A., Bowker, G., Cassey, K., Laaksonen, L., Moorman, D., Uhlis, P. & Wouter, P. (2004). Promoting access to public research data for scientific, economic and social development (Promover o acesso a dados públicos de investigação para o desenvolvimento científico, económico e social). *Data Science Journal,* 3, 135-152.
Ashkenas, R., Ulrich, D., Jick, T., & Kerr, S. (2015). *A organização sem fronteiras: Quebrando as correntes da estrutura organizacional.* John Wiley & Sons.
Asogwa, C. & Ugwuishiwu, C. (2016). Construção de repositório institucional em bibliotecas digitais académicas: requisitos e questões de implementação. Actas da Conferência Internacional da África do Sul sobre Tecnologias Educativas. Manhattan Hotel, Pretória, 24-26 de abril.
Atkinson, R., & Flint, J. (2001). Aceder a populações ocultas e difíceis de alcançar: Snowball research strategies. *Social research update, 33*(1), 1-4.
Aupperle, K., Carroll, A. & Hatfield, J. (1985). An empirical examination of the relationship between corporate social responsibility and profitability. *Academy of management Journal, 28*(2), 446-463.
Aurum, A., Daneshgar, F. & Ward, J. (2008). Investigating Knowledge Management practices in software development organizations-An Australian
experiência. *Information and Software Technology, 50*(6), 511-533.
Auvinen, T. (2001). Porque é que é difícil gerir uma casa de ópera? A dicotomia artístico-económica e as suas manifestações nas estruturas organizacionais de cinco organizações de ópera. *The Journal of Arts Management, Law, and Society,* 30(4), pp.: 268-282.
Avgerou, C. & McGrath, K. (2007). Power, rationality, and the art of living through sociotechnical change (Poder, racionalidade e a arte de viver através da mudança sociotécnica). *MIS Quarterly,* 31(2), 295-315.
Avgerou, C. (2008). Sistemas de informação nos países em desenvolvimento: uma investigação crítica
revisão. *Journal of Information Technology,* 23, 133-146.
Avgerou, C. (2010). Discursos sobre as TIC e o desenvolvimento. *Tecnologias da*

Informação e Desenvolvimento Internacional, 6(3).
Avgerou, C. (2013). Mecanismos sociais para explicação causal na investigação em SI baseada na teoria social. Jornal da Associação para os Sistemas de Informação, 14(8), 399-419.
Avgerou, C., & Walsham, G. (Eds.). (2017). *Tecnologia da Informação em Contexto: Studies from the Perspective of Developing Countries: Estudos na perspetiva dos países em desenvolvimento.* Routledge.
Ayoubi, R. & Khalifa, B. (2015). Estilos de liderança no ensino superior sírio: o que importa para a aprendizagem organizacional em universidades públicas e privadas? *Journal of Educational Management,* 29(4).
Azubuike, A. (2007). Serviços de biblioteca e informação numa economia baseada no conhecimento. In: *African e-markets: information and economic development,* Aida Opoku-Mensa & M. Salih (eds.), (pp.: 175-192), Adis Abeba: Comissão Económica para África.
Badewi, A., & Shehab, E. (2016). O impacto da governança da gestão de benefícios do projeto organizacional no sucesso do projeto ERP: Perspetiva da teoria neo-institucional. *International Journal of Project Management, 34*(3), 412-428.
Bahrami, H. (1996). The emerging flexible organization: perspective from Silicon Valley. *The California Management Review,* 34(4), pp.: 55-75.
Bailey, A. & Ngwenyama, O. (2013). Rumo ao comportamento empreendedor em comunidades carentes: um modelo etnográfico de árvore de decisão do uso de telecentros. *Tecnologia da Informação. para o Desenvolvimento,* DOI:10.1080/02681102.2012.751751.
Bailey, A., & Ngwenyama, O. (2016). Mediação comunitária através das TIC: procurando colmatar as clivagens digitais e comunitárias. *Revista de informática comunitária, 12(1),* 69-89.
Baker-Minkel, K., Moody, J., & Kieser, W. (2004). town and gown. *Economic Development Journal, 3*(4), 7.
Bandura, A. (1986). *Social. foundations of thought and action: Uma teoria social cognitiva.* Englewood Cliffs, NJ, EUA: Prentice-Hall, Inc.
Bandura, A. (2014). Teoria social cognitiva do pensamento e da ação moral. In *Handbook of moral behavior and development* (pp. 69-128). Psychology Press.
Banjo, A. (1997). *Na sela: a história de um Vice-Chanceler.* Ibadan: Spectrum Books.
Banks, J., & Pracht, C. (2008). Reference desk staffing trends: A survey. *Reference & User Services Quarterly,* 54-59.
Banya, K. & Elu, J. (2001). The World Bank and financing higher education in subSaharan Africa. *Ensino Superior, 42*(1), 1-34.
Barley, W., Treem, J., & Kuhn, T. (2018). Valorizando múltiplas trajetórias de conhecimento: Uma revisão crítica e uma agenda para a pesquisa em gestão do conhecimento. *Anais da Academia de Gestão, 12*(1), 278-317.
Barnett, R. (1999). *Realizing the university.* Londres: McGraw-Hill Education
Barton, M., & Waters, M. (2004). Criação de um repositório institucional: LEADIRS workbook. Disponível em:
http://dspace.mit.edu/bitstream/handle/1721.1/26698/Barton 2004 Creating.pdfj Acedido em 13 de dezembro de 2013.
Bartunek, J., Lacey, C. & Wood, D. (1992). Social cognition in organizational change: an insider-outsider approach. *Journal of Applied Behavioral Science,28(2),* pp.: 204223.
Baskerville, R. & Dulipovici, A. (2015). Os fundamentos teóricos da gestão do conhecimento. Em *The Essentials of Knowledge Management* (pp. 47-91). London:

Palgrave Macmillan.
Basu, S. (2004). E-government and developing countries: an overview. *International Review of Law Computers,* 18(1), pp.: 109-132.
Becher, T. & Trowler, P. (2001). *Tribos e territórios académicos: Intellectual enquiry and the culture of disciplines.* Londres: McGraw-Hill Education.
Becker, H., & Geer, B. (1957). Participant observation and interviewing: A comparison. *Human organization, 16*(3), 28-32.
Becker, M. (2004). Organizational routines: a review of the literature. *Industrial and corporate change, 13*(4), 643-678.
Benbasat, I., Goldstein, D., & Mead, M. (1987). The case research strategy in studies of information systems. *MIS quarterly,* 369-386.
Ben-David, J., & Sullivan, T. (1975). Sociology of science. *Annual Review of Sociology, 1*(1), 203-222.
Bentley, P. Coates, H., Dobson, I., Goedegebuure, L., & Meek, V. (2013). Academic job satisfaction from an international comparative perspective: Factores associados à satisfação em 12 países. Em *Job satisfaction around the academic world* (pp. 239-262). Springer Netherlands.
Bercovitz, J., & Feldman, M. (2006). Entprepreneurial universities and technology transfer: A concetual framework for understanding knowledge-based economic development. *The Journal of Technology Transfer, 31*(1), 175-188.
Berg, B. (2007). *Qualitative research methods for the social sciences, (ed.).* Boston: Pearson.
Berger, P & Luckmann, T. (1967). *The social construction of reality: a treatise in the sociology of knowledge.* Londres: Penguin Books.
Berkley, S. & Tolbert, P. (1997). Institutionalization and structuration: studying the links between action and institution. *Organization Studies,* 18(1), pp.: 93-117.
Besharov, M. & Smith, W. (2014). Múltiplas lógicas institucionais nas organizações: Explicando sua natureza variada e implicações. *Academy of Management Review, 39*(3), 364-381.
Biernacki, P. & Waldorf, D. (1981). Snowball sampling: problems and techniques of chain referral sampling: *Sociological Methods & Research,* 10(2), 141-163.
Birdsall, N. (1996). Public spending on higher education in developing countries: too much or too little ? *Economics of Education Review, 15*(4), 407-419.
Bjork, B. (2004). Open access to scientific publications-an analysis of the barriers to change ? *Investigação em informação, 9*(2).
Blackler, F. (1992). Contextos formativos e sistemas de atividade: abordagens pós-modernas à gestão da mudança. In: Michael Reed & Michael Hughes (eds.), *Rethinking organization: new diretions in organization theory and analysis,* pp.: 273-294, Londres: Sage Publications.
Blackler, F. (1992). Contextos formativos e sistemas de atividade: Abordagens pós-modernas à gestão da mudança. *Repensar a organização: Novas direcções na teoria e análise da organização. Newbury Park: Sage.*
Blackler, F. (1993). Knowledge and the theory of organizations: organizations as activity systems and the reframing of management. *Journal of Management Studies,* 30(6), 863-884.
Bloom, D., Canning, D., Chan, K., & Luca, D. (2014). Ensino superior e crescimento económico em África. Disponível em: www.papers.ssrn.com Acedido em: 12 de maio de 2018.
Boland, R. (1986, fevereiro). Fenomenologia: uma abordagem preferencial para a investigação em sistemas de informação. In: *Tendências em sistemas de informação*

(pp. 341-349). Amsterdã: North-Holland Publishing.

Bollou, F., & Ngwenyama, O. (2008). Os investimentos em TIC estão a compensar em África? Uma análise da produtividade total dos factores em seis países da África Ocidental de 1995 a 2002. *Information Technology for Development, 14(4),* 294-307.

Bosch, H. & Harnad, S. (2005). In a paperless world a new role for academic librarians: providing open access. Spreading the word: who profits from scientific publications. Um Simpósio no âmbito da EOSF2004, Estocolmo, Suécia. Disponível em: http://eprints.ecs.soton.ac.uk/10502/01/boschharnadLP.htm. Acedido em 5 de janeiro de 2012.

Boud, D. (1991). *Experiência e aprendizagem: a reflexão no trabalho.* Victoria: Unidade de Produção de Livros da Universidade de Deakin.

Bourdieu, P. (1977). *Esboço de uma teoria da prática.* Cambridge: Cambridge University Press.

Boxenbaum, E. & Rouleau, L. (2011). Novos produtos de conhecimento como bricolagem: metáforas e scripts na teoria organizacional. *Academic of Management Review,* 36(2), pp.: 272-296.

Boyce, C.& Neale, P. (2006). Conducting in-depth interviews: A guide for designing and conducting in-depth interviews for evaluation input.

Bozeman, B., Fay, D., & Slade, C. (2013). Colaboração em investigação nas universidades e empreendedorismo académico: o estado da arte. *The Journal of Technology Transfer, 3S*(1), 1-67.

Braa, J. Hanseth, O. Heywood, A., Mohammed, W. & Shaw, V. (2007a). Desenvolvimento de sistemas de informação sobre saúde em países em desenvolvimento: a estratégia padrão flexível. *MIS Quarterly*, 31(2), 381-402.

Braa, J., Monteiro, E., & Sahay, S. (2004). Networks of action: sustainable health information systems across developing countries. *MIS quarterly,* 337-362.

Braa, J., Monteiro, E., Sahay, S., Staring, K., & Titlestad, O. (2007b). Aumentar as experiências de aprendizagem local das redes Sul-Sul-Norte de desenvolvimento de software partilhado. IFIPWG9.4, 9th Conferência Internacional: Taking Stock of EDevelopment. São Paulo, Brasil.

Braun, V., & Clarke, V. (2006). Utilização da análise temática em psicologia. *Investigação qualitativa em psicologia, 3*(2), 77-101.

Brennan, J., King, R., & Lebeau, Y. (2004). O papel das universidades na transformação das sociedades. *Relatório de síntese. Centre for Higher Education Research and Information/Association of Commonwealth Universities, Reino Unido.*

Brint, S., & Carr, C. (2017). A produção de investigação científica das universidades de investigação dos EUA, 1980-2010: Continuing Dispersion, Increasing Concentration, or Stable Inequality? *Minerva,* 1-23.

Broad, W. (1988). A ciência não consegue acompanhar o fluxo de novas revistas. *Applied Optics, 27(7),* 1215-1325.

Broody, T. & Harnad, S. (2005). Keynote lecture: providing open access to peer- reviewed articles to maximize and measure their research impact. Disponível em: www.oal.unizh.ch/symposium/docs/Harnad.ppt Acedido em: 25 de dezembro de 2013.

Brown, J. & Duguid, P. (1991). Aprendizagem organizacional e comunidades de prática: para uma visão unificada do trabalho, da aprendizagem e da inovação. *Organization Science,* 2(1), pp.: 40-57.

Bruning, S., McGrew, S., & Cooper, M. (2006). Town-gown relationships: Exploring university-community engagement from the perspective of community members.

Public Relations Review, 32(2), 125-130.

Bruns, H. (2013). Working alone together: coordination in collaboration across domains of expertise. *Academy of Management Journal,* 56(1), pp.: 62-83.

Buchanan, J. & Devletoglou, N. (1971). *Academia in anarchy: an economic diagnosis.* London: Tom Stacey Ltd.

Budd, J. (1995). An epistemological foundation for library and information science. *Library Quarterly,* 65(3), pp.: 295-318.

Budd, J. (2005). Fenomenologia e estudos da informação. *Journal of Documentation,* 61(1), pp.: 44-59.

Bui, H., & Baruch, Y. (2010). Criando organizações de aprendizagem: uma perspetiva de sistemas. *The Learning Organization, 17*(3), 208-227.

Buis, E. (1991). Killing us with kindness or what to do with those gifts. *Construção de Colecções, 11(2),* 10-12.

Bulman, G. & Fairlie, R. (2016). Technology and education: computers, software and the Internet (No. w22237), National Bureau of Economic Research.

Burke, M. (2007). Fazer escolhas: paradigmas de investigação e gestão da informação - aplicações práticas da filosofia na investigação em GI. *Library Review,* 56(6), pp.: 467-484.

Burns, C. Lana, A. & Budd, J. (2013). Repositório institucional: exploração de custos e benefícios. *Revista D-Lib,* 19(1.2).

Burrell, G. & Morgan, G. (1979). *Paradigmas sociológicos e análise organizacional: elementos da sociologia da vida empresarial.* Londres: Heinemann Education Books.

Carreiro, E. (2010). Livros electrónicos: como os dispositivos digitais e as novas tecnologias complementares estão a mudar a face da indústria editorial. *Publishing Research Quarterly, 26(4),* 219-235.

Carrico, S. (1999). Gifts in academic and special libraries: a selected bibliography [Ofertas em bibliotecas académicas e especiais: uma bibliografia selecionada]. *Library Collections, Acquisitions, and Technical Services, 23*(4), 421-431.

Carroll, A. (1991). The pyramid of corporate social responsibility: Toward the moral management of organizational stakeholders. *Business horizons, 34*(4), 39-48.

Casati, F., Giunchiglia, F., & Marchese, M. (2007). Publish and perish: why the current publication and review model is killing research and wasting your money. *Ubiquity, 2007(janeiro),* 3.

Cassella, M. & Morando, M. (2012). Fomentar novas funções para os bibliotecários: conjunto de competências para gestores de repositórios - resultados de um inquérito em Itália. Liber Quarterly, 21(3), pp.: 407428.

Cavana, R., Delahaye, B., & Sekaran, U. (2001). *Investigação empresarial aplicada: Qualitative and quantitative methods.* John Wiley & Sons Australia.

Chan, A., Song, F. *et al.,* (2014). Aumentar o valor e reduzir o desperdício: abordar a investigação inacessível. *The Lancet,* 383(9913), 257-266.

Chan, L. & Costa, S. (2005). Participação nos bens comuns do conhecimento global: desafios e oportunidades para a divulgação da investigação nos países em desenvolvimento. *New library world, 106(3/4),* pp.: 141-163.

Chan, L., Cuplinskas, D., Eisen, M., Friend, F., Genova, Y., Guédon, J-C., Hagemann, M., Harnad, S., Johnson, R., Kupryte, R., La Manna, M., Rév, I., Segbert, M., de Souza, S., Suber, P., & Velterop. J. (2002). Budapest Open Access Initiative. Recuperado em março, 2016 de 882 http://www.budapestopenaccessinitiative.org/.

Chang, S. (2003). Repositório institucional: o novo papel da biblioteca. *OCLC Systems & Services,* 19(3), pp.: 77-79.

Changchit, C., Joshi, K., & Lederer, A. (1998). Process and reality in information systems benefit analysis. *Information Systems Journal, 8*(2), 145-162.

Chatterji, M. (Ed.). (2016). *Transferência de tecnologia nos países em desenvolvimento.* New York: Springer.

Checkland & Holwell, (2008). Checkland, P., & Holwell, S. (2007). Investigação-ação. Em *Information systems action research* (pp. 3-17). Springer, Boston, MA.

Checkland, P. (2000). Soft systems methodology: a thirty year retrospective. *Systems Research &Behavioral Sciecne,* 17, pp.: 511-558.

Chen, W., & Hirschheim, R. (2004). Um exame paradigmático e metodológico da pesquisa em sistemas de informação de 1991 a 2001. *Information systems journal, 14(3),* 197-235.

Cherns, A. (1976). Os princípios do design sociotécnico1. *Relações humanas,29(8),* pp.: 783-792.

Chevers, D., Archie, J., Kerr-Gordon, L., & Hazel, K. (2016). The impact of information technology on the efficacy of tuition fee collection: a case in Jamaica [O impacto da tecnologia da informação na eficácia da cobrança de propinas: um caso na Jamaica]. *Journal of Further and Higher Education,* 1-11.

Choi, H., & Kim, J. (2017, outubro). Repositório nacional de artigos baseado em acesso aberto. Em *Convergência de Tecnologia da Informação e Comunicação (ICTC), 2017 International Conference on* (pp. 1199-1202). IEEE.

Christian, G. (2005). Questões e desafios para o desenvolvimento de repositórios institucionais de acesso livre em instituições académicas e de investigação na Nigéria. Um documento de investigação preparado para o Centro Internacional de Investigação para o Desenvolvimento (IDRC), Otava, Canadá.

Christian, G. (2009). Questões e desafios para o desenvolvimento de repositórios institucionais de acesso livre em instituições académicas e de investigação na Nigéria. *Disponível em:* http://papers.ssrn.com/sol3/papers.cfm?abstract id=1323387

Acedido em 20 de maio de 2014.

Ciborra, C. & Lanzara, G. (1990). "Conceber artefactos dinâmicos: os sistemas informáticos como contextos formativos". In: Symbols and artefacts: views of the corporate landscape, Pasquale Gagliardi (Ed.), New York: Aldine De Gruyter, pp. 147-168.

Ciborra, C. & Lanzara, G. (1994). Contextos formativos e tecnologia da informação: entendendo a dinâmica da inovação nas organizações. *Contabilidade, Gestão & Tecnologia da Informação,* 4(2), p.: 61-86.

Clegg, C. (2000). Princípios sociotécnicos para a conceção de sistemas. *Applied Ergonomics,* 31, pp.: 463-477.

Coleman, J. (1990). *Foundations of Social Theory [Fundamentos da Teoria Social].* Cambridge, MA: Harvard University Press.

Collins, J. & Hussey, R. (2003). *Business research: a practical guide for undergraduate and postgraduate students (2nd edn).* Basingstoke: Macmillan Business.

Comissão para a Revisão do Ensino Superior na Nigéria (CRHEN) (1990). Pontos de vista e comentários do Governo Federal sobre o Relatório da Comissão.

Connell, T. & Cetwinski, T. (2010). The impact of institutional repositories on technical services [O impacto dos repositórios institucionais nos serviços técnicos]. *Technical Services Quarterly,* 27(4), pp.: 331-346.

Cook, S. & Brown, J. (1999). Bridging epistemologies: the generative dance between organizational knowledge and organizational knowing. *Organization Science,* 10(4), 381-400.

Covey, D. (2011). Recrutamento de conteúdos para o repositório institucional: as barreiras excedem os benefícios. *Journal of Digital Information,* 12(3), pp.: 1-18,

Cragin, M., Palmer, C., Carlson, J. & Witt, M. (2010). Partilha de dados, pequena ciência e repositórios institucionais. *Philosophical Transactions of the Royal Society A: Mathematical, Physical and Engineering Sciences,* 368(1926), pp.: 4023-4038.

Cresswell, K.& Sheikh, A. (2013). Questões organizacionais na implementação e adoção de inovações em tecnologia da informação em saúde: uma revisão interpretativa. *Revista Internacional de Informática Médica, 82*(5), 73-86.

Crow, R. (2002). The case for institutional repositories: a SPARC position paper. *Relatório Bimestral ARL 223.* Disponível em: http://works.bepress.com/cgi/viewcontent.cgi?article=1006&context=ir research &sei-redir Acedido em 14 de fevereiro de 2014.

Crush, J. (1995). *O poder do desenvolvimento.* Psychology Press.

Cullen, R. & Chawner, B. (2011). Institutional repositories, open access, and scholarly communication: a study of conflicting paradigms (Repositórios institucionais, acesso aberto e comunicação académica: um estudo de paradigmas em conflito). *The Journal of Academic Librarianship, 37*(6), pp.: 460-470.

Czaika, M., & Haas, H. (2014). A globalização da migração: Has the world become more migratory? *International Migration Review, 48(2),* 283-323.

Dada, D. (2006). O fracasso da administração pública eletrónica nos países em desenvolvimento: A literature review. *The Electronic Journal of Information Systems in Developing Countries, 26.*

Daft, R. (2004): *Organization Theory and Design.* Thomson South-Western, Manson, Ohio.

Damian, D. (2007). Partes interessadas na engenharia de requisitos globais: Lessons learned from practice. *Software, IEEE,*24, 21-27.

Dasgupta, S., Agarwal, D., Ioannidis, A., & Gopalakrishnan, S. (1999). Determinants of information technology adoption: An extension of existing models to firms in a developing country. *Journal of Global Information Management, 7*(3), 30-40.

Davis, P. & Connolly, M. (2007). Repositórios institucionais: avaliando as razões para a não utilização da instalação do DSpace na Universidade de Cornell. *Revista D-lib, 13(3/4).*

Davis, S. & Guppy, N. (1997). Fields of study, college selectivity, and student inequalities in higher education (Áreas de estudo, seletividade universitária e desigualdades estudantis no ensino superior). *Social Forces,* 75(4), 1417-1498.

Dawson, M. (2013). *Mente, corpo, mundo: Fundamentos da ciência cognitiva* (Vol. 2). Athabasca: Athabasca University Press.

De la Fuente, A. (2003). O capital humano numa economia global e baseada no conhecimento: Parte II: avaliação a nível nacional da UE. Comissão Europeia, DG Emprego e Assuntos Sociais.

De Lange, D. (2011). Research companion to green international management studies: a guide for future research, collaboration and review writing. Cheltenham: Edward Publishing, (pp.: 1-5).

Deetz, S. (1996). Descrevendo diferenças nas abordagens à ciência da organização: repensando Burrell e Morgan e seu Legal. *Organization Science,* 7(2), pp.: 191-207.

DeLone, W. & McLean, E. (2003). The DeLone and McLean model of information systems success: a ten-year update. *Journal of management information systems, 19(4),* 9-30.

DeLone, W., & McLean, E. (1992). Information systems success: The quest for the dependent variable. *Information systems research, 3*(1), 60-95.

Dennis, A. (2007). The impact of open access movement on medical based scholarly publishing in Nigeria [O impacto do movimento de acesso livre na publicação académica de base médica na Nigéria]. *First Monday,* 12(10).

Dick, A. (1999). Posições epistemológicas e biblioteconomia e ciência da informação. *The Library Quarterly,* 69(3), pp.: 305-323.

Disterheft, A., da Silva Caeiro, S., Ramos, M. & de Miranda Azeiteiro, U. (2012). Processos e práticas de implementação de Sistemas de Gestão Ambiental (SGA) em instituições de ensino superior europeias - abordagens top-down versus abordagens participativas. *Journal of Cleaner Production, 31,* 80-90.

Donate, M. & Guadamillas, F. (2011). Factores organizacionais de apoio à gestão do conhecimento e à inovação. *Journal of Knowledge Management,* 15(6), pp.: 890914.

Doolin, B. (1998). A tecnologia da informação como tecnologia disciplinar: ser crítico na investigação interpretativa sobre sistemas de informação. *Journal of Information Technology, 13*(4), 301-311.

Doolin, B. (2004). Poder e resistência na implementação de um sistema de informação de gestão médica. *Information Systems Journal, 14(4),* 343-362.

Drucker, J., & Goldstein, H. (2007). Assessing the regional economic development impacts of universities: a review of current approaches. *International regional science review, 30*(1), pp.: 20-46.

Dunleavy, M., Dede, C., & Mitchell, R. (2009). Affordances and limitations of immersive participatory augmented reality simulations for teaching and learning (Acessibilidades e limitações das simulações imersivas de realidade aumentada participativa para o ensino e a aprendizagem). *Journal of science Education and Technology, 18*(1), 7-22.

Dunn, M. & Jones, C. (2010). Lógicas institucionais e pluralismo institucional: The contestation of care and science logics in medical education, 19672005. *Administrative Science Quarterly, 55*(1), 114-149.

Duque, R. Ynalvez, M., Sooryamoorthy, R., Mbatia, P., Dzorgbo, D. & Schrum, W. (2005). Collaboration paradox: scientific productivity, the Internet, and problems of research in developing areas. *Estudos Sociais da Ciência,* 35(5), 755-785.

Eason, K. (2005). *Information technology and organizational change.* CRC Press.

Edem, M. (2010). Presentes no desenvolvimento de recursos de bibliotecas universitárias na era da informação. *Construção de colecções, 29*(2), 70-76.

Edge, D. (1988). *The social shaping of technology (No.* 1). Centro de Investigação em Ciências Sociais, Universidade de Edimburgo.

Edmunds, A., & Morris, A. (2000). O problema da sobrecarga de informação nas organizações empresariais: uma revisão da literatura. *International journal of information management* 20(1), 17-28.

Effah, J. & Abbeyquaue, G. (2013). Construção social de uma aplicação de fonte aberta para registos de estudantes: o caso da Universidade de Cape Coast. Conferência Internacional sobre TIC para África 2013, 20-23 de fevereiro, Harare, Zimbabué.

Egunjobi, R. & Awoyemi, R. (2012). Automação de bibliotecas com o Koha. *Library Hi Tech News, 29*(3), pp.: 12-15.

Ehikhamenor, F. (2003). Internet resources and productivity in scientific research in Nigerian universities (Recursos da Internet e produtividade na investigação científica nas universidades nigerianas). *Journal of Information Science,* 29(2), 107-116.

Eisenhardt, K. & Santos, F. (2001). Visão baseada no conhecimento: uma nova teoria da estratégia. In: A. Pettigrew, H. Thomas & R. Whittington (Eds.), *Handbook of Strategy and Management,* (pp.: 139-164), Londres: Sage.

Ekpoh, U. & Edet, A. (2017). Política de Práticas de Acreditação de Programas em Universidades Nigerianas: Implicações para a garantia de qualidade. *Jornal de Investigação Educacional e Social, 7*(2), 73.

Ekundayo, H. & Ajayi, I. (2009). Towards effective management of university education in Nigeria (Para uma gestão eficaz do ensino universitário na Nigéria). *International NGO journal, 4*(8), 342-347.

Elder-Vass, D. (2015). Disassembling ator-network theory. *Filosofia das Ciências Sociais, 45*(1), 100-121.

Emillani, M. (2003). Linking leaders' beliefs to their behaviors and competencies. *Management Decision,* 41(9), pp.: 893-910.

Engestrom, Y. (1999). A teoria da atividade e a transformação individual e social. *Perspectivas da teoria da atividade, 19*(38).

Erinosho, O. (2013/2014). Transformar as universidades da Nigéria de centros de aprendizagem locais em centros globais. *Anais da Academia de Ciências Sociais da Nigéria,* 18 & 19, pp: 1-24.

Etikan, I., Musa, S., & Alkassim, R. (2016). Comparação da amostragem por conveniência e da amostragem intencional. *Revista americana de estatística teórica e aplicada, 5*(1), 1-4.

Etzkowitz, H., & Zhou, C. (2017). *The Triple Helix: University--Industry--Government Innovation and Entrepreneurship [A Hélice Tripla: Universidade--Indústria--Inovação Governamental e Empreendedorismo*]. Routledge.

Comissão Europeia (2005). Os retornos de vários tipos de investimentos em educação e formação. Projectos em Economia da Educação - Direção-Geral da Educação e da Cultura.

Evers, A. (2005). Sistemas de proteção social mistos e organizações híbridas: Changes in the governance and provision of social services. *Intl Journal of Public Administration, 2S*(9-10), 737-748.

Eze, J. & Uzoigwe, C. (2013). O lugar das bibliotecas académicas no ensino universitário nigeriano: contribuir para a iniciativa Educação para Todos. *Revista Internacional de Biblioteconomia e Ciência da Informação, 5*(10), 432-438.

Eze, S., Awa, H., Okoye, J., Emecheta, B., & Anazodo, R. (2013). Factores determinantes da adoção das tecnologias de informação e comunicação (TIC) pelas universidades públicas na Nigéria: Uma abordagem qualitativa. *Jornal de Informação Empresarial Management, 26(4),* 427-443.

Ezema, I. (2010). Tendências na publicação de revistas electrónicas em África: uma análise do African Journal Online (AJOL). *Webology,* 7(1).

Ezema, I. (2011). Building open access institutional repositories for global visibility of Nigerian scholarly publication (Construir repositórios institucionais de acesso livre para visibilidade global da publicação académica nigeriana). *Library Review, 60(6),* pp.: 473-485.

Ezema, I. (2013). Conteúdos locais e o desenvolvimento de repositórios institucionais de acesso aberto em bibliotecas universitárias da Nigéria: desafios, estratégias e implicações académicas. *Library Hi Tech,* 31(2), pp.: 323-340.

Fafunwa, A. (1987). Tendências do ensino superior na África Ocidental. *Educafrica: Boletim do Gabinete Regional da UNESCO para a Educação em África.* Edição especial.

Fan, W. (2015). Contribuição dos repositórios institucionais da Academia Chinesa de Ciências para os indicadores webométricos das instituições de origem. *Scientometrics,* 105(3), 1889-1909.

Fang, X., Lederer, A., & Benamati, J. (2016). The Influence of National Culture on

Information Technology Development, Implementation, and Support Challenges in China and the United States. *Journal of Global Information Technology Management, 19*(1), 26-43.

Fayard, A. & Metiu, A. (2014). O papel da escrita na colaboração distribuída. *Organization Science, 25*(5), 1391-1413.

Governo Federal da Nigéria (1990). Pontos de vista e comentários do governo federal sobre o relatório da Comissão de Revisão do Ensino Superior na Nigéria.

Ferreira, M., Rodrigues, E., Batista, A. & Saraiva, R. (2008). Cenouras e paus: Algumas ideias sobre como criar um repositório institucional de sucesso. *Revista D-Lib, 14(1).*

Fiedler, M., & Welpe, I. (2010). Como é que as organizações se lembram? A influência da estrutura organizacional

Fiss, P., & Hirsch, P. (2005). O discurso da globalização: Framing and sensemaking of an emerging concept. *American Sociological Review, 70*(1), 29-52.

Flak, L., & Rose, J. (2005). Stakeholder governance: Adaptação da teoria das partes interessadas ao governo eletrónico. *Communications of the Association for Information Systems, 16*(1), 31.

Flanagin, A., & Metzger, M. (2000). Perceptions of Internet information credibility (Percepções da credibilidade da informação na Internet). *Journalism & Mass Communication Quarterly, 77*(3), 515-540.

Fochler, M. (2016). Para além e entre a academia e as empresas: How Austrian biotechnology researchers describe high-tech startup companies as spaces of knowledge production. *Estudos sociais da ciência, 46*(2), 259-281.

Foote, A., & Halawi, L. (2018). Modelos de gestão do conhecimento em projetos de tecnologia da informação. *Journal of Computer Information Systems, 5S*(1), 89-97.

Ford, C. & Ogilvie, D. (1996). O papel da ação criativa na aprendizagem e mudança organizacional. *Journal of Organizational Change Management,* 9(1), pp.: 54-62.

Foster, N. & Gibbons S. (2005). Compreender o corpo docente para melhorar o recrutamento de conteúdos para repositórios institucionais. *Revista D-Lib,* 11(1).

Fredrickson, J. (1986). O processo de decisão estratégica e a estrutura organizacional. *Academy of management review, 11*(2), 280-297.

Friedland, R. & Alford, R. (1991). Bringing society back in symbols, practices, and institutional contracdictions. In: *The new institutionalism in organizational analysis,* W. Powell & P. DiMaggio (eds.), (pp.: 232-266), Chicago:University of Chicago Press.

Galliers, R. & Meadows, M. (2003). A discipline divided: globalization and parochialism in information systems research. *Communications of the Association for Information Systems, 11*(1), 5.

Galliers, R. (2006). Comentário ao material knowing de Wanda Orlikowski: the scaffolding of human knowledgeability. *Revista Europeia de Sistemas de Informação,* 15, 470-472.

Gamble, D. & Weil, M. (2008). Comunidade. In: T. Mishrahi & L. Davis (eds.), *Encyclopedia of Social Work.* Oxford: Oxford University Press.

Garriga, E., & Melé, D. (2004). Teorias da responsabilidade social das empresas: Mapping the territory. *Journal of business ethics, 53*(1), 51-71.

Gasston, J. & Halloran, P. (1999). A melhoria contínua do processo de software requer aprendizagem organizacional: Um estudo de caso australiano. *Software Quality Journal, S*(1), 37-51.

Gavazzi, S., Fox, M., & Martin, J. (2014). Compreender as relações entre o campus e a comunidade através de metáforas de casamento e família: A town-gown typology. *Ensino Superior Inovador, 39*(5), 361-374.

Genoni, P. (2004). Conteúdo em repositórios institucionais: uma questão de gestão de colecções.
Library Management, 25(6∏), pp.: 300-306.
Ghaffarian, V. (2011). A nova corrente de abordagem sociotécnica e a corrente principal de investigação em sistemas de informação. *Procedia Computer Science,* 3, pp.: 1499-1511.
Ghosh, S. & Das, a. (2007). Open access and institutional repositories-a developing country perspective: a case study of India. *IFLA Journal,* 33(3), pp.: 229-250.
Giddens, A. (1991). *Modernidade e auto-identidade: Self and society in the late modern age.* Stanford University Press.
Giesecke, J. (2011). Repositórios institucionais: Chaves para o sucesso. *Journal of Library Administration, 51*(5-6), pp.: 529-542.
Gillespie, A. & Cornford, S. (1996). Telecommunication infrastructure and regional development (Infra-estruturas de telecomunicações e desenvolvimento regional). Em W. H. Dutton (ed.) *Information and communication technologies: visions and realities,* Oxford: Oxford University Press.
Gioia, D. & Poole, P. (1984). Scripts in organizational behavior. *Academic of Management Review,* 9(3), pp.: 449-59.
Gioia, D. Corley, K. & Hamilton, A. (2013). Procurando o rigor qualitativo na pesquisa indutiva: notas sobre a metodologia Gioia. *Métodos de Investigação Organizacional, 16*(1), 15-31.
Goll, I. & Zeitz, G. (1991). Conceptualizing and measuring corporate ideology. *Organization Studies,* 12(2), pp.: 191-207.
Goll, I., Sambharya, R. & Tucci, L. (2001). Top management team composition, corporate ideology, and firm performance. *Management International Review,* 41(2), 109-129.
Gordon, J. & Berhow, S. (2009). Websites universitários e caraterísticas dialógicas para a construção de relações com potenciais estudantes. *Revista de Relações Públicas, 35*(2), 150-152.
Gourlay, S. (2006). Conceptualizing knowledge creation: a critique of Nonaka's theory. *Journal of Management Studies,* 43(7), pp.: 1415-1436.
Grandori, A. & Furnari, S. (2008). Uma química da organização: análise combinatória e design. *Estudos Organizacionais,* 29(3), pp.: 459-485.
Greenwood, R. & Hinings, C. (1996). Understanding radical organizational change: bringing together the old and the new institutionalism. *Academy of Management Review,* 26(4), 1022-1054.
Gregor, S. (2006). A natureza da teoria em sistemas de informação. *Mis Quarterly,* pp.: 611642.
Gremmels, G. (2013). Tendências de pessoal em bibliotecas de faculdades e universidades. *Reference Services Review, 41*(2), 233-252.
Grendler, P. (2004). As universidades do renascimento e da reforma. *Renaissance Quarterly,* 55.
Griffith, T. Sawyer, J. & Neale, M. (2003). Virtualidade e conhecimento nas equipas: Managing the love triangle of organizations, individuals, and information technology. *MIS quarterly,* 265-287.
Guerrero, M., Urbano, D., & Salamzadeh, A. (2015). Transformação empreendedora no Médio Oriente: experiências das Universidades de Teerão. *Gestão da Educação em Tecnologias,* 10(4):460
Gumport, P. (2000). Reestruturação académica: mudança organizacional e imperativos institucionais. *Ensino Superior,* 39, pp.: 67-91.
Guo, S., Tolaki, M., Oliver, E., Ur Rahman, S., Seth, A., Zaharia, M. & Keshaw, S. (2007).

Acesso à Internet de muito baixo custo usando kioskNet. *ACMSIGCOMM Computer Communication Review,* 37(5), 95-100.
Halloran, P. (2008). Uma infraestrutura para a melhoria de processos, aprendizagem organizacional e gestão do conhecimento. In: A. Koohang e Britz, J. (Eds.), Knowledge Management: Theoretical Foundations, (pp.: 115-155), Informing Science, EUA.
Hamzah, M., Hisham, R. & Musa, I. (2014). Construção de um Repositório Institucional na Universidade da Malásia: UM Research Repository. *Kekal Abadi, 31*(2).
Han, J., Kim, N. & Srivastava, R. (1998). Market orientation and organizational performance: is innovation a missing link? *The Journal of Marketing,* 30-45.
Hanlon, A. e Ramirez, M. (2011). Pedir permissões: um inquérito sobre fluxos de trabalho de direitos de autor para repositórios institucionais. *portal: Librarians and the Academy,* 11(2), pp.: 683-702.
Hansen, B., Rose, J., & TjoRnehoJ, G. (2004). Prescrição, descrição, reflexão: a forma do campo de melhoria do processo de software. *International Journal of Information Management, 24(6),* 457-472.
Hansen, J., & Lehmann, M. (2006). Agents of change: universities as development hubs. *Journal of Cleaner Production, 14*(9), 820-829.
Hansson, J. (2005). Hermeneutics as a bridge between the modern and the postmodern in library and information science. *Journal of Documentation,* 61(1), pp.: 102-113.
Harley, D., & Acord, S. (2011). Peer review in academic promotion and publishing: Its meaning, locus, and future. *Centro de Estudos do Ensino Superior.*
Harmon, J. & Anderson, S. (2003). *The design and implementation of geographic information systems.* John Wiley & Sons.
Harnad, S. (2001). A iniciativa de auto-arquivo. *Nature,* 410, pp 1024-1025.
Harnad, S. (2003). "Eprints: preprints e postprints electrónicos". *Encyclopedia of Library and Information Science.* Nova Iorque: Marcel Decker.
Harnad, S., & Brody, T. (2004). Comparação do impacto do acesso aberto (AA) vs. não AA
artigos nos mesmos periódicos. *Revista D-lib, 10(6).*
Harnad, S., Brody, T., Vallières, F., Carr, L., Hitchcock, S., Gingras, Y., Oppenheim, C. Johanns, H., & Hilf, E. (2004). The access/impact problem and the green and gold roads to open access. *Serials review, 30*(4), pp.: 310-314.
Hartley, D. (1997). O novo managerialismo na educação: uma missão impossível? *Cambridge Journal of Education,* 27(1), pp.: 47-57.
Hassselbladh, H. & Kallinkos, J. (2000). The project of rationalization: a critique and reappraisal of neo-institutionalism in organizational studies. *Organization Studies,* 21(4), pp.: 697-720.
Haugh, H. & McKee, L. (2004). O paradigma cultural da empresa mais pequena. *Journal of Small Business Management,* 42(4), pp.: 377-394.
Hazelkom, E. (2015). *Rankings e a remodelação do ensino superior.* A batalha pela excelência de classe mundial. Nova Iorque: Springer.
Hazelkorn, E. (2014). Reflections on a Decade of Global Rankings: what we've learned and outstanding issues [Reflexões sobre uma década de classificações globais: o que aprendemos e questões pendentes]. *Revista Europeia de Educação, 49*(1), 12-28.
Hechter, M. (1990). *Social institutions: their emergence, maintenance, and effects.* Nova Iorque: Aldine de Gruyter.
Heeks, R. (2002). Sistemas de informação e países em desenvolvimento: Failure, success, and local improvisations. *The information society, 18(2),* 101-112.
Heeks, R. (2010). Do information and communication technologies (ICTs) contribute to

development? *Journal of International Development, 22(5),* 625-640.
Hehrbass, R. (1979). Ideology and the decline of management theory. *The Academy of Management Review,* 4(3), 427-431.
Heraclous, L. & Barrett, M. (2001). Mudança organizacional como discurso: implementação de tecnologia comunicativa. *Academy of Management Journal,* 44, pp.: 755-778.
Herath, D. (2009). The Discourse of Development: has it reached maturity? *Third World Quarterly, 30(8),* 1449-1464.
Herbsleb, J. (2007). Engenharia de software global: O futuro da coordenação sociotécnica. Em *2007 Future of Software Engineering* (pp. 188-198). Sociedade de Computação IEEE.
Hider, P. & Pymm, B. (2008). Métodos de investigação empírica relatados na literatura de revistas de alto nível. *Library & Information Science Research,* 30, pp.: 108-114.
Highsmith, J. (2002). *Ecossistemas de desenvolvimento de software ágil* (Vol. 13). Addison-Wesley Professional.
Hjorland, B. (2000). Biblioteca e ciência da informação: prática, teoria e base filosófica. *Information Processisng and Management,* 36, pp.: 501-531.
Hjorland, B. (2002). Epistemologia e a perspetiva sócio-cognitiva na ciência da informação. *Journal of the American Society for Information Science and Technology,* 53(4), pp.: 257-270.
Hjorland, B. (2005a). introduction to special issue, library and information science and the philosophy of science. *Journal of Documentation,*
Hodge, G. (2000). *Sistemas de organização do conhecimento para bibliotecas digitais: para além dos ficheiros de autoridade tradicionais.* Washington: The Digital Libraries Federation Council on Library and Information Resources.
Hoehle, H., & Venkatesh, V. (2015). Usabilidade de aplicativos móveis: Conceptualização e Desenvolvimento de Instrumentos. *Mis Quarterly, 39*(2).
Hofstede, G. (1993). Cultural constraints in management theories. *The Academy of Management Executive, 7*(1), 81-94.
Hogan, S. & Coote, V. (2014). Cultura organizacional, inovação e desempenho: um teste do modelo de Schein. *Journal of Business Research,* 67(8), pp.: 1609-1621.
Holley, B. (2013). Divagações aleatórias: barreiras no ensino superior ao acesso aberto e aos repositórios institucionais. *Against the Grain,* 21(1).
Holley, K. & Harns, M. (2016). Universidades como instituições âncora: potencial económico e social para o desenvolvimento urbano. In: *Higher Education: Handbook of Theory and Research,* (pp.: 339-349), Nova Iorque: Springer.
Holloway, S. van Eijnatten, F., Romme, A., & Demerouti, E. (2016). Desenvolvimento de conhecimento acionável sobre a criação de valor: uma abordagem de ciência do design. *Journal of Business Research, 69*(5), 1639-1643.
Horwood, L., Sullivan, S., Young, E. & Garner, J. (2004). Repositórios institucionais compatíveis com OAI e o papel do pessoal da biblioteca. *Library Management,* 25(4/5), pp.: 170176.
Houghton, J. & Sheehan, P. (2009). Estimating the potential impacts of open access to research findings. *Economic Analysis and Policy,* 39, 127-142.
Howcroft, D. Mitev, N. & Wilson, M. (2004). O que podemos aprender com a abordagem da modelação social da tecnologia. Em: John Myers & Leslie Willcocks (eds.) *Social Theory and Philosophy for Information Systems.* West Sussex: John Wiley & Sons, Ltd.
Howcroft, D., & Light, B. (2010). The social shaping of packaged software selection. *Journal of the Association for Information Systems, 11(3}.*

Huang, Z., & Palvia, P. (2017). Como a cultura nacional das empresas influencia o processo de planeamento estratégico de SI. Disponível em: http://aisel.aisnet.org/amcis2017/Global/Presentations/2/ Acedido a 17 de julho de 2017.

Huber, G. (1991). Organizational learning: the contributing processes and the literature. *Organization Science,* 2(1), pp.:88-115.

Hudu, A. (2000). Condições de trabalho e de vida do pessoal académico na Nigéria: estratégias de sobrevivência na Universidade Ahmadu Bello. In: *The dilemma of post-colonial universities,* Y. Lebeau & M. Ogunsanya (eds), (pp.: 2019-240), Ibadan: IFRA.

Ibrahim, T., & Daudu, H. (2013). Relevância da doação para bibliotecas especiais de instituições terciárias federais em Zaria, Estado de Kaduna. *Samaru Journal of Information Studies, 13*(1-2), 54-60.

Ifijeh, G. (2014). Adoção de métodos de preservação digital de teses e dissertações em bibliotecas académicas nigerianas: aplicações e implicações. *The Journal of Academic Librarianship,* 40(3), pp.: 399-404.

Iivari, J. (2007). Uma análise paradigmática dos sistemas de informação como uma ciência do design. *Scandinavian journal of information systems, 19*(2), 5.

Inhorn, M. (2003). Global infertility and the globalization of new reproductive technologies: illustrations from Egypt. *Social science & medicine, 56*(9), 18371851.

Introna, L. & Whittaker, L. (2003). A fenomenologia da avaliação de sistemas de informação: superando o dualismo sujeito/objeto. In: *Global and organizational discourse about information technology,* (pp.: 155-177), Nova Iorque: Springer.

Iversen, J., Mathiassen, L., & Nielsen, P. (2004). Gestão de riscos em processos de software melhoria: uma abordagem de investigação-ação. *Mis Quarterly,* 395-433.

Jaguszewski, J. & Williams, K. (2013). Novas funções para novos tempos: transformar as funções de ligação nas bibliotecas de investigação. Relatório preparado para a Associação de Bibliotecas de Investigação. Disponível em: http://www.arl.org/component/content/article/6/2893 Acedido em 5 de maio de 2015.

Jain, A. & Moreno, A. (2015). Aprendizagem organizacional, práticas de gestão do conhecimento e desempenho da empresa. *The Organizational Learning,* 22(1), pp.: 14-39.

Jain, P. (2011). New trends and future applications/diretions of institutional repositories in academic institutions (Novas tendências e futuras aplicações/direcções dos repositórios institucionais em instituições académicas). *Library Review, 60(2),* 125-141.

James, C. (2003). Designing learning organizations. *Organizational Dynamics,* 32(1), pp.: 46-61.

Jantz, R. & Wilson, M. (2008). Institutional repositories: faculty deposits, marketing, and the reform of scholarly communication (Repositórios institucionais: depósitos de professores, marketing e a reforma da comunicação académica). *The Journal of Academic Librarianship,* 34(3), pp.: 186-195.

Jarvenpaa, S. & Ives, B. (1993). Organizing for global competition. *Decision Sciences, 24(3),* 547-580.

Jay, J. (2013). Navegando o paradoxo como um mecanismo de mudança e inovação em organizações híbridas. *Revista Académica de Gestão,* 56(1), pp.: 137-159.

Jenkins, B., Breakstone, E., & Hixson, C. (2005). Content in, content out: the dual roles of the reference librarian in institutional repositories (Conteúdo para dentro, conteúdo para fora: o duplo papel do bibliotecário de referência em repositórios institucionais). *Reference Services Review,* 33(3), pp.: 312-324.

Jensen, T., Kjærgaard, A., & Svejvig, P. (2009). Using institutional theory with sensemaking theory: a case study of information system implementation in healthcare. *Journal of Information Technology, 24*(4), 343-353.

Jiang, J., Klein, G., & Shepherd, M. (2001). The materiality of information system planning maturity to project performance. *Journal of the association for Information Systems, 2*(1), 5.

Johannessen, J., Olaisen J. & Olsen, B. (2001). Mismanagement of tacit knowledge: the importance of tacitknowledge, the danger of information technology,and what to do about it. *Jornal Interno de Gestão da Informação,* 21, 3-20.

Johanson, T. & Vakkuri, J. (2017). *Governando organizações híbridas: explorando a diversidade da vida institucional.* London: Routledge.

Johnson, D. & Wilkins, R. (2002). The net benefit to government of higher education: a balance sheet approach. Documento de trabalho do Instituto Melborn, Universidade de Melborn, 5/02

Johnson, P. (2014). *Fundamentos do desenvolvimento e gestão de colecções.* Associação Americana de Bibliotecas.

Joia, L. & Lemos, B. (2010). Factores relevantes para a transferência de conhecimento tácito nas organizações. *Journal of Knowledge Management,* 14(3), pp.: 410-427.

Joint, N. (2009). O modelo "author pays" de acesso aberto e a estratégia de informação à escala do Reino Unido. *Library Review,* 58(9), 630-637.

Jones, C. (2007). *Institutional repositories: content and culture in an open access environment (Repositórios institucionais: conteúdo e cultura num ambiente de acesso aberto*). Oxford: Elsevier.

Jones, M. & Karsten, H. (2008). A teoria da estruturação de Gidden e a investigação em sistemas de informação. *MIS Quarterly,* 32(1), 127-157.

Jones, M., Orlikowski, W. & Munir, K. (2004). Teoria da estruturação e sistemas de informação: uma avaliação crítica. In: John Mingers & Leslie Willcocks (eds.) *Social theory and philosophy for information systems,* (pp.: 297-328), West Sussex: John Wiley & Sons, Ltd.

Jones, P. (2007). *World Bank financing of education: Lending, learning and development.* London: Routledge.

Jones, R., Andrew, T. & MacColl, J. (2006). *O repositório institucional.* New York: Elsevier.

Jordan, P. (2017). *A biblioteca académica e os seus utilizadores.* Routledge.

Julien, H. (1996). A content analysis of the recent information needs and uses literature. *LISR,* 18, pp.: 53-65.

Kanbur, R. (2001). A Nova Parceria para o Desenvolvimento de África (NEPAD): um comentário inicial. Disponível em:
http://www. arts.cornell.edu/poverty/kanbur/POVNEPAD.pdf Acedido em 2 de agosto de 2016.

Kankahalli, A., Tan, B. & Wei, K. (2005). Contributing knowledge to electronic repositories: a empirical investigation. *MIS Quarterly,* 29(1), pp.: 113-143.

Karimi, J. & Konsynski, B.(1991). Globalização e estratégias de gestão da informação. *Journal of management information systems, 7*(4), 7-26.

Karlsson, S., Srebotnjak, T., Gonzales, P. (2007). Understanding the North-South knowledge divide and its implications for policy: a quantitative analysis of the generation of scientific knowledge in the environmental sciences. Environmental Science & Policy, 10, pp.: 668-684

Kaur, H. & Tao, X. (2014). *As TIC e os objectivos de desenvolvimento do milénio: uma perspetiva das Nações Unidas.* Nova Iorque: Springer.

Keen, P. (1981). Information systems and organizational change. *Communications of the ACM, 24(1),* pp.: 24-33.
Kennan, M. & Wilson, C. (2006). Institutional repositories: review and an information systems perspective. *Library Management,* 27(4/5), pp.: 236-248.
Kennan, M. (2008). *Reassembling scholarly publishing: open access, institutional repositories and the process of change* (Dissertação de doutoramento, The University of New South Wales).
Kennedy, D. & Nur, M. (2012). A ascensão do taylorismo na gestão do conhecimento. In proceedings of PICMET: IEEE.
Keohane, R. & Martin, L. (2014). A teoria institucional como um programa de pesquisa. *The Realism Reader,* 320.
Khavul, S., & Bruton, G. (2013). Aproveitando a inovação para a mudança: Sustentabilidade e pobreza nos países em desenvolvimento. *Journal of Management Studies, 50*(2), 285-306.
Khoo, M. & Hall, C. (2013). Gerir metadados: redes de práticas, quadros tecnológicos e trabalho com metadados numa biblioteca digital. *Informação e Organização,* 23, pp.: 81-106.
Khoo, M. & Rosenberg, G. (2015, setembro). Registos históricos e fatores de digitalização em comunidades de prática de biodiversidade. In: Conferência de Investigação sobre Metadados e Investigação Semântica, (pp.: 336-347), Springer.
Khoo, M. (2005). Quadros tácitos do utilizador e do criador no desenvolvimento de colecções orientadas para o utilizador: o caso da biblioteca digital de educação sobre a água. Documento apresentado na JCDL, 7-11 de junho, Denver, Colorado, EUA.
Khoo, M., Rozaklis, L. & Hall, C. (2012). A survey of the use of ethnographic methods in the study of libraries and library users (Um estudo sobre a utilização de métodos etnográficos no estudo de bibliotecas e utilizadores de bibliotecas). *Library & Information Science Research,* 34, pp.: 82-91.
Kiiski, S. & Polijola, M. (2002). Cross-country diffusion of the Internet. *Information and Policy,* 14(2), 297-310.
Kijsanayotin, B., Pannarunothai, S., & Speedie, S. (2009). Factores que influenciam a adoção de tecnologias de informação sobre saúde nos centros de saúde comunitários da Tailândia: Aplicando o modelo UTAUT. *Revista internacional de informática médica, 78*(6), 404-416.
Kim, J. (2007). Motivating and impeding factors affecting faculty contribution to institutional repositories (Factores motivadores e impeditivos que afectam a contribuição dos docentes para os repositórios institucionais). *Journal of Digital Information, 8*(2).
Kim, J. (2010). Auto-arquivo do corpo docente: motivação e barreiras. *Journal of the American Society for Information Science and Technology,* 16(9), pp.: 1902-1922.
Kim, J. (2011). Motivations of faculty self-archiving in institutional repositories [Motivações do auto-arquivamento do corpo docente em repositórios institucionais]. *The Journal of Academic Librarianship, 37(3),* pp.: 246-254.
Kinder, T. (2002). As escolas são organizações de aprendizagem? *Technovation,* 22, pp.: 385-404.
King, J., Gurbaxani, V., Kraemer, K., McFarlan, F., Raman, K., & Yap, C. (1994). Institutional factors in information technology innovation. *Information systems research, 5(2),* 139-169.
Klein, H. & Myers, M. (1999). Um conjunto de princípios para a realização e avaliação de estudos de campo interpretativos em sistemas de informação. *MIS Quarterly,* 23(1), pp.: 67-94.

Kolb, D. (2014). *Aprendizagem experiencial: A experiência como fonte de aprendizagem e desenvolvimento.* FT press.

Koopman, C., Mitchell, M., & Thierer, A. (2014). A economia de partilha e a regulamentação da proteção dos consumidores: The case for policy change. *J. Bus. Entrepreneurship & L., 8,* 529.

Kotter, J. (2003). Power, dependency, and effective management; In: *Organizational influence processes,* L. Poter, H. Angle & W. Allen (Eds.), pp. 127-141, New York: Armonk.

Kraaijenbrink, J., Spender, J-C., & Greon, A. (2010). The resource-based view: a review and assessment of its critiques. *Journal of Management,* 36(1), pp.: 349-372.

Krogh, G., Nonaka, I. & Rechsteiner, L. (2012). Liderança na criação de conhecimento organizacional: uma revisão e um quadro. *Journal of Management Studies,* 49(1), pp.: 240-277.

Kruchen, G. & Meier, F. (2006). Transformar a universidade num ator organizacional. In: *Globalização e organizações: sociedade mundial e mudança organizacional,* John Meyer e H. Hwang (Eds.), (pp.: 241-257).

Krueger, A. (1999). Experimental estimates of education production functions. *Quarterly Journal of Economics,* 114(2).

Kruss, G. (2017). Universidades engajadas e desenvolvimento inclusivo: Grappling with New Policy Diretions in South Africa. Em *Universidades, Desenvolvimento Inclusivo e Inovação Social* (pp. 223-253). Springer, Cham.

Kudaravalli, S., Faraj, S. Johnson, S. (2017). Uma abordagem configural para coordenar a experiência em uma equipe de desenvolvimento de software. *MIS Quarterly,* 41(1), pp.: 43-64.

Kühl, S. (2017). *Organizações: Uma abordagem de sistemas.* Routledge.

Kuhn, T. (2012). *A Estrutura das Revoluções Científicas.* 50.º aniversário. Ian Hacking (intro.) (4ª ed.). Imprensa da Universidade de Chicago.

Kulkarni U., Ravindran, S. & Freeze, R. (2006) A Knowledge Management Success Model: Theoretical Development and Empirical Validation. *Journal of Management Information Systems,* 23(3), 309-347

Lacity M. & Janson, M. (1994). Compreender os dados qualitativos: um quadro de métodos de análise de texto. *Journal of Management Information Systems,* 11(2), pp.: 137155.

Lage, K. Losoff, B. & Maness, J. (2011). Recetividade ao envolvimento da biblioteca na curadoria de dados científicos: um estudo de caso da Universidade do Colorado, Boulder. *Portal: Libraries and the Academy,* 11(4), 915-937.

Lam, A. (2000). Tacit knowledge, organizational learning and societal institutions: an integrated framework. *Organization Studies,* 21(3), 487-513.

Lamb, R. & Kling, R. (2003). Reconceptualizing users as social actors in information systems research. *MIS Quarterly,* 27(2), pp.: 197-236.

Lamont, M. (2009). How professors think: inside the curious world of academic judgment. Harvard: Harvard University Press (pp.: 1-14).

Lancester, F. (1995). A evolução da publicação eletrónica. *Library Trends, 43*(4), 518527.

Langley, A., Smallman, C., Tsoukas, H. & Van de Ven, A. (2013). Estudos de processos de mudança nas organizações e na gestão: desvendando a temporalidade, a atividade e o fluxo. *Academy of Management Journal,* 56(1), pp.: 1-13.

Lanzara, G. (2016). *Práticas em transformação: Reflections on Technology, Practice, and Innovation [Reflexões sobre tecnologia, prática e inovação].* MIT Press.

Latour, B. (1987). *Science in action; how to follow scientists and engineers through society.* Miton Keynes: Open University Press.

Latour, B. (1987). *Ciência em ação: How to follow scientists and engineers through society.* Harvard University Press.

Lave, J (1988). *Cognition in Practice.* Cambridge: Cambridge University Press.

Leachman, E. (2014). ICT diffusion trajectories and economic development: empirical evidence for 46 developing countries. Em *ICTs and the Millennium Development Goals: A United Nations Perspective,* H. Kaur & X. Tao (Eds.), Nova Iorque: Springer, pp,: 19-40.

Leachman, E. (2015). *Difusão das TIC nos países em desenvolvimento: Towards a new concept of technological takeoff.* Springer.

Leahey, E. (2016). De Investigador Único a Cientista de Equipa: Trends in the Practice and Study of Research Collaboration (Tendências na Prática e Estudo da Colaboração na Investigação). *Revista Anual de Sociologia, 42,* 81-100.

Lee, A. (1989). Uma metodologia científica para estudos de caso MIS. *MIS quarterly,* 33-50.

Lee, G., Shao, B. & Vinze, A. (2018). The Role of ICT as a Double-Edged Sword in Fostering Societal Transformations [O papel das TIC como uma espada de dois gumes na promoção de transformações sociais]. *Journal of the Association for Information Systems, 19(3),* 209-246.

Lee, J. Chen, C. & Shiue, Y. (2017). Os efeitos moderadores da cultura organizacional na relação entre a capacidade de absorção e o sucesso da melhoria do processo de software. *Tecnologia da Informação & Pessoas, 30*(1).

Lee, J., Shiue, Y. & Chen, C. (2016). Examinando os impactos da cultura organizacional e do apoio da alta administração ao compartilhamento de conhecimento no sucesso da melhoria do processo de software. *Computadores em Comportamento Humano, 54,* 462-474.

Leidner, D. & Kayworth, T. (2006). Revisão de Culture in Information Systems Research: Toward a Theory of Information Technology Culture Conflict. *MIS Quarterly,* 30(2), pp.: 357-399.

Leiter, J. (2005). Structural isomorphism in Australian nonprofit organizations (Isomorfismo estrutural em organizações australianas sem fins lucrativos). *Voluntas: International Journal of Voluntary and Nonprofit Organizations,* 16(1), pp.: 1-31.

Leonardi, P. (2012). Materialidade, sociomaterialidade e sistemas sociotécnicos: O que significam esses termos? Em que é que são diferentes? Será que precisamos deles? *Materialidade e organização: Interação social num mundo tecnológico, 25.*

Lercher, A. (2008). Um inquérito sobre atitudes relativas a repositórios digitais entre o corpo docente da Louisiana State University em Baton Rouge. *The Journal of Academic Librarianship,* 34(5), pp.: 408-415.

Levitin, D. (2014). *A mente organizada: Pensar corretamente na era da sobrecarga de informação.* Penguin.

Li, Y. & Billings, M. (2011). Estratégias para o desenvolvimento de um repositório institucional: Um estudo de caso do ScholarWorks@ UMass Amherst. *Journal of Library and Information Science, 37(1),* pp.: 81-98.

Liang, H., Saraf, N., Hu, Q., & Xue, Y. (2007). Assimilação de sistemas empresariais: o efeito das pressões institucionais e o papel mediador da gestão de topo. *MIS quarterly,* 31(1), pp.: 59-87.

Liao, C., Chuang, S., & To, P. (2011). Como a gestão do conhecimento medeia a relação entre ambiente e estrutura organizacional. *Journal of Business Research, 64(7'),* PP.: 728-736.

Liao, M., Abecker, A., Bernardi, A., Hinkelmann, K., & Sintek, M. (1999, junho). Ontologias para recuperação de conhecimento em memórias organizacionais. Em

Proceedings of the Learning Software Organizations (LSO '99) workshop, Kaiserslauten, Alemanha (pp. 19-26).

Liebowitz, J., & Frank, M. (Eds.). (2016). *Gestão do conhecimento e e-learning.* CRC press.

Lin, C., Pervan, G., & McDermid, D. (2007). Issues and recommendations in evaluating and managing the benefits of public sector IS/IT outsourcing. *Information Technology & People, 20*(2), 161-183.

Linderoth, H. (2014). O papel dos quadros de referência tecnológicos e das lógicas institucionais na utilização das TIC. 25th Australasian Conference on Information Systems, 8th - 10th dezembro, Auckland, Nova Zelândia.

Liu, G., Wang, E., & Chua, C. (2015). Persuasão e suporte de gestão para projetos de TI. *International Journal of Project Management, 33*(6), 1249-1261.

Livari, J. (1992). The organizational fit of information systems. *Information Systems Journal, 2*(1), 3-29.

Livari, J., & Huisman, M. (2007). A relação entre a cultura organizacional e a implantação de metodologias de desenvolvimento de sistemas. *Mis Quarterly,31(1),* pp.: 35-58.

Lok, J. & de Rond, M. (2013). On the plasticity of institutions: containing and restoring practice breakdowns at the Cambridge University Boat club. *Academy of Management Journal,* 56, 185-207.

Lozano, R., Lukman, R., Lozano, F., Huisingh, D., & Lambrechts, W. (2013). Declarações de sustentabilidade no ensino superior: tornando-se melhores líderes, através da abordagem do sistema universitário. *Journal of Cleaner Production, 48,* 1019.

Ludwick, D., & Doucette, J. (2009). Adopting electronic medical records in primary care: lessons learned from health information systems implementation experience in seven countries. *Revista internacional de informática médica, 78*(1), 22-31.

Lyles, M. & Schwenk, C. (1997). Gestão de topo, estratégia e estruturas de conhecimento organizacional. In: L. Prusak (Ed.) *Knowledge in Organizations.* Washington: Butterworth-Heinemann, pp. 51.

Lynch, C. & Lippincott, J. (2005). Institutional repository deployment in the United States as of early 2005 (Implantação de repositórios institucionais nos Estados Unidos no início de 2005). *D-lib Magazine, 11*(9), 1-11.

Lynch, C. (2003). Institutional repositories: essential infrastructure for scholarship in the digital age. *portal: Bibliotecas e a Academia, 3*(2), pp.: 327-336.

Lyytinen, K. & Newman, M. (2008). Explaining information systems change: a punctuated socio-technical change model. *European Journal of Information Systems,* 17, pp.: 589-613.

Lyytinen, K., & Damsgaard, J. (2001). What's wrong with the diffusion of innovation theory? Em *Diffusing software product and process innovations* (pp. 173-190). Springer, Boston, MA.

Ma, J., Wang, Y., Zhu, Z. & Tang, R. (2008). Uma tentativa de troca de dados entre o repositório institucional e o ambiente de informação para a gestão da investigação científica - ARP. *Library Collections, Acquisitions, & Technical Services,* 33, pp.: 1-7.

Ma, L. (2012). Algumas considerações filosóficas sobre a utilização de métodos mistos na investigação em bibliotecas e ciências da informação. *Journal of the American Society for Information Science and Technology,* 63(9), pp.: 1859-1867.

Machlup, F. (2014). *Knowledge: its creation, distribution and economic significance, Volume I: Knowledge and knowledge production* (Vol. 1). Princeton University Press.

Madhan, M., Kimidi, S., Gunasekaran, S., & Arunachalam, S. (2016). Os investigadores indianos devem pagar para que o seu trabalho seja publicado? *Current Science.*

Mali, F., Pustovrh, T., Platinovsek, R., Kronegger, L., & Ferligoj, A. (2016). The effects of funding and co-authorship on research performance in a small scientific community. *Science and Public Policy,* scw076.

Malone, T. & Crowston, K. (1994). O estudo interdisciplinar da coordenação. *ACM Computing Surveys,* 26, pp.: 87-119.

Manahan, R. (1980). Town and gown: A relação entre a cidade e o campus. *Vital Speeches of the Day, 46f23)*

Maness, J., Miaskiewicz, T. & Sumner, T. (2008). Utilizar a persona para compreender as necessidades e os objectivos dos utilizadores de repositórios institucionais. *Revista D-Lib,* 14(9).

Manzo, K. (1991). O discurso modernista e a crise da teoria do desenvolvimento. *Studies in Comparative International Development (SCID), 26*(2), 3-36.

Marabelli, M., & Galliers, R. (2017). Uma reflexão sobre strategizing em sistemas de informação: o papel do poder e das práticas cotidianas. *Revista Sistemas de Informação, 27*(3), 347-366.

March, J. (1991). Exploration and exploitation in organizational learning. *Organization Science,* 2(1), pp.: 71-87.

Marin, A., Cordier, J., & Hameed, T. (2016). Conciliando ambiguidade com interação: implementando estratégias formais de conhecimento em uma organização intensiva em conhecimento. *Journal of Knowledge Management, 20(5),* 959-979.

Markey, K., Rieh, S., Jean, B., Kim, J., & Yakel, E. (2007). Censo de repositórios institucionais nos Estados Unidos. *Resultados da investigação do Projeto MIRACLE.* Disponível em: http://www.bib.ub.edu/fileadmin/fdocs/pub140.pdfAccessed em 24 de novembro de 2013.

Markman, G., Siegel, D., & Wright, M. (2008). Investigação e comercialização de tecnologia. *Journal of Management Studies,45(8),* 1401-1423.

Markus, M. (1983). Power, politics, and MIS implementation. *Communications of the ACM, 26(6),* pp.: 430-444.

Marquis, C. (2013). Imprinting: rumo a uma teoria multinível. *Aademy of Management Annals,* 193-243.

Marshall, M. (1996). Sampling for qualitative research. *Family practice, 13*(6), 522-526.

Martin, L., Smith, H., & Phillips, W. (2005). Bridging "town & gown" through innovative university-community partnerships. *The Innovation Journal: The Public Setor Innovation Journal, 10*(2), 1-16.

Martinsons, M. (2016). Investigação de sistemas de informação: do paroquial ao internacional, para o global ou glocal? *Information Systems Journal, 26*(1), 3-19.

Mathiassen, L. & Pourkomeylian, P. (2003). Gestão do conhecimento numa organização de software. *Journal of Knowledge Management, 7*(2), 63-80.

Mathiassen, L. (2002). Investigação sobre práticas de colaboração. *Information Technology & People, 15*(4), pp.: 321-345.

Mau, V., & Ulyukaev, A. (2014). Crise global e tendências de desenvolvimento económico. *Voprosy Economiki, 11.*

McCarthy, E. (2005). *O conhecimento como cultura: The new sociology of knowledge.* New York: Routledge.

McDowell, C. (2007). Evaluating institutional repository deployment in American Academe since early 2005: repositories by the numbers, Part 2. *Revista D-Lib,* 13(9).

Mclver, D., Lengnick-Hall, C., Lengnick-Hall, M., & Ramachandran, I. (2013). Understanding work and knowledge management from a knowledge-in-practice

perspective. *Academy of Management Review, 38(4),* 597-620.
McKay, J. & Marshall, P. (2001). O duplo imperativo da investigação-ação. *Information Technology and People,* 14(1), pp.: 46-59.
Melinat, P., Kreuzkam, T., & Stamer, D. (2014). Sobrecarga de informação: Uma revisão sistemática da literatura. In: *Conferência Internacional sobre Investigação em Informática Empresarial* (pp. 72-86). Springer, Cham.
Melone, N. (1990). A theoretical assessment of the user-satisfaction construct in information systems research. *Management Science, 36*(1), pp.: 76-91.
Ménard, C. (2004). A economia das organizações híbridas. *Journal of Institutional and Theoretical Economics JITE, 160*(3), 345-376.
Menchik, D. & Tian, X. (2008). Putting social context into text: the semiotics of email interaction [Colocar o contexto social no texto: a semiótica da interação por correio eletrónico]. *American Journal of Sociology,* 114(2), pp.: 332-370.
Merton, R. (1972). Insiders and outsiders: A chapter in the sociology of knowledge. *American journal of sociology, 78*(1), 9-47.
Metzger, M. (2007). Making sense of credibility on the Web: Models for evaluating online information and recommendations for future research. *Journal of the Association for Information Science and Technology, 55*(13), 2078-2091.
Mignerat, M., & Rivard, S. (2009). Posicionamento da perspetiva institucional na investigação em sistemas de informação. *Journal of Information Technology, 24(4),* 369391.
Miller, K., Choi, S., & Pentland, B. (2014). O papel da memória transactiva na formação de rotinas organizacionais. *Strategic Organization, 12(2),* 109-133.
Mingers, J. & Willcocks, L. (eds.) (2004). *Teoria social e filosofia para sistemas de informação.* West Sussex: John Wiley & Sons, Ltd
Mingers, J. (2001). Incorporando sistemas de informação: a contribuição da fenomenologia. *Informação e Organização,* 11, pp.: 103-128.
Mingers, J. (2003). The paucity of multimethod research: a review of the information systems literature. *Information Systems Journal, 13*(3), pp.: 233-249.
Miscione, G. (2007). Telemedicina no Alto Amazonas: interação com as práticas locais de saúde. *MIS Quarterly,* 31(2), pp.: 403-425.
Mitchell, R., Agle, B. & Wood, D. (1997). Toward a theory of stakeholder identification and salience: Definindo o princípio de quem e o que realmente conta.*Academy of ManagementReview,22,* 853-886.
Moahi, K. (2010). Repositórios institucionais: para aproveitar o conhecimento para o desenvolvimento africano. 1st Conferência Internacional sobre Bibliotecas e Arquivos Digitais Africanos. Disponível em: http://wiredspace.wits.ac.za/handle/10539/8950 Acedido em 20 de maio de 2014.
Mohr, L. (1982). *Explicação do comportamento organizacional.* São Francisco: Jossey Bass.
Molleman, E. & Broekhuis, M. (2001). Sistemas sociotécnicos: para uma abordagem de aprendizagem organizacional. *Journal of Engineering and Technology Management,* 18, pp.: 271-294.
Mollis, M., & Marginson, S. (2002). A avaliação das universidades na Argentina e na Austrália: Entre a autonomia e a heteronomia. *Ensino Superior, 43*(3), 311330.
Moore, C. (2014). Estratificação socioeconómica no caminho STEM da faculdade para o mercado de trabalho. Tese de doutoramento, Universidade do Texas em Austin.
Moore, C. (2014). *O processo de mediação: estratégias práticas para a resolução de conflitos.* London: John Wiley & Sons.
Moorefield-Lang, H. (2015). Change in the making: Makerspaces e a paisagem em

constante mudança das bibliotecas. *TechTrends, 59(3),* 107-112.

Morgan, G. (1997). A natureza intervém: As organizações como organismos. *Images of organizations (2 ed., pp. 33-66). Thousand Oaks, CA: Sage Publications.*

Morris, S. (2004). Open access; how are publishers reacting? *Serials Review,* 30(4), pp.: 304-307.

Mulkay, M. (2014). *A ciência e a sociologia do conhecimento (Teoria Social RLE).* Routledge.

Mumford, E. (2006). A história do design sociotécnico: reflexões sobre os seus sucessos, fracassos e potencialidades. *Information Systems Journal,* 16, pp.: 317-342.

Munro, R. (2009). Teoria do ator-rede. *The SAGE handbook of power. Londres: Sage Publications Ltd,* 125-39.

Murray, R. (2013). *Writingfor academic journals.* McGraw-Hill Education (Reino Unido).

Musoke, M. (2008). Strategies for addressing the university library users' changing needs and practices in Sub-Saharan Africa. *The Journal of Academic Librarianship, 34*(6), 532-538.

Mustonen-Ollila, E., & Lyytinen, K. (2003). Por que razão as organizações adoptam inovações nos processos dos sistemas de informação: um estudo longitudinal utilizando a teoria da difusão da inovação. *Information Systems Journal, 13*(3), 275-297.

Myers, J. & Rowan, B. (1977). Institutionalized organizations: formal structures as myth and ceremony. *American Journal of Sociology,* 83(2), 340-363.

Myers, J. & Willcocks, L. (2004). *Social Theory and Philosophy for Information Systems.* West Sussex: John Wiley & Sons Ltd.

Myers, M. & Klein, H. (2011). Um conjunto de princípios para a realização de investigação crítica em sistemas de informação. *MIS Quarterly,* 35(1), pp.: 17-36.Narula, R. (2014). *Globalização e tecnologia: Interdependência, sistemas de inovação e política industrial.* John Wiley & Sons.

Myers, M. (1997). Investigação qualitativa em sistemas de informação. *Management Information Systems Quarterly, 21*(2), 241-242.

Comissão Nacional de Planeamento (2005). National economic empowerment and development strategy (versão popular reproduzida pelo Banco Central da Nigéria). Abuja: Banco Central da Nigéria.

Newbert, S. (2007). Empirical research on resource based view of the firm: an assessment and suggestion for future research. *Strategic Management Journal,* 28(2), pp.: 121-146.

Ngulube, P. (2010). Mapping mixed methods research in library and information science journals in Sub-Sahara Africa 2004-2008. *The International Journal of Library Review,* 42, pp.: 252-261.

Ngwenyama, O. & Lee, A. (1997). Communication Richness in Electronic Mail: Critical Social Theory and the Contextuality of Meaning, *MIS Quarterly,* 21(2).

Ngwenyama, O. & Morawczynski, O. (2009). Factores que afectam a expansão das TIC nas economias emergentes: An analysis of ICT infrastructure expansion in five Latin American countries. *Information technology for development, 15*(4), 237-258.

Ngwenyama, O. & Nielsen, P. (2014). Usando processos de influência organizacional para superar as barreiras de implementação de SI: lições de um estudo de caso longitudinal de implementação de SPI. *European Journal of Information Systems,* pp.: 1-18.

Ngwenyama, O. (2014). Fundamentos lógicos da investigação em ciências sociais. Em *Advances in Research Methods for Information Systems Research: Data Mining, Data Envelopment Analysis, Value Focused Thinking,* (pp.: 7-14), Nova Iorque:

Springer.
Ngwenyama, O., Andoh-Baidoo, F., Bollou, F., & Morawczynski, O. (2006). Existe uma relação entre as TIC, a saúde, a educação e o desenvolvimento? An Empirical Analysis of five West African Countries from 1997-2003 (Uma análise empírica de cinco países da África Ocidental de 1997-2003). *The Electronic Journal of Information Systems in Developing Countries, 23.*
Niederman, F., Brancheau, J. & Wetherbe, J. (1991). Information systems management issues for the 1990s. *MIS quarterly,* 475-500.
Nielsen, C. (2014). Explorando os mecanismos de transferência de conhecimento em colaborações universidade-indústria: um estudo de empresas, estudantes e investigadores. *Higher Education Quarterly,* 68(4), 375-393.
Nielsen, J., Mathiassen, L., & Newell, S. (2014). Theorization and translation in information technology institutionalization: evidence from Danish home care. *MIS Quarterly, 3S*(1), 165-186.
Nok, G. (2006). Os desafios da informatização de uma biblioteca universitária na Nigéria: o caso da Biblioteca Kashim Ibrahim, Universidade Ahmadu Bello, Zaria. *Library Philosophy and Practice,* (e-journal), artigo 78.
Nonaka, I, Toyama, R. & Nagata, A. (2000). A firm as knowledge-creating entity: a new perspective on the theory of the firm. *Industrial and Corporate Change,* 9(1), pp.: 1-20.
Nonaka, I. & Krogh, G. (2009). Conhecimento tácito e conversão do conhecimento: controvérsia e avanço na teoria da criação do conhecimento organizacional. *Perspective Organization Science,* 20(3), pp.: 635-652.
Nonaka, I. & Senno, D. (1996). Do processamento de informação à criação de conhecimento: uma mudança de paradigma na gestão empresarial. *Tech. Soc.,* 18(2), pp.: 203-218.
Nonaka, I. & Takeuchi, H. (1995). *The knowledge-creating company.* Oxford: Oxford University Press.
Nonaka, I. & Toyama, R. (2005). A teoria da empresa criadora de conhecimento: subjetividade, objetividade e síntese. *Industrial and Corporate Change,* 14(3), pp.: 419-436.
Nonaka, I. (1988). Creating organizational order out of chaos: self-renewal in Japanese firms. *California Management Review,* primavera, pp.: 57-73.
Nonaka, I. (1988). Toward middle-up-down management: accelerating information creation. *MIT Sloan Management Review, 29*(3), 9.
Nonaka, I. (1994). Uma teoria dinâmica da criação de conhecimento organizacional. *Ciência da Organização,* 5(1), pp.: 14-37.
Nonaka, I., Toyama, R. & Konno, N. (2000). SECI, ba e liderança: um modelo unificado de criação dinâmica de conhecimento. *Long Range Planning,* 33, pp.: 5-34.
Norbert, F. & Nsouli, S. (2003). A nova parceria para o desenvolvimento de África (NEPAD): oportunidades e desafios. Documento de Trabalho do FMI, Instituto do FMI. WP/03/69.
Norman, D. (1993). Cognition in the head and in the world: an introduction to the special issue on situated action. *Cognitive Science,* 17, pp.: 1-6.
Norris, P. (2001). Digital divide: Civic engagement, information poverty, and the Internet worldwide. Cambridge University Press: Cambridge.
Noy, C. (2008). Conhecimento da amostragem, a hermenêutica da amostragem em bola de neve na investigação qualitativa. *Revista Internacional de Metodologia da Investigação Social,* 11(4), 327-344.
NUC (1983). Vinte anos de ensino universitário na Nigéria. Lagos: Academic Press Ltd.

Nwagwu, W. & Ahmed, A. (2009). Construir o acesso aberto em África. *Revista Internacional de Gestão Tecnológica, 45*(1), pp.: 82-101.
Nwagwu, W. (2005). The open access movement: interrogating IT's potentials for inserting Africa in the global scientific chain. *Ibadan Journal of the Social Sciences,* 3(1), 41-54.
Nwagwu, W. (2007). Criação de bases de dados de informação científica e tecnológica para desenvolver e manter o conhecimento indígena da África Subsariana. *Jornal de Ciência da Informação, 33(6)* pp.: 737-751.
Nwagwu, W. (2013). Open Access Initiatives in Africa-Structure, Incentives and Disincentives (Iniciativas de Acesso Aberto em África - Estrutura, Incentivos e Desincentivos). *The Journal of Academic Librarianship, 39(1),* pp.: 3-10.
Nwankpa, J. (2015). Uso e benefício do sistema ERP: Um modelo de antecedentes e resultados. *Computadores em Comportamento Humano, 45,* 335-344.
O'Leary, M., Mortensen, M. & Woolley, A. (2009). Multiple team membership: a theoretical model of its effects on productivity and learning for individuals, teams, and organizations. Documento de trabalho 4752-09 da MIT Sloan School.
Ocasio, W. (1997). Towards an attention-based view of the firm. *Strategic Management Journal,* 18, 181-206.
Ocasio, W., Loewenstein, J. & Nigam, A. (2015). Como os fluxos de comunicação reproduzem e mudam as lógicas institucionais: o papel das categorias. *Academy of Management Review,* 40(1), 28-48.
Ochai, A., & Nwafor, B. (1990). Publishing as a Criterion for Advancement in Nigerian Universities: A Review of Form and Content. *Política do Ensino Superior, 3*(3), 46.
Odiagbe, S. (2012). *Industrial conflict in Nigerian universities: a case study of the disputes between the Academic Staff Union of Universities (ASUU) and the Federal Government of Nigeria (FGN)* (Dissertação de doutoramento, Universidade de Glasgow).
Odukoya, J., Chinedu, S., George, T., Olowookere, E. & Agbude, G. (2015). Prática de Garantia de Qualidade em Universidades Africanas: Lessons from a Private Nigerian University. *Revista de Investigação Educacional e Social, 5*(2), 251.
Oduwole, A. (2013). Estabelecimento de repositório digital em universidades nigerianas: estratégias e desafios. *Library Progress,* 33(2), 203-209.
Ogbogu, C. (2011). Modos de financiamento das universidades nigerianas e implicações no desempenho. *Jornal de Investigação Internacional em Educação, 7*(4), 75.
Oguz, F. & Sengun, A. (2011). Mystery of the unknown: revisiting tacit knowledge in the organizational literature, *Journal of Knowledge Management,* 15(3), pp.: 445 - 46.
0iestad, S., & Bugge, M. (2014). Digitalização da publicação: Exploração baseada em modelos de negócios existentes. *Technological Forecasting and Social Change, 83,* 5465.
Ojstersek, M., Brezovnik, J., Kotar, M., Ferme, M., Hrovat, G., Bregant, A., & Borovic, M. (2014). Estabelecimento de uma infraestrutura eslovena de acesso aberto: um ponto de vista técnico. *Program, 48*(4), 394-412.
Okebukola, P. (2006). Princípios e políticas que orientam as actuais reformas nas universidades nigerianas. *Journal of Higher Education in Africa/Revue de l'enseignement supérieur en Afrique,* 25-36.
Okebukola, P. (2009). O ensino superior africano e a garantia de qualidade. In *CHEA 2009 Annual Conference. Acedido em 8 de janeiro de 2017. Obtido em http://www. chea. org/pdf/2009_IS_African_Higher_Education_and_Quality_Assurance_Okebukola . p .df*
Okebukola, P. (2011, junho). Universidades nigerianas e classificação mundial: Issues,

strategies and forward planning. In *Lecture presented at the conference of Association of Vice-Chancellors of Nigerian Universities, Covenant University* (pp. 27-30).

Okebukola, P. (2015) Perils and Promises of Private University Education in Nigeria: Keeping the house from falling. Abeokuta, centro para a segurança humana publicado

Okoroma, F. & Abioye, A. (2017). Repositórios institucionais em bibliotecas universitárias na Nigéria e o desafio dos direitos de autor. *Revista Avanços na Investigação em Ciências Sociais, 4*(15).

Okuwa, O., & Campbell, O. (2017). Financiamento do ensino superior na Nigéria. Em *Sustainable Transformation in African Higher Education (Transformação Sustentável no Ensino Superior em África)* (pp. 159-171). SensePublishers.

Olatokun, W. (2017). Disponibilidade, acessibilidade e utilização das TIC pelas mulheres académicas nigerianas. *Malaysian Journal of Library & Information Science, 12*(2), 13-33.

Oldekop, J., Fontana, L., Grugel, J., Roughton, N., Adu-Ampong, E., Bird, G., *et al.* & Agbarakwe, E. (2016). 100 key research questions for the post-2015 development agenda. *Development Policy Review, 34*(1), 55-82.

Olsen, K., Narayan, A. & Ramachandra, S. (2013). Quadros tecnológicos: influência dos quadros de grupo (inglûência). *Problemas e Perspectivas em Gestão,* 11(1), 8193.

Olukoju, A. (2002). A crise da investigação e da publicação académica nas universidades nigerianas: The twentieth century and beyond. In *Actas do 28º Simpósio Anual da primavera sobre Universidades Africanas no Século XXI* (pp. 1-17). Universidade de Illinois/CODESRIA.

Opoku-Mensa, A. (2007). A informação como recurso económico: uma perspetiva africana. In: *African e-markets: information and economic development,* Aida Opoku-Mensa & M. Salih (eds.), (pp.: 25-42), Adis Abeba: Comissão Económica para África.

Opoku-Mensah, A. & Salih, M. (eds.) (2007). African e-markets: information and economic development. Adis Abeba: Comissão Económica para África.

Orenga-Rogla, S. & Chalmeta, R. (2017). Metodologia para a implementação da gestão do conhecimento 2.0: Um estudo de caso em uma empresa de petróleo e gás. *Engenharia de Sistemas de Informação Empresarial,* 1-19.

Orland-Barak, L., & Maskit, D. (2017). As tecnologias de informação e comunicação (TIC) como "experiência de comunicação". Em *Metodologias de mediação na aprendizagem profissional* (pp. 121-135). Springer International Publishing.

Orlikowski, W. & Barley, S. (2001). Technology and institutions: what can research on information technology and research on organizations learn from each other? *MIS quarterly, 25(2),* pp.: 145-165.

Orlikowski, W. & Gash, D. (1994). Technological frames: making sense of information technology in organizations. *ACM Transactions on Information Systems (TOIS), 12*(2), pp.: 174-207.

Orlikowski, W. (2000). Utilização da tecnologia e constituição de estruturas: Uma lente prática para estudar a tecnologia nas organizações. *Organization science,* 11(4), pp.: 404-428.

Orlikowski, W. (2006). O saber material: os andaimes do ser humano conhecimento. *Revista Europeia de Sistemas de Informação, 15*(5), 460.

Orlikowski, W. (2007). Práticas sociomateriais: Explorando a tecnologia em trabalho. *Organization studies, 28*(9), 1435-1448.

Orlikowski, W. (2010). A sociomaterialidade da vida organizacional: considerando a tecnologia na pesquisa em gestão. *Cambridge Journal of Economics, 34*(1), pp.: 125-141.

Orlikowski, W., & Scott, S. (2015). O Algoritmo e a multidão: Considerando a materialidade da inovação de serviços. Disponível em MIT Open Access Articles. Acedido em 17 de julho de 2017.

Orlikowski, W., Walsham, G., Jones, M. & DeGross, J. (Eds.). (2016). *Tecnologia da informação e mudanças no trabalho organizacional.* Springer.

Orliskowski, W. & Baroudi, J. (1991). Estudar a tecnologia da informação nas organizações: abordagens e pressupostos de investigação. *Information Systems Research,* 2(1), pp.: 128.

Osagie, A. (2009). Universidades privadas: nascidas de crises na Nigéria. In: *Change and choice: the development of private universities in Nigeria,* A. Osagie (Ed.), Benin City: Rawel Fortune Resources.

Owen-Smith, J. (2003). From separate systems to a hybrid order: accumulative advantage across public and private science at Research One universities. *Research policy, 32*(6), 1081-1104.

Owolabi, K. (2000). Privatization and public morality: professional ethics and the privatization of tertiary education in Nigeria (Privatização e moralidade pública: ética profissional e privatização do ensino superior na Nigéria). In: *O dilema das universidades pós-coloniais,* Yann Lebeau & Mobolaji Ogunsanya (Eds.), Ibadan: IFRA/ABB, pp.: 289-300.

Owusu, A., Agbemabiasie, G., Abdurrahaman, D., & Soladoye, B. (2017). Determinantes da adoção de sistemas de business intelligence nos países em desenvolvimento: An empirical analysis from Ghanaian Banks. *The Journal of Internet Banking and Commerce,* 1-25.

Oyelaran-Oyeyinka, B., & Adebowale, B. (2017). Colaboração universidade-indústria como determinante da inovação na Nigéria. *Institutions and Economies,* 21-46.

Palmer, C. (2005). Scholarly work and the shaping of digital access. *Journal of America Society for Information Science and Technology,* 56(11), pp.: 1140-1153.

Palmer, C., Teffeau, L. & Newton, M. (2008). Estratégias para o desenvolvimento de repositórios institucionais: um estudo de caso de três iniciativas em evolução. Library Trends, 57(2), pp.: 142-167.

Pan, G. (2005). Abandono de projectos de sistemas de informação: uma análise das partes interessadas. *International Journal of Information Management,* 25, pp.: 174-184.

Paré, G., Trudel, M. Jaana, M., & Kitsiou, S. (2015). Sintetizando o conhecimento sobre sistemas de informação: A typology of literature reviews. *Information & Management, 52(2),* 183-199.

Parker, M. (1992). Organizações pós-modernas ou teoria das organizações pós-modernas? *Organization Studies,* 13(1), pp.: 1-17.

Patriotta, G. (2003). *Organizational knowledge in the making: how firms create, use and institutionalize knowledge.* New York: Oxford University Press.

Paulo, S. (2012). Institutional repositories: benefits and incentives (Repositórios institucionais: benefícios e incentivos). *The International Information & Library Review, 44(4),* 194-201.

Peek, R., & Newby, G. (Eds.). (1996). *Scholarly publishing: The electronic frontier.* Springer Science & Business Media.

Peet, R., & Hartwick, E. (2015). *Teorias do desenvolvimento: Contentions, arguments, alternatives.* Guilford Publications.

Pentland, B. & Hærem, T. (2015). Rotinas organizacionais como padrões de ação: Implicações para o comportamento organizacional. *Annu. Rev. Organ. Psychol.*

Organ. Behav., 2(1), 465-487.

Peppard, J. & Ward, J. (2004). Para além dos sistemas de informação estratégicos: rumo a uma capacidade de SI. *The Journal of Strategic Information System,* 13(2), pp.: 167-194.

Perkmann, M., & Walsh, K. (2008). Envolver o académico: Três tipos de consultoria académica e o seu impacto nas universidades e na indústria. *Research Policy, 37*(10), pp.: 1884-1891.

Petrazzini, B., & Kibati, M. (1999). A Internet nos países em desenvolvimento países. *Communications of the ACM, 42(6),* 31-36.

Petter, S., DeLone, W. e McLean, E. (2008). Measuring information systems success: models, dimensions, measures, and interrelationships. *European Journal of Information Systems*, vol. 17, pp. 236-263.

Pettigrew, K. & McKechnie, L. (2001). A utilização da teoria na investigação em ciências da informação. *Journal of American Society for Information Science and Tehcnology*, 52(1), 62-73.

Pham, Q., Mai, T., Misra, S., Crawford, B., & Soto, R. (2016, julho). Factores críticos de sucesso na implementação de um sistema de business intelligence: Estudo empírico no vietname. Na *Conferência Internacional sobre Ciência Computacional e suas Aplicações* (pp. 567-584). Springer, Cham.

Phillips, C. & Olson, J. (2015). Até que ponto os objectivos de custo final das universidades são subsidiados? *Review of Business, 36(1),* 113.

Pietrobelli, C., & Rabellotti, R. (2011). Global value chains meet innovation systems: are there learning opportunities for developing countries? *World development, 39*(7), 1261-1269.

Pinch, T. & Bijker, W. (1984). A construção social de factos e artefactos: Or how the sociology of science and the sociology of technology might benefit each other. *Estudos sociais da ciência, 14*(3), 399-441.

Pinch, T. & Bijker, W. (1987). A construção social de factos e artefactos: Or how the sociology of. *As construções sociais dos sistemas tecnológicos: New diretions in the Sociology and History of Technology, 17,* 1-6.

Pinfield, S. (2015). Making open access work: the 'state of the art' in providing open access to scholarly literature. *Online Information Review,* 39(5), pp.: 604-636.

Pinfield, S., Salter, J., Bath, P., Hubbard, B., Millington, P., Anders, J., & Hussain, A. (2014). Repositórios de acesso aberto em todo o mundo, 2005-2012: Past growth, current characteristics, and future possibilities (Crescimento passado, caraterísticas actuais e possibilidades futuras). *Journal of the association for information science and technology, 65*(12), 2404-2421.

Pinjani, P. & Palvia, P. (2013). Confiança e partilha de conhecimentos em equipas virtuais globais diversificadas. *Information & Management, 50*(4), 144-153.

Polanyi, M. (1969). A lógica da inferência tácita. Em M. Grene (Ed.) *Knowing and being: essays by Michael Polanyi,* (140-144), Chicago: University of Chicago Press.

Poschl, U. (2004). Conceito de revista interactiva para uma melhor publicação científica e garantia de qualidade. *Learned Publishing, 17*(2), 105-113.

Poschl, U., & Koop, T. (2008). Publicação interactiva de acesso aberto e revisão por pares colaborativa para uma melhor comunicação científica e garantia de qualidade. *Information Services & Use, 28(2),* 105-107.

Pouloudi, A. (1999). Aspects of the Stakeholder Concept and their Implications for Information Systems Development (Aspectos do Conceito de Stakeholder e suas Implicações para o Desenvolvimento de Sistemas de Informação). Actas da 32ª Conferência Internacional do Havai sobre Ciências de Sistemas.

Powell, W. & DiMaggio, P. (2012) *O novo institucionalismo na análise organizacional.* Chicago: University of Chicago Press.

Powell, W. & Snellman, K. (2004). A economia do conhecimento. *Annu. Rev. Sociol., 30,* 199-220.

Powell, W. (1985). *Getting into print: The decision-making process in scholarly publishing.* Chicago: University of Chicago Press.

Psacharopoulos, G. (Ed.). (2014). *Economia da educação: Investigação e estudos.* Elsevier.

Psacharopoulous, G. & Patrinos, H. (2002). Returns to investment in education: a further update. Documento de trabalho de investigação do Banco Mundial n.º 2881.

Purvis, R., Zagenczyk, T. & McCray, G. (2015). O que é que eu ganho com isso? Usando a teoria da expetativa e o clima para explicar a participação das partes interessadas, sua direção e intensidade. *Jornal Internacional de Gestão de Projectos, 33*(1), 3-14.

Qureshi, S. (2015). Estamos a criar um mundo melhor com a investigação sobre tecnologias da informação e da comunicação para o desenvolvimento (TIC4D)? Findings from the field and theory building. *Tecnologia da Informação para o Desenvolvimento,* 24(5), 511-522.

Ranson, S., Hinings, B. & Greenwood, R. (1980). The structuring of organizational structure. *Administrative Science Quarterly,* 25(1), pp.: 1-17.

Rasul, A., & Singh, D. (2017). O papel das bibliotecas académicas na facilitação da investigação dos estudantes de pós-graduação. *Malaysian Journal of Library & Information Science, 15*(3), 75-84.

Ratford, G. (2003). Trapped in our own discursive formation: towards an archaeology of library and information science. *The Library Quarterly,* 73(1), pp.: 1-18.

Raymond, L. (1990). Contexto organizacional e sucesso dos sistemas de informação: uma abordagem contingencial. *Journal of Management Information Systems, 6*(4), 5-20.

Rebeiro, R. (2013). Gestão do conhecimento tácito. *Phenom. Cogn Sci.,* 12, 337-366.

Reed, M. & Hughes, M. (Eds.) (1992). *Rethinking organization: new diretions in organization theory and analysis.* Londres: Sage Publications.

Rerup, C. & Feldman, M. (2011). Routines as a source of change in organizational schemata: the role of trial-and-error learning. *Jornal Académico de Gestão,* 54(3), pp.: 577-610.

Revell, J. & Dorner, D. (2009). Percepções dos bibliotecários sobre o repositório institucional como fonte de informação. In: *Congresso Mundial de Bibliotecas e Informação: 75th Conferência Geral e Conselho da IFLA* (pp.: 1-6).

Rhoten, D. & Parker, A. (2004). Risks and rewards of an interdisciplinary research path (Riscos e recompensas de um percurso de investigação interdisciplinar). *Science, 306*(5704), 2046-2046.

Ribaud, V., & Saliou, P. (2009, agosto). Revelando a Teoria da Engenharia de Software em Uso através da Observação do Curso de Ação dos Aprendizes de Engenharia de Software. In *Computing in the Global Information Technology, 2009. ICCGI'09. Fourth InternationalMulti-Conference on* (pp. 202-210). IEEE.

Rieh, S., Markey, K., St Jean, B., Yakel, E., & Kim, J. (2007). Census of institutional repositories in the US (Censo de repositórios institucionais nos EUA). *Revista D-Lib, 13*(11/12), 1082-9873.

Roberts, R. (1992). Determinants of corporate social responsibility disclosure: An application of stakeholder theory. *Accounting, organizations and society, 17*(6), 595-612.

Robey, D., Anderson, C., & Raymond, B. (2013). Tecnologia da informação, materialidade e mudança organizacional: A professional odyssey. *Journal of the Association for*

Information Systems, 14(7), 379.

Rodzi, M., Ahmad, M. & Zakaria, N. (2015). Utilização de processos essenciais na integração do conhecimento para a valorização do conhecimento. *VINE,* 45(1), pp.: 89-106.

Rogatchevskaia, E. (2016). Auto-promoção ou Infiltração Cultural e Ideológica? Doações estrangeiras e sugestões de aquisição na Biblioteca Britânica: Um estudo de caso russo. *Migrating Heritage: Experiências de redes culturais e diálogo cultural na Europa,* 255.

Rogers, E. (1962). *Diffusion of innovation*. Nova Iorque: Free Press.

Rogers, E. (1983) *Diffusion of innovation* (3rd Ed.). Nova Iorque: Free Press.

Rosário, C., Kipper, L., Frozza, R. & Mariani, B. (2015). Metodologia para aquisição de conhecimento tácito coletivo utilizado no diagnóstico de causa de defeitos em processos industriais. *VIDEIRA,* 45(1), 22-45.

Rosemann, M., & Vessey, I. (2008). Toward improving the relevance of information systems research to practice: the role of applicability checks. *MIS Quarterly,* pp.: 1-22.

Rosenberg, D. (2002). "African Journals Online: melhorar a consciencialização e o acesso". *Learned Publishing.* **15** (1): 51-57. doi: 10.1087/095315102753303689

Rothaermel, F., Agung, S. & Jiang, L. (2007). University entrepreneurship: a taxonomy of the literature. *Industrial and corporate change, 16*(4), 691-791.

Rubin, R. (2017). *Fundamentos da ciência da biblioteca e da informação.* Associação Americana de Bibliotecas.

Rubin, R., Hurford, M., Hadley, T., Matlin, S., Weaver, S., & Evans, A. (2016). Sincronizando relógios: o desafio de alinhar a ciência da implementação e os sistemas públicos. *Administração e Política em Saúde Mental e Pesquisa em Serviços de Saúde Mental, 43*(6), 1023-1028.

Ruohonen, M. (1991). Stakeholders of strategic information systems planning: theoretical concepts and empirical examples. *The Journal of Strategic Information Systems, 1*(1), 15-28.

Russel, R. (2008). The business of academic publishing: A strategic analysis of the academic journal publishing industry and its impact on the future of scholarly publishing. *Electronic Journal of Academic Special Librarianship. http://southernlibrarianship. icaap. org/content.*

Rust, V. & Kin, S. (2012). A concorrência global no ensino superior. *World Studeis in Education,* 13(1), 5-20.

Sabherwal, R., Jeyaraj, A. & Chowa, C. (2006). Information systems success: individual and organizational determinants. *Management Science,* 52(12), pp.: 1849-1864.

Saeidi, S., Sofian, S., Saeidi, P., Saeidi, S., & Saaeidi, S. (2015). Como é que a responsabilidade social das empresas contribui para o desempenho financeiro da empresa? The mediating role of competitive advantage, reputation, and customer satisfaction. *Journal of Business Research, 68(2),* 341-350.

Sahay, S. & Mukherjee, A. (2015). Reforço das capacidades num contexto de desenvolvimento: desafios e abordagens institucionais. Actas da 13th Conferência Internacional sobre as Implicações Sociais dos Computadores nos Países em Desenvolvimento, Negombo, Sri Lanka, maio

Sahay, S. (2016). Estamos a construir um mundo melhor com as TIC? Empirically examining this question in the domain of public health in India [Examinar empiricamente esta questão no domínio da saúde pública na Índia]. *Informion Technologhy for Development,* 22(1), 168-176.

Saifi, S. (2015). Posicionamento da cultura organizacional na pesquisa em gestão do

conhecimento. *Journal of Knowledge Management,* 19(2), pp.: 164-189.
Salager-Meyer, F. (2008). Publicação científica nos países em desenvolvimento: Challenges for the future. *Journal of English for Academic Purposes,* 7(2), 121-132.
Sale, A. (2005). O impacto das políticas obrigatórias na aquisição de ETD. Disponível em: http://eprints.utas.edu.au/222/1ZEDT acquisition.pdf Acedido em 15 de janeiro de 2016).
Salo, D. (2008). O estalajadeiro no motel das baratas. *Library Trends, 57*(2), pp.: 98-123.
Sanda, A. (1992). *Managing Nigerian Universities.* Ibadan: Spectrum Books.
Sandberg, J. & Tsoukas, H. (2015). Dar sentido à perspetiva do sensemaking: Its constituents, limitations, and opportunities for further development. *Journal of Organizational Behavior, 36(1),* 6-32.
Saunders, M., Lewis, P. & Thornhill, A. (2009). *Métodos de investigação para estudantes de gestão.* Essex: Pearson Education Limited.
Savolainen, R. (1993). The sense-making theory: reviewing the interests of a usercentered approach to information seeking and use. *Information Processing & Management,* 29(1), pp.: 13-28.
Sayes, E. (2014). Teoria e metodologia do ator-rede: O que significa dizer que os não-humanos têm agência? *Estudos Sociais da Ciência, 44*(1), 134-149.
Schank, R & Abelson, R. (2013). *Scripts, planos, objectivos e compreensão: uma investigação sobre as estruturas do conhecimento humano.* New York: Psychology Press.
Schantz, R., & Seidel, M. (Eds.). (2011). *The Problem of Relativism in the Sociology of (scientific) Knowledge* (Vol. 43). Walter de Gruyter.
Schoemaker, P. (1993). Strategic decisions in organizations: rational and behavioral views. *Journal of Management Studies,* 30(1), pp.: 107-131.
Schon, D. (1995). Knowing-in-action: a nova bolsa de estudos requer uma nova epistemologia. *Mudança: A Revista do Ensino Superior,* 27(6).
Schroter, S., & Tite, L. (2006). Open access publishing and author-pays business models: a survey of authors' knowledge and perceptions. *Journal of the Royal Society of Medicine, 99(3),* 141-148.
Schultze, U & Leidner, D. (2002). Estudar o conhecimento na investigação sobre sistemas de informação: discursos e pressupostos teóricos. *MIS Quarterly,* 26(3), 213-242.
Schumacher, R. (2015). *O que atrai os alunos para uma universidade pequena e privada?* (Dissertação de doutorado, Bowling Green State University).
Schutz, A. & Luckmann, T. (1973). *As estruturas do mundo da vida, Vol. 1.* Trans. R. Zaner e H. Englehardt, Jr. Evanston, IL: Northwestern University Press.
Schutz, A. & Luckmann, T. (1989). The structures of lifeworld, Vol. 2. Trans. R. Zaner e D. Parent Jr. Evanston, IL: Northwestern University Press.
Schutz, A. (1951). Choosing among projects of action. *Filosofia e Investigação Fenomenológica,* 12(2), 161-185.
Schutz, A. (1953). Senso comum e interpretação científica da ação humana. *Filosofia e Investigação Fenomenológica,* 4(1), 1-37.
Schutz, A. (1954). Concept and theory formation in the social sciences. *Journal of Philosophy,* 51(9), 257-273.
Schutz, A. (1967). *A fenomenologia do mundo social.* Trans. G. Walsh e F. Lehnert. Evanston, IL: Northwestern University Press.
Scott, E., & Sewchurran, K. (2008, dezembro). Reflexão-em-ação: Utilizar a experiência para reconstruir o significado num ambiente de aprendizagem. Em *Ciência da Computação e Engenharia de Software, Conferência Internacional de 2008* (Vol. 5, pp. 81-86). IEEE.

Scott, S. & Orlikowski, W. (2012). Grandes expectativas: A materialidade da comensurabilidade nos media sociais. In: *Materialidade e Organização: A interação social num mundo tecnológico,* P. Leonardi, B . Nardi, e J. Kallinikos (Eds.). Oxford: Oxford University Press

Scott, W., & Davis, G. (2015). *Organizações e organização: Perspectivas de sistemas racionais, naturais e abertos.* Routledge.

Sein, M. & Harindranath, G. (2004). Conceptualizing the ICT artifact: Toward understanding the role of ICT in national development. *The Information Society, 20*(1), 15-24.

Selznick, P. (1949). *TVA and the grass roots: a study in sociology of formal organization [A TVA e as bases: um estudo de sociologia da organização formal].* Berkeley: University of California Press

Selznick, P. (1957). *Leadership in administration: a sociological interpretation.* Evanston II: Row Peterson.

Senge, P. (1990). *The fifth discipline: the art and practice of the learning organization.* Nova Iorque: Currency Doubleday.

Senge, P. (2006). *A quinta disciplina: a arte e a prática da organização que aprende.* Massachusset: Broadway Business.

Seonghee, K., & Boryung, J. (2008). Uma análise das percepções do corpo docente: Atitudes em relação à partilha de conhecimentos e à colaboração numa instituição académica. *Library & Information Science Research, 30*(4), pp.: 282-290.

Servaes, J. (Ed.). (2008). *Communication for development and social change.* SAGE Publications India.

Servaes, J., & Malikhao, P. (2008). Development communication approaches in an international perspective (Abordagens da comunicação para o desenvolvimento numa perspetiva internacional). *Communication for development and social change,* 158-179.

Shabani, J., Okebukola, P., & Oyewole, O. (2017). Regionalização da Garantia de Qualidade em África. Em *Regionalização do Ensino Superior em África* (pp. 93-112). SensePublishers, Roterdão.

Shamsie, J. & Mannor, M. (2013). Looking into the dream team: probing into the contributions of tacit knowledge as organizational resource. *Organization Science,* 24(2), pp.: 513-529.

Shao, Z., Feng, Y., & Hu, Q. (2016). Effectiveness of top management support in enterprise systems success: a contingency perspective of fit between leadership style and system life-cycle. *Revista Europeia de Sistemas de Informação, 25(2),* 131153.

Shearer, K. (2003). Repositórios institucionais: para a identificação de factores críticos de sucesso. Em CAIS/ACSI Proceedings.

Shearer, K. (2013). Repositórios institucionais: para a identificação de factores críticos de sucesso. Actas da Conferência Anual do CAIS.

Shen, Z., Lyytinen, K., & Yoo, Y. (2015). Tempo e tecnologia da informação em equipas: uma revisão da investigação empírica e futuras direcções de investigação. *European Journal of Information Systems, 24(5),* 492-518.

Shore, B., & Venkatachalam, A. (1996). Role of national culture in the transfer of information technology. *The Journal of Strategic Information Systems, 5*(1), 1935.

Siegel, D., Waldman, D., Atwater, L. & Link, A. (2004). Toward a model of the effective transfer of scientific knowledge from academicians to practitioners: qualitative evidence from the commercialization of university technologies. *Journal of Engineering and Technology Management,* 21(1), pp.: 115-142.

Silva, L. (2007). A institucionalização não se faz por decreto: Obstáculos institucionais na

implementação de um sistema de administração fundiária num país em desenvolvimento. *Tecnologia da Informação para o Desenvolvimento,* 13(1), 27-48.
Simon, H. (1947). Administrative behaviour. New York: Macmillan.
Simon, H. (1952). Comments on the theory of organizations. *The American Political Science Review,* 46(4), pp.: 1130-1139.
Simon, H. (1991). Bounded rationality and organizational learning. *Organization science, 2*(1), 125-134.
Simon, R. & Mahan, L. (1969). A note on the role of the book review editor as decision maker. *The Library Quarterly,* 34(4), 353-352.
Sims, H. & Gioa, D. (1986). The thinking organization. São Francisco: Jossey Bass
Slaughter, S., & Leslie, L. (1997). *Academic capitalism: Politics, policies, and the entrepreneurial university.* The Johns Hopkins University Press, 2715 North Charles Street, Baltimore, MD 21218-4319.
Smith H, 2007, "Universities, innovation, and territorial development: a review of the evidence" *Environment and Planning C: Government and* **Policy25**(1), pp.: 98 - 114.
Smith, M. & Marx, L. (1994). Does technology drive industry? The dilemma of technology determinism. Massachusetts: MIT Press.
Smith, M., Bass, M., McClellan, G., Tansley, R., Barton, M., Branschofsky, M., Stuve, D. & Walker, J. (2003). DSpace" Um repositório digital dinâmico de código aberto. *D-Lib Magazine,* 9(1).
Smith, W. & Lewis, M. (2011). Rumo a uma teoria do paradoxo: um modelo de equilíbrio dinâmico de organização. *Revista Académica de Gestão,* 36, pp.: 381-403.
Snijdger, T. (1992). Estimation on the basis of snowball samples: how to weight? *Bulleting of Sociological Methodology,* 36(1), 59-70.
Solomon, D. & Bjork, B. (2012). A study of open access journals using article processing charges. *Journal of the Association for Information Science and Technology, 63*(8), 1485-1495.
Sompel, H., Payette, S., Erickson, J., Lagoze C. & Warner, S. (2004). Rethinking scholarly communication. Revista D-Lib, 10(9).
Sousa, M. (2013). Integração de conhecimento em processos de resolução de problemas. *Advances in Information Systems and Technology,* Springer Berlin Heidelberg, pp.: 97-109.
Spradley, J. (2016). *Participant observation.* Waveland Press.
St. Jean, B. Rieh, S. Yakel, E. & Markey, K. (2011). Vozes inaudíveis: utilizadores finais de repositórios institucionais. *College and Research Libraries,* 71(1), 21-42.
Stake, R. (2013). *Análise de estudo de casos múltiplos.* New York: Guilford Press.
Stamatakis, E., Weiler, R. & Ioannidis, J. (2013). Influências indevidas da indústria que distorcem a investigação, a estratégia, as despesas e a prática dos cuidados de saúde: uma revisão. *Revista Europeia de Investigação Clínica, 43(5),* 469-475.
Steger, M. (2009). Globalização: A brief insight. *Nova Iorque, Sterling.*
Stein, D. (Ed.). (2004). *Buying in or selling out?: The commercialization of the American research university.* Rutgers University Press.
Steinmueller, W. (2001). ICTs and the possibilities for leapfrogging by developing countries. *International Labour Review, 140*(2), 193-210.
Stetsenko, A. (2016). *A mente transformadora: Expandindo a abordagem de Vygotsky ao desenvolvimento e à educação.* Cambridge University Press.
Stromquist, N. (2007). A internacionalização como resposta à globalização: Radical shifts in university environments. *Ensino Superior, 53*(1), 81-105.
Sturges, P. (2014). Doações para bibliotecas: Um problema na cooperação internacional. In *Colaboração em Biblioteconomia Internacional e Comparada* (pp. 17-27). IGI

Global.

Suber, P. (2012). Garantir o acesso aberto à investigação financiada por fundos públicos. Disponível em: www.bmj.comAccessed em 15 de julho de 2017.

Suchman, L. (1987). *Planos e acções situadas: O problema da comunicação homem-máquina.* Cambridge: Cambridge University Press.

Summer, T., Khoo, M., Recker, M. & Marlino, M. (2003) Compreender a perceção de "qualidade" dos educadores nas bibliotecas digitais. *IEEE.*

Sun, P. & Scott, J. (2005). An investigation of barriers of knowledge transfer. *Journal of Knowledge Management,* 9(2), pp.: 75-90.

Suppiah V. & Sandhu, M. (2011). Organizational culture's influence on tacit knowledgesharing behaviour, Journal of Knowledge Management, 15(3), pp.: 462 - 477.

Sutradhar, B. (2006). Conceção e desenvolvimento de um repositório institucional no Instituto Indiano de Tecnologia, Kharagpur. *Programa,* 40(3), pp.: 244-255.

Szulanski, G. (1996). Exploring internal stickiness: Impediments to the transfer of best practice within the firm. *Strategic management journal, 17*(S2), 27-43.

Szulanski, G. (2002). *Sticky knowledge: barriers to knowing in the firm.* New York: Sage.

Szulanski, G., Ringov, D. & Jensen, R. (2016). Superando a viscosidade: Como o momento dos métodos de transferência de conhecimento afeta a dificuldade de transferência. *Organization Science, 27*(2), 304-322.

Tanriverdi, H. (2005). Information technology relatedness, knowledge management capability, and performance of multibusiness firms. *MIS quarterly,* 311-334.

Tansley, R., & Harnad, S. (2000). Eprints. org software for creating institutional and individual open archives. *Revista D-Lib, 6*(10).

Tansley, R., Bass, M., Stuve, D., Branschofsky, M., Chudnov, D., McClellan, G., & Smith, M. (2003). O sistema de repositório digital institucional DSpace: funcionalidade atual. Em *Actas da 3ª conferência conjunta ACM/IEEE-CS sobre bibliotecas digitais* (pp. 87-97). IEEE Computer Society.

Taylor, F. (1914). *The principles of scientific management.* Harper.

Taylor, F. (2004). *Scientific management.* London: Routledge.

Teece, D. (2012). Dynamic capabilities: routines versus entrepreneurial action. *Journal of Management Studies,* 49(8), pp.: 1395-1401.

Teece, D., Pisano, G. & Suen, A. (1997). Dynamic capabilities and strategic management. *Strategic Management Journal,* 18(7), pp.: 509-533.

Tenipir, C. (2011). Para além da utilização: medir os resultados e valores da biblioteca. *Library Management,* 33(1/2), pp.: 5-13.

Thomas, D. (2006). Uma abordagem indutiva geral para analisar dados de avaliação qualitativa. *American journal of evaluation, 27(2),* 237-246.

Thornton, P. & Ocasio, W. (2008). Lógicas institucionais. In: *Handbook of organizational institutionalism,* R. Greenwood, C. Oliver, K. Sahlin & R. Suddaby (eds.), Carlifornia: Sage Publishers.

Thornton, P., Ocasio, W., & Lounsbury, M. (2012). *A perspetiva da lógica institucional: uma nova abordagem à cultura, estrutura e processo.* Oxford: Oxford University Press.

Thronton, P. (2004). *Markets from culture: institutional logics and organizational decisions in higher education publishing.* Stanford: Stanford University Press.

Tilak, J. (2015). Tendências globais no financiamento do ensino superior. *International Higher Education,* (42).

Tolbert, P. & Zucker, L. (1996). A institucionalização da teoria institucional. In: S. Clegg, C. Hardy & W. Nord (Eds.), *Handbook of Organization Studies,* (pp.: 175190),

Londres: Sage.
Tonta, Y. (2008). Open access and institutional repositories: the Turkish landscape. *Turkish Libraries in Transition: New opportunities and challenges,* 27-47.
Torras, M., & Saetre, T. (2016). *Educação para a literacia da informação: uma abordagem processual: profissionalizar o papel pedagógico das bibliotecas académicas.* Chandos Publishing.
Townley, C. (2001). Knowledge management and academic libraries (Gestão do conhecimento e bibliotecas académicas). *College & Research Libraries, janeiro,* pp.: 44-55.
Townsend, R. (2003). History and the future of scholarly publishing (História e o futuro da publicação académica). *Perspectives, 41(3).*
Tractinsky, N. & Jarvenpaa, S. (1995). Information systems design decisions in a global versus domestic context. *MIS Quarterly,* 507-534.
Trist, E. (1981). A evolução dos sistemas sociotécnicos: um quadro concetual e um programa de investigação-ação. *Occasional Paper No. 2, Ministério do Trabalho do Ontário.*
Tsoukas, H. (2005). *Complex knowledge.* Oxford: Oxford University Press.
Tucciarone, K. (2014). Como as universidades podem aumentar o número de matrículas através da publicidade de intercâmbios: a mensagem e o meio. *Colégio e Universidade, 90(2),* 28.
Tushman, M. &. Nadler, D. (1978). Information processing as an integrating concept in organizational design. *The Academy of Management Review,* 3(3), pp.: 613-624.
Twati, J. (2014). A influência da cultura social na adoção de sistemas de informação: O caso da Líbia. *Comunicações do IIMA, S*(1), 1.
Ukwoma, S. & Mole. A. (2017). Utilização do repositório institucional para pesquisa de fontes de informação, auto-arquivo e preservação de publicações de investigação em universidades nigerianas selecionadas. *Revista Africana de Bibliotecas, Arquivos e Estudos de Informação,* 27(2).
Un, C. & Asakawa, K. (2015). Tipos de colaborações de I&D e inovação de processos: The benefit of collaborating upstream in the knowledge chain. *Journal of Product Innovation Management, 32(1),* 138-153.
Utulu, S. & Akadri, A. (2010) Institutional Repository: the Untapped Academic Goldmine. Comunicação apresentada na 2nd Cimeira Profissional sobre Ciência e Tecnologia da Informação, realizada na Universidade da Nigéria, Nsukka, Estado de Enugu, 37 de maio.
Utulu, S. & Akadri, A. (2014). Um Caso de Adoção de Repositório Institucional pela Universidade do Redentor Utilizando o Princípio dos Sistemas Eletrônicos de Gestão da Informação. In: *Casos sobre Registos Electrónicos e Gestão de Recursos: Implications in Diverse Environments,* Janice Krueger (Ed.), (pp.: 130-149), Hershey: IGI.
Utulu, S. (2008). Caraterísticas das tecnologias da informação e da utilização da Web nas universidades privadas nigerianas. *African Journal of Library, Archives and Information Science, 18*(2), 119-130.
Uwadia, C., Ifinedo, P., Nwamarah, G., Eseyin, E., & Sawyerr, A. (2006). Risk factors in the collaborative development of management information systems for Nigerian universities (Factores de risco no desenvolvimento colaborativo de sistemas de informação de gestão para universidades nigerianas). *Information Technology. for Development, 12*(2), 91-111.
van der Hoorn, B., & Whitty, S. (2015). Um paradigma Heideggeriano para a gestão de projectos: libertando-se da matriz disciplinar e da sua ontologia cartesiana. *Revista*

Internacional de Gestão de Projectos, 33(4), 721-734.

Varga, A. (2009). *Universities, knowledge transfer and regional development (Universidades, transferência de conhecimentos e desenvolvimento regional).* Edward Elgar Publishing.

Vasileiou, M., Rowley, J. e Hartley, R. (2012). O quadro de gestão de livros eletrónicos: a gestão de livros eletrónicos em bibliotecas académicas e os seus desafios. *Library & Information Science Research,* 34, 282-291.

Velmurugan, C. (2013). Software de código aberto: um sistema de repositório institucional com referência especial ao software DSPACE em bibliotecas digitais - uma introdução. *Revista Internacional de Biblioteconomia e Ciência da Informação,* 5(10), pp.: 313-318.

Venkatesh, V., & Sykes, T. (2013). Digital divide initiative success in developing countries: Um estudo de campo longitudinal numa aldeia da Índia. *Information Systems Research, 24*(2), 239-260.

Venkatesh, V., Croteau, A. & Rabah, J. (2014, janeiro). Percepções de eficácia dos usos instrucionais da tecnologia no ensino superior na era da Web 2.0. Em *Ciências do Sistema (HICSS), 2014 47th Hawaii International Conference on* (pp. 110-119). IEEE.

Venkitachalam, K. & Busch, P. (2012). Tacit knowledge: review and possible research diretions. *Journal of Knowledge Management,* 16(2), pp.: 357-372.

Viana, R. (2013). Repositórios digitais de informação científica nas universidades croatas: desenvolvendo a ponte para a e-science. Actas da 35th Conferência Internacional sobre Interfaces Tecnológicas, pp.: 145-150, IEEE.

Virkus, S., & Metsar, S. (2004). General introduction to the role of the library for university education (Introdução geral ao papel da biblioteca no ensino universitário). *Liber Quarterly, 14*(3-4).

Volkoff, O., Strong, D. & Elmes, M. (2007). Technological embeddedness and organizational change. *Organizational Science,* 18(5), 832-848.

Von Krogh, G. Nonaka, I. & Rechsteiner, L. (2012). Liderança na criação de conhecimento organizacional: uma revisão e um quadro. *Journal of Management Studies,* 49(1), pp.: 240-277.

Wachira, M. & Onyancha, O. (2016). Servir utilizadores remotos em bibliotecas universitárias públicas selecionadas no Quénia: perspectivas dos chefes de secção. *Inkanyiso: Journal of Humanities and Social Sciences, 8*(2), 136-146.

Wade, M. & Hulland, J. (2004). Revisão: The resource-based view and information systems research: Review, extension, and suggestions for future research. *MIS quarterly,* 28(1), pp.: 107-142.

Wald, N. (2015). Desenvolvimento participativo anarquista: A Possible New Framework? *Desenvolvimento e Mudança, 46*(4), 618-643.

Wallsten, S. (2005). Regulação e utilização da Internet nos países em desenvolvimento. *Economic Development and Cultural Change,* 53(2), 501-523.

Walsh, J. & Ungson, G. (1991). Organizational memory. *Academy of management review, 16*(1), 57-91.

Walsh, J. (1995). Managerial and organizational cognition: notes from a trip down memory lane. *Organizational Science,* 6(3), pp.: 280-321.

Walsham, G. & Sahay, S. (2006). Research on information systems in developing countries: current landscape and future prospects, *Information Technology for Development*, 12(1), 7-24.

Walsham, G. (1995). Estudos de caso interpretativos na investigação em SI: natureza e método. *Revista Europeia de Sistemas de Informação, 4*(2), 74-81.

Walsham, G. (2010). ICTs for the broader development of India: an analysis of the literature. *The Electronic Journal of Information Systems in Developing Countries,* 41.

Walsham, G. (2012). Estamos a fazer um mundo melhor com as TIC? Reflexões sobre uma agenda futura para o campo dos SI. *Journal of Information Technology,* 27(2), 87-93.

Walsham, G. (2017). Investigação em TIC4D: reflexões sobre a história e o futuro agenda. *Information Technology for Development, 23(1),* 18-41.

Walsham, G., & Sahay, S. (2006). Investigação sobre sistemas de informação nos países em desenvolvimento: Current landscape and future prospects. *Information technology for development, 12*(1), 7-24.

Walters, T. (2007). Reinventing the library-How repositories are causing lbrarians to rethink their professional roles (Reinventando a biblioteca-Como os repositórios estão fazendo com que os bibliotecários repensem seus papéis profissionais). *Portal: Libraries and the Academy,* 7(2) pp.: 213225.

Walters, W. (2014). E-books em bibliotecas académicas: Desafios para a partilha e utilização. *Journal of Librarianship and Information Science, 46*(2), 85-95.

Wamala, D. & Augustine, K. (2013). Uma meta-análise do sucesso da telemedicina em África. *Jornal de Informática de Patologia,* 4(6).

Wang, Q., Bui, V. & Song, Q. (2015). A organização narrativa na codificação facilitou a memória episódica de longo prazo das crianças. *Memória,* 23(4), pp.: 602-611

Ware, M. (2004). Institutional repositories and scholarly publishing (Repositórios institucionais e publicação académica). *Learned Publishing,* 17(2), pp.: 115-124.

Waring, S. (2016). *Taylorismo transformado: A teoria da gestão científica desde 1945.* Nova Iorque: UNC Press Books.

Weber, D. (1971). Personnel in library automation. *Journal of Library Automation,* 4(1), pp.: 27-37.

Weick, K. (1984). Pressupostos teóricos e seleção da metodologia de investigação. In: Information Systems Research Challenge: Proceedings, F. Warren McFarian (Ed.), Boston: Harvard Business School.

Weick, K. (1995). *Sense making in organizations.* Londres: Sage.

Weick, K. (2012). *Fazendo sentido da organização, Volume 2: O impermanente organização* (Vol. 2). Nova Iorque: John Wiley & Sons.

Weill, L. (2009). O papel do presidente no cultivo de relações positivas entre cidades e municípios. *Planeamento do Ensino Superior, 37(4),* 37.

Wenger, E. (2011). Comunidade de prática: uma breve introdução. Disponível em: https://scholarsbank.uoregon.edu/xmlui/bitstream/handle/1794/11736/A%20brief ⅜20introduction⅜20to⅜20CoP.pdf7sequence⅜E2⅜80⅜B0=⅜E2⅜80%B01 Acedido em 5 de junho de 2018.

Westell, M. (2006). Institutional repositories: proposed indicators of success. *Library Hi Tech, 24*(2), pp.: 211-226.

Whitehead, A. (1929). *Process and reality: an essay in cosmology [Processo e realidade: um ensaio de cosmologia].* Nova Iorque: Macmillan.

Wiig, K. (2012). *Gestão do conhecimento centrada nas pessoas.* New York: Routledge.

Willcocks, L. (2004). Foucault, poder/conhecimento e sistemas de informação: reconstruindo o presente. *Teoria social e filosofia para sistemas de informação,* 238-296.

Willinsky, J. (2005). The unacknowledged convergence of open source, open access, and open science. *First Monday, 10*(8).

Wit, H. (2015). As Declarações de Sorbonne e de Bolonha sobre o ensino superior europeu.

Ensino superior internacional.
Woherem, E. (1991). Human factors in information technology: the socio-organizational aspects of expert system design. *AI & Society,* 5, pp.: 18-33.
Banco Mundial. (2010). Financiamento do ensino superior em África. Washington, DC: Banco Mundial.
Wu, C., Kao, S. & Shih, L. (2010). Assessing the suitability of process and information technology in supporting tacit knowledge transfer. *Behavior & Information Technology,* 29(5), pp.: 513-525.
Wyk, B. & Mostert, J. (2011). Para um melhor acesso à investigação e aos conteúdos locais de África: um estudo de caso do projeto de depósito institucional, Universidade de Zululand, África do Sul. *Revista Africana de Bibliotecas, Arquivos e Ciências da Informação,* 21, pp.: 133-144.
Xia, J & Opperman, D. (2010). Current trends in institutional repositories for institutions offering masters and baccalaureate degree. *Serials Review,* 36(1), 10-18.
Xia, J. (2008). A comparison of subject and institutional repositories in self-archiving practices [Uma comparação entre repositórios temáticos e institucionais nas práticas de auto-arquivo]. *The Journal of Academic Librarianship,* 34(6), 489-495.
Xia, J., & Sun, L. (2007). Assessment of self-archiving in institutional repositories: depositorship and full-text availability [Avaliação do auto-arquivamento em repositórios institucionais: depósito e disponibilidade de texto integral]. *Serials Review, 33*(1), 14-21.
Xia, J., Harmon, J., Connolly, K., Donnelly, R., Anderson, M., & Howard, H. (2015). Who publishes in "predatory" journals? *Journal of the Association for Information Science and Technology, 66(7),* 1406-1417.
Xia, W., & Lee, G. (2005). Complexity of information systems development projects: conceptualization and measurement development. *Journal of management information systems, 22*(1), 45-83.
Xu, J., Kang, Q., Song, Z., & Clarke, C. (2015). Aplicações das redes sociais móveis: WeChat entre as bibliotecas académicas na China. *The Journal of Academic Librarianship, 41*(1), 21-30.
Yeoh, W., & Popovic, A. (2016). Extending the understanding of critical success factors for implementing business intelligence systems. *Journal of the Association for Information Science and Technology, 67(1),* 134-147.
Yiotis, K. (2013). A iniciativa de acesso aberto: um novo paradigma para as comunicações académicas. *Tecnologias da informação e bibliotecas, 24*(4), 157-162.
Yonezawa, A., & Shimmi, Y. (2015). Transformação da governação universitária através da internacionalização: Desafios para as universidades de topo e políticas governamentais no Japão. *Ensino Superior, 70*(2), 173-186.
Youtie, J. & Shapira, P. (2008). Building an innovation hub: a case study of the transformation of university roles in regional technological and economic development. *Política de Investigação,* 37(8), pp.: 1188-1204.
Zack, M. & McKenney, J. (1995). Contexto social e interação em grupos de gestão em curso apoiados por computador. *Organization science, 6*(4), 394-422.
Zaid, Y. & Okiki, O. (2014). Construir colaboração para repositório institucional em África: transcendendo barreiras, criando oportunidades. *Journal of Interlibrary Loan, Document Delivery& Electronic Delivery,* 24, 103-111.
Zaman, B., & Fielt, E. (2016). Compreender a inovação do sistema de informação: Moving beyond adoption and diffusion. Conferência Australasiana sobre Sistemas de Informação, Wollongong, Austrália. Disponível em:
http://ro.uow.edu.au/cgi/viewcontent.cgi?article=1048&context=acis2016 Acessado: 5 de

dezembro de 2017.

Zell, H., & Thierry, R. (2015). Programas de doação de livros para África: Time for a Reappraisal? Two Perspectives. *Investigação e Documentação em África,* (127), 3.

Zhang, J. (1997). A natureza das representações externas na resolução de problemas. *Ciência Cognitiva, 21*(2), pp.: 179-217.

Zhao, S. (2004). Contemporâneos associados como um domínio emergente do mundo da vida: alargar a análise fenomenológica de Schutz ao ciberespaço. *Estudos Humanos,* 27, pp.: 91-105.

Zhao, S. (2006). A Internet e a transformação da realidade da vida quotidiana: para uma nova posição analítica em sociologia. *Sociological Inquiry,* 76(4), pp.: 458474.

Zheng, W., Yang, B. & McLean, G. (2010). Linking organizational culture, structure, strategy, and organizational effectiveness: mediating role of knowledge management. *Journal of Business Research,* 63, pp.: 763-771.

Zhen-Wei Qiang, C. (2010). Broadband infrastructure investment in stimulus packages: Relevance for developing countries. *info, 12*(2), 41-56.

Zhu, B., & Watts, S. (2010). Visualização de conceitos de rede: O impacto das diferenças de capacidade da memória de trabalho. *Information Systems Research, 21*(2), 327-344.

Ziderman, A. & Albrecht, D. (1995). *Financing universities in developing countries* (Vol. 16). Psychology Press.

Zilber, T. (2002). Institutionalization as an interplay between actions, meanings, and actors: the case of rape crisis center in Israel. *Academy of Management Journal,* 45(1), pp.: 234-259.

Printed by Books on Demand GmbH, Norderstedt / Germany